生态文明视角下突发环境事件应急管理问题研究

张英菊　刘娟　张大伟　◎ 著

西南交通大学出版社
·成　都·

图书在版编目（CIP）数据

生态文明视角下突发环境事件应急管理问题研究 / 张英菊，刘娟，张大伟著. —成都：西南交通大学出版社，2023.4

ISBN 978-7-5643-9242-0

Ⅰ. ①生… Ⅱ. ①张… ②刘… ③张… Ⅲ. ①环境污染事故 – 危机管理 – 研究 Ⅳ. ①X507

中国国家版本馆 CIP 数据核字（2023）第 058739 号

Shengtai Wenming Shijiao xia Tufa Huanjing Shijian Yingji Guanli Wenti Yanjiu

生态文明视角下突发环境事件应急管理问题研究

张英菊　刘娟　张大伟　著

责任编辑　赵永铭
封面设计　原谋书装

出版发行　西南交通大学出版社
（四川省成都市金牛区二环路北一段 111 号
西南交通大学创新大厦 21 楼）
发行部电话　028-87600564　028-87600533
邮政编码　610031
网　　址　http://www.xnjdcbs.com
印　　刷　成都蜀雅印务有限公司
成品尺寸　170 mm × 230 mm
印　　张　16.5
字　　数　287 千
版　　次　2023 年 4 月第 1 版
印　　次　2023 年 4 月第 1 次
书　　号　ISBN 978-7-5643-9242-0
定　　价　78.00 元

前　言　CONTENTS

伴随我国正经历的世界最大规模的城镇化进程，我国各类突发环境事件的发生一直处于高压态势，并且呈现出高度复合化、高度叠加化和高度非常规化的趋势。频繁发生的突发环境事件不但威胁到人们的生命财产安全，也对环境产生了无法挽回的严重伤害，环境安全面临严峻挑战。党的十八大报告中生态文明受到前所未有的重视，生态文明建设被写入“五位一体”总体布局当中，放在事关全面建成小康社会更加突出的战略地位，推进生态文明建设事关全局。党的十九大又进一步提出要加快生态文明体制改革，建设美丽中国。十九大还首次将建设生态文明由十八大表述的中华民族永续发展的“根本大计”提升为“千年大计”。党的二十大提出，中国式现代化是人与自然和谐共生的现代化。据统计，我国大多数重大环境污染事故来自突发环境事件。当前“重应对，轻预防”“重局部，轻整体”“重短期，轻长远”“重存量，轻增量”“重问责，轻评估”的粗放式的突发环境事件应急管理方式不符合生态文明建设“节约资源，保护环境”的理念。因此，在我国突发环境事件仍处于高发态势的背景下，要持续加强和改善突发环境事件应急管理工作，不断降低因突发环境事件的发生而造成的资源浪费与环境破坏才是助力我国生态文明建设的根本之策。

本书内容共分为 10 章，概括为四个版块。第 1 ~ 3 章为第一版块，关于生态文明建设及突发环境事件应急管理现状研究。对相关概念进行界定，对国内外研究现状进行梳理，明确了本研究的理论研究基础。第 4 章为第二版块，生态文明视角下探讨我国突发环境突发事件应急管理存在的主要问题。提出要从政府、企业、公众三个主体在理念、制度、实践三个维度探究生态文明视角下加强我国环境风险防范与治理的对策，为我国政府尤其是地方政府加强环境风险防范与治理、制定相关政策方面提供决策参考。第 5 ~ 9 章为第三版块，生态文明视角下解决突发环境事件应急管理问题的对策及方法研究。按照突发事件的事前、事中和事后三个生命周期阶段展开，不仅从理论层面提出对策，而且还从实际应用的层面致力于方法的研究及工具的开发。第 10 章为第四板块，结论与展望，对全书研究内容进行总结，对未来研究方向进行展望。

本书是国家社科基金青年项目《生态文明视角下环境突发事件应急管理问题研究》（项目编号：13CGL134）的最终研究成果，在研究过程中得到了国家社科基金的经费资助，何望波、崔文倩等同志参与了第 6 章节的调研、资料收集等研究工作，敖文龙同志为第 7 章研究提供了技术支持，在此一并表示感谢！

作 者

2023 年 1 月

目　录　CONTENTS

1 引 言

1.1 研究背景

1.1.1 一个生活垃圾填埋场案例引发的思考

2018 年 9 月 16 日深圳市遭遇了 1983 年以来最强台风“山竹”的袭击，全市各行各业均遭受了严重损失。特别是在用的三座生活垃圾填埋场垃圾堆体覆膜大面积被吹开，不仅造成了严重经济损失，而且对环境也造成了巨大影响。以其中最大的某垃圾填埋场为例：

（1）覆盖膜及膜上铺设的气体收集管道大面积破损。填埋库区覆盖膜受灾面积超 20 万平方米，垃圾堆体暴露面积超过 10 万平方米，70 万立方米/天的填埋气体无法收集，填埋气体外逸。

（2）渗滤液产生量剧增。由于大量雨水进入垃圾堆体，渗滤液产生量高达 8 000 立方米/天，比灾情发生前增加了一倍，超过了污水厂最大日处理能力，排入地下。

（3）危险边坡隐患加大、场内排洪系统导排不畅。由于大量雨水浸泡，滑坡土方进入截洪沟，导致截洪沟堵塞，越来越多的雨水进入垃圾填埋场，渗滤液剧增。

我国仍处于快速发展期，人口众多，垃圾分类意识薄弱，导致生活垃圾逐年增多。目前，我国的生活垃圾处理有卫生填埋、焚烧和有机堆肥三种，但 70% 的生活垃圾还是以卫生填埋为主。因此，生活垃圾填埋场成了城市运行的必要设施。垃圾填埋场运行过程中会产生火灾爆炸、边坡失稳垮塌等诸多风险，尤其是对环境容易造成不利影响，成了城市一颗颗巨型“炸弹”。本案例中，台风袭击使得填埋场覆盖膜破裂、气体收集管道破坏，每日散发的 70 万立方米臭气无法及时收集，污染了空气，严重影响了周边居民的生活。每日 8 000 立方米的垃圾渗滤液严重超出了城市污水厂处理能力，为了确保高含水量的垃圾不溃坝只能将渗滤液排入地下，一定程度上造成了地下水污染。垃圾在降解的过程中，由于电池、塑料、玻璃等很难降解，直接进入土壤，还会对土壤造成长期的影响，尤其是废旧电池的污染最大。

然而，台风的袭击虽无法避免，以上造成的严重后果也是无法避免的吗?答案是否定的。从风险防范、应急准备、应急处置与救援以及应急恢复整个应急管理过程来分析，该垃圾填埋场的应急管理以及城市管理方面还是存在着很多的问题，完全有可能避免或者减少如此巨大的环境污染和经济损失。

首先，从风险防范的角度。一是垃圾填埋场选址与城市发展规划不协调。该垃圾填埋场始建于 1992 年，一期规划建设时从地理位置上来看当时远离市中心，但是随着城市的不断扩张，几十年过去了周边已经小区林立，人口聚集，大小水库密集分布（见图 1.1），与城市发展规划不协调，不符合安全发展理念。二是安全防护不足。填埋场长期超负荷运行、设施老化、安全设施防护不足。多台风、暴雨、雷电等灾害性天气条件下，存在堆体滑坡、坝体溃坝、边坡崩塌滑坡、山洪漫灌、渗滤液外泄、填埋气爆炸、水土大气污染等重大安全和环境隐患。三是没有规划建造极端灾害条件下污水处理等冗余设施（见图 1.2）。台风过后，垃圾填埋场产生的每日 8 000 立方米的渗滤液远远超出了填埋场渗滤液厂以及城市现有几座污水处理厂的处理能力。说明城市及填埋场仅能够维持正常条件下日常污水的处理，缺乏对极端条件下污水处理能力的冗余性设计。

图 1.1　填埋场与周边建成区关系图

图 1.2　填埋场航拍图（标识设施分布）

其次，从应急准备与处置的角度。一是监测预警能力有待提高。填埋场对渗滤液水位、截洪沟和排洪隧洞流量、堆体表面和深层位移、库区厂区及周边气体浓度、填埋气产量和处理速度、调节池入池流量、渗滤液处理速度等监测预警能力还有待于提高。没有做到根据监测数据、巡查调查发现情况和专业意见，进行全面、精细、准确的现状、趋势评判，从而做到科学、有效应对风险。二是应急物资准备不足、标准偏低。例如，覆盖膜上的沙包数量、用于收集外逸气体的雾炮准备不足、覆膜的抗风标准偏低，没有提前准备抗风标准更高的覆膜（据了解，需提前进口购买）。三是应急决策缺乏科学依据。在接到台风“山竹”预警信息后，填埋场专门组织召开多次防台风部署会，安排工作人员加班加点，严防死守。采取了一系列措施，包括启动应急预案，成立应急指挥部及 11 个工作组，加强危险边坡的隐患排查，对覆盖膜面密闭性进行全面排查，及时修补，增加沙包压载的密度和数量，等等。但是，最终还是造成了大面积覆膜被损坏，大量气体外逸出的结果。在台风过后由市城管局组织召开的专家分析会上，据有关专家估计，压载在覆膜上的沙包数量明显不足，没有根据覆盖膜的面积及受力情况经过科学的计算，应急决策缺乏科学依据与辅助工具是其中一条很重要的原因。

最后，从应急恢复的角度。据专家估计，灾后的恢复至少需要投入数亿元资金，而对环境的破坏以及恢复时间尚无法估量。事发后启动了垃圾填埋场事故应急预案，但缺乏对处置预案有效性的评估，对空气污染、水域污染的治理滞后。没有评估就没有改进，如果“山竹”再次袭击，很可能发生同样的事件，造成重复性的损失。应急事件发生后的处置效果评估对于改进预案、发现流程中的问题至关重要，但是当前，缺乏对应急预案有效性评估的科学方法。

事实上，深圳的垃圾问题并不是一个城市的“痛点”。2021 年我国城市化率已达 64.7%，随着我国城市化进程的加快，人口的大量聚集，资源的大量消耗，各大城市均面临着“垃圾围城”以及垃圾填埋处置而造成的环境风险问题。据央视报道，中国每年产生近 10 亿吨垃圾，全国 668 座城市中已有 2/3 被垃圾带所包围[①]。我国各类垃圾存放占据的区域面积大概为 5 亿平方米，为处理上述垃圾，每年经济损失高达 300 亿元。随着城市化进程的加快，生活垃圾量也在快速增长，预计全国垃圾产量将以每年 8%到 10%的速度增长[②]。由于堆积量过于庞大，全国很多城市已无填埋堆放场地。一旦发生突发环境事件将对周边的自然环境造成巨大破坏。

节约资源和保护环境是我国一项基本国策，也是生态文明建设的核心要义，党的二十大报告提出，实施全面节约战略，推进各类资源节约集约利用，加快构建废弃物循环利用体系。

然而在城市化进程不断加快的今天，一座座生活垃圾填埋场不仅浪费了宝贵的土地资源，还存在巨大的环境污染的风险，与我国生态文明建设的要求严重不符。如何确保城市垃圾有效处置的前提下最大程度地降低垃圾填埋场发生环境突发事件的风险是一个亟需系统化解决的难题。

1.1.2 为何从生态文明的视角

生活垃圾填埋场引发的环境风险事件只是我国突发环境事件中的一种。近年来，我国各类突发环境事件时有发生，并且呈现出复合化、叠加化和非常规化的趋势。如 2005 年吉林石化爆炸，爆炸时产生的污染物对松花江水质造成了严重的影响；2010 年大连某石油企业因未定期进行设备检查造成输油管老化和工用石油的泄漏，导致我国超过 430 平方千米的海域受到污染；2010 年某矿业

---

① 全国 668 座城市中已有 2/3 被垃圾包围 垃圾分类要和“懒惰”开战[EB/OL][2020-05- 06] https://baijiahao. baidu. com/s?id=1665947895350432185&wfr=spider&for=pc

② 人民网，全国城市垃圾堆存累计侵占土地超过 5 亿平方米[EB/OL[]2014-12-16] http:// politics. people. com. cn/n/2014/1216/c70731-26213637. html

公司也发生了工业原料渗漏的事故，使砷、铅、铬、铁、铜等重金属对汀江水质造成严重污染；2012 年某化工企业因苯胺存储不当使其大面积泄漏，严重影响了当地居民的正常用水；2015 年甘肃某工厂溢流井出现问题，其内部的尾砂大面积泄漏，严重污染了附近的太石河，由于被污染的太石河流经附近许多省份，该次事故甚至跨省影响了居民的正常用水；2018 年，福建泉州码头的一艘石化产品运输船发生泄漏，69.1 吨碳九产品漏入近海，造成水体污染；等等。可见，当前我国环境应急管理形势异常严峻，环境应急管理工作的任务十分艰巨。

突发环境事故不但会威胁到人们的生命财产安全，也会对环境产生无法挽回的严重伤害。目前，我国处理此类事件应急能力还有不足，这些环境事件会对社会和环境造成严重的影响。

比如说：有些企业对突发环境事件的准备和预防不足，忽略了对安全隐患的检查与处理，最终对社会和环境造成了巨大的危害。天津港“8・12”火灾爆炸事故就是一个血淋淋的教训，由于企业无视相关法律法规，相关部门对此不闻不问，监管不力，没有及时排查和治理重大风险隐患，最终对社会和环境造成了严重的危害。“重局部，轻整体”，例如，垃圾填埋场风险的有效防控要从合理的规划选址到高标准建设填埋设施再到日常的监测运行以及应急处置的快速有效等全过程进行整体考虑，才能将整体环境风险降到最低。“重短期，轻长远”，城市规划和绿色发展理念滞后，对资源环境承载力关注度不够；城市基础设施如污水处理设施仅考虑了日常情况下的污水处理能力，对极端情景下的处置能力考虑不足。“重存量，轻增量”，只关注已有风险的应对，对于未来可能发生的增量风险的防控缺乏战略眼光。尤其是对于未来新兴技术带来的环境风险防范的现实“需要”与相关政策、法规、标准的有效“供给”之间仍存在较大差距。

应急处置与救援方面，监测与预警不够及时，不能及时发现环境安全隐患。在信息处理和应急决策时出现严重问题，对事故处理的不及时扩大了事故所造成的影响。比如，某煤化工集团的泄漏事故，本来只是一起小规模的泄漏事故，如果及时妥善地处置，能够将危害降低到最小，但是由于当地政府的不以为然、简单处理以及重大的决策失误，五天之后才将事故告知大众，最终导致水域的跨界污染，严重危害了当地以及下游人民群众的生命健康安全。应急处置决策缺乏科学辅助工具。例如，深圳垃圾填埋场事件中，管理人员仅凭经验判断覆盖膜上沙袋覆盖数量，科学性不足导致沙袋数量严重不足，最终致覆膜被大面积掀开等等。

事后恢复与评估方面，“重问责，轻评估”只注重对相关部门的问责而轻视了对事故的评估以及事后的改进，治标不治本，同样的事故频繁发生。比如，发生了“7·16”输油管爆炸事故的中石油大连分公司，又先后出现了七次大大小小的事故。这类事故的短期频发不但导致巨大的资源浪费与经济损失而且引发的社会影响极其恶劣。这些案例较多，在此就不再详细说明。从这些案例可以看出，目前我国在风险防范阶段、应急准备与处置阶段以及恢复评估阶段仍然存在许多不足，对突发环境事件的处理能力和方式存在严重缺陷，就造成各种事故频发，本不该发生的事故却发生了，小事故升级成了大事故，对社会和环境造成了重大的危害，严重威胁人民的生命财产安全。

在党的十八大报告中，生态文明受到前所未有的重视，生态文明建设被写入“五位一体”总体布局当中，放在事关全面建成小康社会更加突出的战略地位，推进生态文明建设事关全局。党的十九大又进一步提出要加快生态文明体制改革，建设美丽中国。到2035年，要基本达成美丽中国的目标。充分实现环境的现代化治理工作，为人民提供更加美好的环境和更高的生活质量，保护环境与节约资源的生活方式、生产方式、产业结构、空间格局总体形成。党的十九大首次将建设生态文明由十八大表述的中华民族永续发展的“根本大计”提升为“千年大计”。党的二十大报告提出，中国式现代化是人与自然和谐共生的现代化，坚持可持续发展，坚持节约优先、保护优先、自然恢复为主的方针，像保护眼睛一样保护自然和生态环境，坚定不移走生产发展、生活富裕、生态良好的文明发展道路，实现中华民族永续发展。

显然，当前“重应对，轻预防”“重局部，轻整体”“重短期，轻长远”“重存量，轻增量”“重问责，轻评估”的粗放式的应急管理方式不符合生态文明建设“节约资源，保护环境”的理念。通过往年数据可以看出，突发环境事件的发生及应急处置不当是造成我国环境污染的主要原因[①]。因此，在我国突发环境事件仍处于高发态势的背景下，要持续加强和改善突发环境事件应急管理工作，不断降低因突发环境事件的发生而造成的资源浪费与环境破坏才是助力我国生态文明建设的根本之策。

本书以生态文明为视角，研究我国当前突发环境事件的应急管理问题并提出破解之对策，有以下几个优势：

---

① 刘娟. 上海市突发环境事件特征及应急监测预警体系模式探讨[J]. 中国环境监测，2011（4）.

（1）更加有利于从系统、长远及战略的角度防控环境风险。

一是更加有利于从系统（全局）视角系统治理环境风险，从而从根本上减少突发环境事件的发生。习近平总书记在2018年召开的全国生态环境保护大会上指出："把生态环境风险纳入常态化管理，系统构建全过程、多层级生态环境风险防范体系。"[①]这就要求从全局的角度，整体施策、全过程把控环境风险。比如，对于生活垃圾填埋场问题不仅要重视事后的应急处置，还要从居民、政府、企业等三个方面实施源头治理。首先，居民要树立绿色生活理念，培养节约适度、绿色低碳、文明健康的生活方式和消费模式，减少资源消耗并做好垃圾分类，从源头上让垃圾减量。2019年2月21日举行的全国城市生活垃圾分类工作现场会上住建部指出，2019年起，全国地级及以上城市要全面启动生活垃圾分类工作[②]。只有如此，才有可能使得垃圾填埋场这样的城市风险源从根本上减少。其次，政府要贯彻可持续发展理念，推动清洁能源、清洁生产、节能环保等领域的发展，使我国成为现代服务业、先进制造业、高效农业共同发展的国家。重点是调结构、优布局、强产业、全链条。比如，对于生活垃圾填埋场的问题，要大力推广焚烧发电和资源化利用技术，尽最大可能降低垃圾填埋的比例。最后，企业要落实对环境风险防控的主体责任。例如，对于垃圾填埋场的设计、建造要做到选址科学，对周边自然环境的影响降到最低，设施建设要提升标准，加强监测预警与应急准备工作，增强对重大灾害的抵御能力，设计极端情景下的废气及渗滤液处理冗余能力等。

二是更加有利于从长远的视角防控环境风险。加强生态文明建设，不仅是为了解决中国当下面临的生态环境问题，更是为了谋求中华民族的长远发展。根据原环境保护部的数据，近年来我国突发环境事件数量仍处于高位运行，且安全生产事故是引发突发环境事件的主要因素。因此，为了持续减少因突发环境事件而造成的环境破坏，对突发环境事件的防控和治理也要有长远的视角。比如，危化品设施、输油管道、垃圾填埋场等要与居民区等保持安全距离。近年来发生的一些事故造成大量人员伤亡和环境破坏恰恰是反映了城市在空间布局上缺乏长远的统筹规划，危险设施周边无序开发，急功近利，缺乏长远眼光，埋下了大量隐患。另外，生态文明建设提倡要加快建立健全以生态价值观念为准则的生态文化体系。特别是党的十九大报告首次提出了"社会主义生态文明

① 习近平. 推进我国生态文明建设迈上新台阶[J]. 求是，2019（3）.

② 住建部：2019年起全国地级及以上城市要全面启动生活垃圾分类工作[EB/OL][2019-02-23] http://huanbao. bjx. com. cn/news/20190223/964627. shtml.

观”，这就从价值、理念层面为生态文明建设提供了支撑。观念引导行动，有什么样的观念就会有什么样的行动。只有树立合理的生态价值理念，创建健全的生态环境体系，才能为企业的日常工作提供标准，指引人们自觉地保护环境。如人人做到垃圾分类，从源头减量，那么垃圾填埋场风险就会变少；如企业环境责任意识增强，偷排乱排现象就会减少；等等。

三是更加有利于从战略的高度预判环境风险并提前做好准备。生态文明建设是全党全国的一项重大的战略部署。法国战略学家博弗尔说过：“人类虽然无法阻止风暴的来临，但是预知未来风暴的来临并设法驾驭，并使其终能为人类服务则是在人力范围之内，这就是战略的意义。”[①]战略就是要为解决长期的、全局的问题而提前制定方案和策略。“图之于未萌，虑之于未有”[②]，为了符合生态文明建设的要求，我国的突发环境事件应急管理问题的研究也要有战略的眼光，不仅要关注当前的存量环境风险，也要对未来发展进行预判。比如，对于新技术发展带来的环境风险要进行提前预判。2019 年 1 月 21 日，习近平总书记在中央党校举办的省部级主要领导干部“坚持底线思维，着力防范化解重大风险”研讨班上提出“加快科技安全预警监测体系建设，围绕人工智能、基因编辑、医疗诊断、自动驾驶、无人机、服务机器人等领域加快推进相关立法工作”。的确，新技术给人们的生活带来便利的同时也给人们带来了未知的风险。例如，动力蓄电池在极大程度上推动了国内新能源领域的发展，为我国新能源领域注入新的活力，但部分蓄电池没有进行妥善处置和价值最大化利用将造成难以逆转的环境污染[③]。如果不能提前预判这些风险并且采取有效应对措施，那么当风险转化为突发环境事件将会造成重大损失和环境破坏。

（2）更加有利于提高应急准备工作的规范化、科学化水平，发挥其最大效用。

2015 年发布的《中共中央　国务院关于加快推进生态文明建设的意见》提出要提高突发环境事件应急能力。应急能力不只包括应急处置能力还应该包括应急准备能力（应急准备能力是指为有效应对突发事件，提高应急管理能力而采取的包括意识、组织、机制、预案、队伍、资源、培训演练等各种措施与行动的能力[④]）。

---

① 钮先钟. 战略研究[M]. 桂林：广西师范大学出版社，2003.

② 习近平总书记在 2018 年全国生态环境保护大会上的讲话.

③ 2025 年退役动力蓄电池将达 78 万吨，我国正在加快建立其回收利用体系[N]. 经济日报，2019-02-27.

④ 江田汉，邓云峰，李湖生，等. 基于风险的突发事件应急准备能力评估方法[J]. 中国安全生产科学技术，2011（7）.

当前，我国应急准备工作存在着“重形式，轻成效”等不规范、不科学现象。预案“照抄照搬”[①]，演练“只演不练”，培训、安全检查“走过场”，应急物资储备缺乏规范，管理信息化水平低，“储不全，查不到，调不动，用不好”等现象普遍存在。应急准备工作会花费企业和政府大量的人力、物力和财力，如果不能取得应有的效果，就是对资源的极大浪费。而且，流于形式的应急准备工作更会使得领导者产生已经做好应急准备的麻痹心理，因此降低了组织对自身脆弱性评估的警觉[②]，容易产生更严重的后果。所以，提高应急准备工作的规范化、科学化水平，发挥应急准备工作的最大效用，就是对资源最大的节约。

（3）更加有利于促进不断提高应急处置水平，降低应急响应成本，用最小的代价实现最好的救援效果。

当前，发生突发事件后，企业和政府迅速投入大量的应急资源进行救援这无可厚非，但是，目前大家更多关注的是应急处置的结果，对经济损失问题和为此付出的代价如应急响应成本、环境代价关注得非常少。尤其是重特大突发事件发生后，都是由政府来承担应急成本和环境成本，从长远来看会造成巨大的社会财富流失，不符合生态文明建设“节约资源，保护环境”的要求。我国目前主要是依据《企业职工伤亡事故经济损失统计标准》（GB 6721—1986）这一国家标准执行事故损失核算，应急响应成本是被划分在直接经济损失之中，但这个标准关于应急响应成本没有细致的分类范畴，在实践计量中也是大体计算。目前，并没有具体的关于事故应急响应成本的计算方法。罗云，杨佳（2017）[③]对此问题进行了探索研究，将应急响应成本[④]分成人力资源[⑤]、物力资源[⑥]、财力资源[⑦]、机会损失[⑧]四个方面的成本，并通过“8・12”天津爆炸事故为例进行了计

① 原环境保护部：有单位应急预案“照搬照抄”[EB/OL][2017-02-26]http://news. ifeng. com/a/20170226/50733246_0. shtml

② Clark L. Mission improbable: Using fantasy documents to tame disaster[D]. Chicago Press, 1999.

③ 杨佳，罗云. 安全生产事故应急响应成本研究[D]. 北京：中国地质大学（北京），2017.

④ 针对发生的事故，围绕应急行动所支付的全部费用。包括执行应急行动的资源耗费成本和应急措施执行以后带来的影响即代价成本。

⑤ 人力资源成本主要是指参与响应活动的应急主体的人力成本，包括企业应急人力成本，综合和专业应急救援队伍人力成本，专家队伍人力成本，其他救援人力成本。

⑥ 物力成本包括应急装备及应急材料等损失成本及因抢险造成的企业内部工程设施或者周边公共设施损坏费三部分。

⑦ 财力资源成本包括应急救援过程中工人及波及的周边人员疏散转移安置费、把受伤者运往医院的费用、运输成本、事务性费用、动力损失成本、现场清理成本六部分。

⑧ 机会损失成本包括应急救援期间企业停产减产成本、由于交通管制封路造成的驾乘者延时成本、参加应急救援人员的生命价值及参加应急救援的死亡者家属的精神损失四部分。

算，结果得出此次事故的应急响应成本高达 4.58 亿元，而且其中机会损失成本最大，占比 52.8%，与人力资源占比总和达 77.6%。从《天津港“8 · 12”瑞海企业特大火灾爆炸事故调查报告》中能够看出，此次救援投入了大量的应急人工、和救援设备等直接成本，还包括救援人员成本、救援运输成本、造成路过车辆延迟时间成本等巨大的间接成本，可以说是一次不计成本的救援，付出了惨重的代价！如果我国继续这种不计成本、不计代价的应急救援模式，势必会造成社会资源的巨大浪费。

根据史丽萍等人①提出的“安全生产应急成本与应急水平理论关系模型”可知（见图 1.3），随着应急水平的提高，应急响应成本会持续降低，最终达到一个比较稳定的状态。所以，为了满足生态文明建设“节约资源，保护环境”的基本要求必须提高应急水平，不断的降低应急响应成本。及时的监测预警、科学的应急处置决策是提高应急水平的关键。用最合理的应急资源、最及时的监测与预警、最科学的处置决策、最小的环境代价进行科学应急准备与处置是生态文明建设背景下应急管理工作的必然选择与发展趋势。

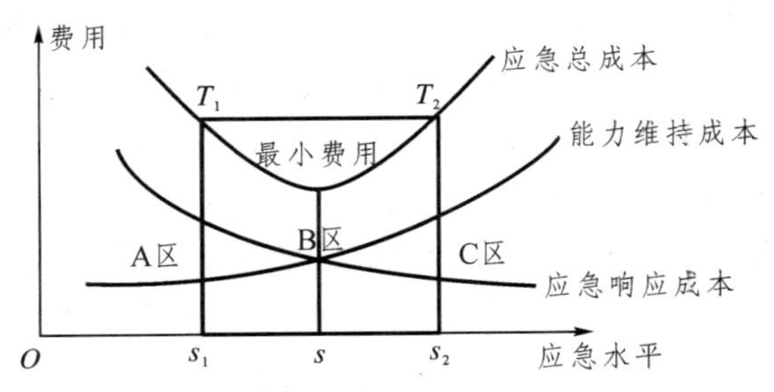

图 1.3 安全生产应急成本与应急水平理论关系模型

（4）更加有利于推进事后评估工作，避免事故重复发生。

纵观我国发生过的突发环境事件案例，有一些是全国各地均有发生的类型。如 PX 引发的群体性事件、海上漏油事件、垃圾填埋场坍塌、危化品火灾爆炸事故等。2012 年 11 月 22 日中石化东黄输油管道泄漏引发重大爆燃事故后，习近平总书记 24 日亲临青岛看望事故受伤人员时，强调要做到“一厂出事故、万厂受教育，一地有隐患、全国受警示”。但是，当前我国存在“重问责，轻评估”现象，也缺乏事后效果评估的科学方法，不能及时在事后进行评估和总结，就会导致类似的事故重复发生，造成不必要的损失和对环境的重复性破坏。生态

---

① 史丽萍，王影. 安全生产应急成本与应急水平关系分析[J]. 统计与决策，2011（19）.

文明建设要求“节约优先，保护优先”。事实上，不发生环境事故对资源是最大的节约，对自然是最大的保护。如果2018年深圳垃圾填埋场覆膜没有被台风“山竹”吹破就不会将无法收集的臭气和无法回收的渗滤液排放到自然界造成对环境的破坏，也不需投入上亿元进行恢复。如果2011年大连“7·16”中石油输油管爆炸事故没有发生，就不会使得上万吨原油进入海洋，对海域造成严重污染。如果吉林的化工企业未发生爆炸，就不会大面积污染松花江的水质，国家也没有必要使用75亿元进行治理。痛定思痛，当下在大力推进生态文明建设的背景下，如何做到“节约资源，保护环境”，很可行的一个办法就是做好突发环境事故的事后评估工作，防止深圳、大连等地的类似事故在全国重复发生而造成不必要的资源浪费和环境破坏。

综上所述，将传统视角下应急管理与生态文明视角下对应急管理的要求进行对比，见表1.1。

表1.1 传统应急视角与生态文明视角的对比

	传统应急视角	生态文明视角
风险防范	重应对，轻预防。 缺乏从风险管理的视角，尤其是全局、长远以及战略思维的角度对环境风险进行防范和治理。	注重从全局（系统）视角、长远视角、运用战略思维对环境风险进行防范和治理。
应急准备	重形式，轻成效。应急准备工作规范化、科学化水平低，容易造成对资源的浪费。	应急准备工作规范化、科学化，注重应急准备工作的时实效性。
应急处置与救援	重结果，轻投入。只重视应急处置的结果，忽视对资源的投入，应急响应成本以及环境代价等因素的考量。	用最合理的应急资源、最及时的监测与预警、最科学的处置决策、最小的环境代价进行科学应急处置实现应急效果、节约资源、保护环境等多个目标。
事后恢复	重问责，轻评估。重视行政问责，轻评估改进，类似事故容易重复发生造成重复性的损失。	从减少重复性损失和环境损害方面重视事后的评估与反思，杜绝类似事故反复发生。

通过以上分析可知，生态文明视角下突发环境事件应急管理的方式更加重视环境风险防范与治理，避免突发环境事件的发生；更加注重科学规范化的应急准备工作，提高资源利用效率；更加注重运用监测预警等技术手段加强环境风险预警，及时发现并处置环境安全隐患；更加注重科学决策，最大程度地降低事故造成的人员伤亡、环境破坏和财产损失；更加重视事后的评估与改进工作，避免类似的事故重复发生，即“最大程度地避免事故发生，用最合理的资源、最科学的手段、最小的代价应对事故发生”，从而更加有利于满足生态文明建设“节约资源，保护环境”的要求。

1.2 研究价值及意义

（1）理论意义：本书结合十八大以来党中央对生态文明建设的战略部署以及二十大提出的最新要求，以生态文明为视角来审视我国突发环境事件应急管理工作当前存在突出问题并探究解决问题的对策及方法，既为突发环境事件应急管理问题的解决提供了新的视角，同时又丰富了生态文明建设的内涵。通过加强和改善突发环境事件应急管理工作，降低因突发环境事件发生及应急管理不当而造成的资源浪费及环境破坏，拓展了生态文明建设的实现路径，有助于推进生态文明建设总体目标的实现。

（2）实践价值：本书不仅从理论层面提出对策，而且还从实际应用的层面致力于方法的研究及工具的开发。① 开发了基于案例推理的突发环境事件应急辅助决策原型系统，辅助各级决策者进行环境应急决策，提高突发环境事件应急决策的科学性。该应急决策模型在大连市突发公共事件应急管理办公室等实践部门应急指挥平台上进行了试用，取得较好应用效果，认为基于案例推理的突发环境事件应急辅助决策系统有助于领导者现场进行科学决策，缓解决策压力，节约决策时间，提高决策的效率和科学性。② 提出了基于“应对灾种—储备单位—资源目录”三级架构的城市应急物资储备标准指引的方法，基于该方法建立的标准指引从不同角度回答了应急物资“储什么、储多少、谁来储、怎么储”等问题，初步解决了城市应急物资储备工作缺乏科学依据的问题。该标准指引在深圳市、区进行了试点应用，并于 2018 年 2 月以深圳市政府文件的形式下发（深应急办〔2018〕46 号），指导市区有关部门进行科学应急物资储备，取得良好效果。③ 研发了基于云计算的自动化环境风险监测预警系统，本系统以集中式分区化的方式为用户提供便捷、经济、有效的远程监控整体解决方案，用户可以不受时间、地点及气候条件的限制，对监控目标进行实时监控、管理、察看和收发预警信息。本系统在深圳市某街道的弃土点挡土坝边坡监测项目上进行了实际应用，取得良好效果和评价。④ 建立了基于改进灰色多层次评价方法的应急预案实施效果评价模型，为环境应急预案的效果评价提供一种定量化评价方法。为应急管理实践人员提供了一种切实可行的评价应急预案实施效果的评价方法，可以帮助应急管理人员对应急预案进行有针对性的改进。

1.3 研究内容

本书的研究内容可以分为如下四个方面。

（1）引言。

从一个城市生活垃圾填埋场因强台风袭击发生覆盖膜泄漏，造成大量臭气外逸和污水进入地下污染地下水的案例为例,引出了本书要研究的问题——突发环境事件应急管理问题，分析了在这个案例中之所以会造成如此大的环境污染，是因为应急管理的整个流程存在着很多不足。从一个具体的案例延伸至全国共性的问题，近年来我国突发环境事件的发生一直处于高压态势。据有关统计，突发环境事件的发生及处置不当是造成我国环境污染事故的主要原因。在国家大力推进生态文明建设的大背景下，显然是不符合生态文明建设的“节约资源，保护环境”的要求。然后，进一步阐明了为何从生态文明的视角来研究突发环境事件应急管理问题。对比了生态文明视角下应急管理与传统应急管理的不同，表明生态文明视角下突发环境事件应急管理的方式更加有利于符合生态文明建设“节约资源，保护环境”的基本要求。最后，分析了生态文明视角下突发环境事件应急管理的优势，阐明了从生态文明视角下研究突发环境事件应急管理问题的合理性。

（2）关于生态文明建设及突发环境事件应急管理现状研究。

系统梳理了国内外生态文明建设相关研究及实践成果。从生态学马克思主义到环境伦理学的阐述，为本书提供了可供借鉴的生态马克思主义思想以及从道德和价值观的根源上消除生态危机的西方环境伦理学的理念。突发事件生命周期理论模型以及《中华人民共和国突发事件应对法》中对应急管理阶段的划分为确定本书研究的预防与准备、监测与预警、应急处置与救援以及事后恢复与重建四个阶段的思路提供了理论依据。尤其是回顾了中华人民共和国成立以来我国生态文明实践探索的漫长历程，明晰了生态文明建设的脉络，综述了近年来国内学者对生态文明制度建设的相关研究成果，为研究奠定了理论及实践基础。此外，生命周期理论、风险社会理论、应急决策理论等理论为本研究提供了理论分析框架。

（3）在生态文明视角下探讨我国突发环境突发事件应急管理存在的主要问题。

生态文明建设对突发环境事件应急管理提出新的要求。生态文明是一种新的文明形态，强调人与自然的和谐共处。保护生态环境、资源节约始终是我们建设生态文明的重点和难点问题。而本书从生态文明视角对突发事件应急管理问题展开研究，在应急管理全生命周期中凸显生态文明建设的基本要求。显然，当前我国突发环境事件应急管理不符合这样的要求。突出问题表现在：

① 预防与准备阶段：不重视环境风险防范和系统治理。按照生态文明建设的要求，只有事前高度重视预防工作，才能最大程度地避免事故的发生，降低损失、节约应急成本，保护环境不受破坏。应急准备工作规范化、科学化水平较低。以应急资源储备为例，存在储备不科学、不合理甚至是资源浪费的问题，缺乏规范化标准指引。

② 监测与预警阶段：监测预警能力不足，缺乏智能化技术支撑手段，导致不能及时发现环境安全隐患，不能及时进行险情处置，最终演变为环境事故。

③ 处置与救援阶段：科学化应急决策水平低，缺乏科学的应急决策和处置的方法和手段，尤其是历史经验案例不能智能化辅助于应急决策，加剧了事故造成各种损失的严重程度。

④ 恢复与重建阶段：对事后评估重视不足，导致类似事故重复发生，造成资源的重复浪费。主要原因是缺乏对应急预案实施效果进行定量化评估的方法和工具。

（4）生态文明视角下解决突发环境事件应急管理问题的对策及方法研究。

针对以上突出问题，分别提出了解决的对策及方法：

① 开展生态文明视角下环境风险治理对策研究。在生态文明视角下审视生态文明建设对环境风险防范与治理提出的新要求，基于此分析当前我国环境风险防范与治理存在的主要问题，并从政府、企业、公众三个主体在理念、制度、实践三个方面探究问题的内在原因；最后，从生态文明角度出发，对我国环境风险防范与治理相关问题提出了一些具有较强针对性的对策和建议。

② 提出了基于“应对灾种—储备单位—资源目录”三级架构的城市应急物资储备标准指引的方法，为应急物资准备工作提供科学指引。

应急物资储备资源目录指引、储备单位指引和应对灾种指引，系统地从不同角度回答了应急物资“储什么、储多少、谁来储、怎么储”等问题，初步解决了应急物资储备工作缺乏科学依据的问题，该标准指引已经在深圳市试点应用，取得良好指导效果，提升了应急物资储备工作的科学性，最大程度降低资源储备不合理而造成的资源浪费。

③ 研发基于云计算的自动化环境风险监测预警系统，自动化实时监测环境风险，避免或降低环境突发事件发生造成的各种损失。

依托大数据、云计算和物联网等新一代信息技术，开发的预警监测系统通过高精度现场数据采集、可靠传输、大数据分析、云计算等过程，实现对监测对象全方位监测，从而为及时掌握环境风险的变化、进行预警，防止或者减轻灾害影响提供有效的技术手段。通过深圳某街道弃土点挡土坝边坡监测的应用案例证明该系统的实用性。

④ 开发基于案例推理的应急辅助决策系统提高决策者事中的科学决策及处置能力，最大程度地减少环境事件带来的各种损失。

将人工智能领域中的案例推理方法（Case-based Reasoning，CBR）引入到环境应急辅助决策中，设计基于概念树-本体模型-元模型三层架构的应急案例存储模式，建立应急案例库，将历史环境事故案例按照统一的模式存储到案例库中，并设计案例的相似度检索算法，通过相似度检索，将与当前的环境事件相似度最高的历史案例的处置方案提供给决策者辅助其对当前的环境事件进行科学决策。通过对一个具体环境群体性事件案例的运用，证明系统可以起到良好的辅助决策的作用。

⑤ 建立基于改进灰色多层次评价方法的应急预案实施效果评价模型，在突发事件发生后评估应急预案的实施效果并进行总结和改进。

本书在应急预案实施效果评价中引入灰色多层次评价法，结合前文研究成果构建了一套基于改进灰色多层次评价法的应急预案实施效果评价模型。并通过实例来验证评价模型的实用性。运用该评价模型可以对突发环境事件应急预案的实施效果进行定量化评估，并且找出影响实施效果的关键因素，并根据模型计算得分情况有针对性地提出改进建议。基于危化品泄漏事故案例说明该方法的实用性。

1.4 研究思路及方法

（1）研究思路：首先，通过一个真实案例的引入和剖析提出本书课题研究的必要性和紧迫性，指出本书研究的现实背景、价值及研究意义；其次，进行文献综述，了解国内外学界对于本课题研究的现状；然后，明确了本书研究的理论基础，构建了理论分析框架；分析了实践中存在的具体问题；最后，结合问题提出具体的解决对策和方案。

（2）研究方法：理论框架方面采用了文献研究法，对国内外相关研究成果进行归纳与梳理。问题部分综合采用逻辑推理、案例分析法以及实地调研等方法进行阐述和论证。对策部分注重多学科、多领域研究方法的综合运用。如运用了人工智能领域的案例推理方法、计算机科学领域的数据库技术、相似度算法设计方法、管理学中的灰色多层次评价方法、运筹学中的 AHP 方法、统计学中的 SPSS 数据分析、Matlab 矩阵计算以及新一代信息技术领域的云计算、大数据、物联网等技术。

本研究技术路线如图 1.4 所示。

1.5 创新点

（1）视角新：从生态文明的视角审视突发环境事件应急管理面临的新的挑战和突出问题。本研究理论上汲取了生态马克思、环境伦理学等西方生态文明的先进理念，实践上紧密结合党的十八大以来提出的生态文明的内涵、建设目标及制度框架等要求来分析当前我国环境突发事件应急管理的突出问题并探讨解决对策，开拓了突发环境事件应急管理问题新的研究视角。

（2）方法新：本书研究过程中注重多学科、多领域研究方法的综合运用。本着定性与定量研究相结合、文献研究与实地调研相结合、逻辑推理与案例分析相结合等原则进行研究。综合运用了人工智能领域的案例推理方法、计算机科学领域的数据库技术、相似度算法设计方法、管理学中的灰色多层次评价方法、运筹学中的 AHP 方法、统计学中的 SPSS 数据分析、Matlab 矩阵计算以及新一代信息技术领域的云计算、大数据、物联网等技术。

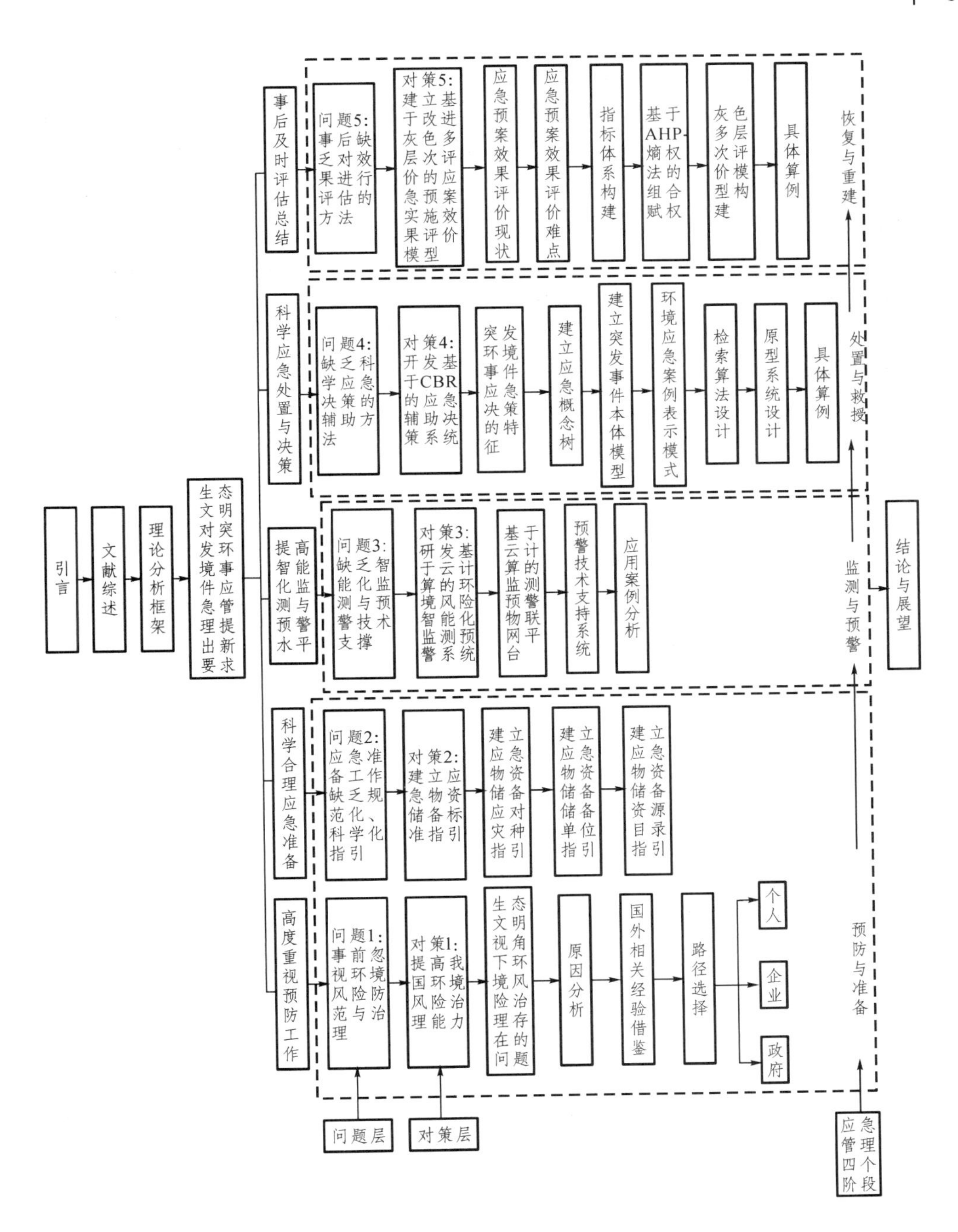

引言
文献综述
理论分析框架
生态文明对突发环境事件应急管理提出新要求
事后及时评估总结
问题5:事后缺乏对效果进行评估的方法
对策5:建立基于改进灰色多层次评价的应急预案实施效果评价模型
应急预案效果评价现状
应急预案效果评价难点
指标体系构建
基于AHP-熵权法的组合赋权
灰色多层次评价模型构建
具体算例
恢复与重建
科学应急处置与决策
问题4:缺乏科学的应急决策辅助方法
对策4:开发基于CBR的应急辅助决策系统
突发环境事件应急决策的特征
建立应急概念树
建立突发事件本体模型
环境应急案例表示模式
检索算法设计
原型系统设计
具体算例
处置与救授
提高智能化监测与预警水平
问题3:缺乏智能化监测与预警技术支撑
对策3:研发基于云计算的环境风险智能化监测预警系统
基于云计算的监测预警物联网平台
预警技术支持系统
应用案例分析
监测与预警
结论与展望
科学合理应急准备
问题2:应急准备工作缺乏规范化、科学化指引
对策2:建立应急物资储备标准指引
建立应急物资储备应对灾种指引
建立应急物资储备单位指引
建立应急物资储备资源目录指引
高度重视预防工作
问题1:事前忽视环境风险防范与治理
对策1:提高我国环境风险治理能力
生态文明视角下环境风险治理存在的问题
原因分析
国外相关经验借鉴
路径选择
个人
企业
政府
预防与准备
问题层
对策层
应急管理四个阶段

图 1.4　研究技术路线图

（3）对策新：在环境风险防范与系统治理方面提出了从政府、企业和公众个人三个主体以及从理念、制度和实践三个维度来提高我国当前环境风险治理能力的具体路径；在应急准备的规范性方面提出了建立城市基于“应对灾种—储备单位—资源目录”三级架构的城市应急物资储备标准指引的方法，创新性地解决了我国当前城市应急物资储备工作缺乏科学依据的实际问题，而且基于该方法建立的应急物资储备标准指引在深圳市进行试点应用，以政府文件形式进行了下发，指导市区有关部门进行实际的应急物资储备工作；在监测预警方面研发了基于云计算的自动化环境风险监测预警系统，依托大数据、云计算和物联网等新一代信息技术通过高精度现场数据采集、可靠传输、大数据分析、云计算等过程，实现对监测对象全方位监测，克服了传统监测系统实时性差、受天气影响较大、无法进行云计算分析等不足，为有关部门、单位及时掌握环境风险的变化、进行预警，防止或者减轻灾害影响提供有效的技术手段；在解决环境应急决策科学性方面，提出将案例推理方法引入进来，并开发了基于案例推理的环境应急辅助决策系统，可以很好地辅助决策者进行快速决策；在应急预案评价方面提出要加强应急预案的实施效果评价，并建立了基于改进灰色多层次评价方法的应急预案实施效果评价模型，为应急预案的效果评价提供了一种定量化评价方法和切实可行的计算工具。

2 国内外研究现状综述

2.1 突发环境事件的界定及危害

本书所研究的对象是突发环境事件应急管理问题，所以必须准确了解突发环境事件这一概念的定义及范围，才能保证后续研究的针对性和有效性。所以，明确相关概念是我们对突发环境事件应急管理问题进行深入研究的基础和前提。

2.1.1 突发环境事件的界定

从相关的突发环境事件的文献及国家政策性文件来看，目前对突发环境事件的定义尚无明确的界定。归纳起来有以下几种典型的观点：

（1）突发环境事件是一类“对广大人民群众的人身安全、财产安全造成危害或者有可能造成危害，而需要政府快速决策的突然发生的事件”[①]。这一定义中，对环境突发事件的突发性、后果以及主观性和应对性做出了强调，但是并没有明确此类事件爆发的原因和界定范围，而且主观地将人身、财产伤害作为界定事件的要件。那么如果某一突发事件实际上并没有造成人民群众的人身、财产上的伤害，而是单纯的危害环境，按照这一界定标准来说显然就不能算作环境突发事件。显然，这种定义是不符合实际情况的，也同样和当前我们所强调的环境保护理念相违背。

（2）突发环境事件是一类“没有遵守生态环境管理相关法律规定而进行的企业行为，或者因自然因素和意外造成的相关事件，而这些事件对于公共财产、人民安全、环境等方面都会造成十分恶劣的影响。突发环境事件包括生态破坏事件、生物安全、环境污染”[②]。上述概念在对于突发环境事件起因的界定中，并没有将人为的、非违法因素考虑进去，而有一些环境破坏是由于合法的环境行为累积造成的。因此这一定义中，未能完全的体现突发事件应急工作所具有的 “突发性”以及“紧急”特点。

---

① 鄂英杰. 我国突发环境事件应急机制法治研究[D]. 哈尔滨：东北林业大学，2009.

② 麼述凯，黄琼. 对突发环境事件应急立法的思考[J]. 工业安全与环保，2005（11）.

（3）突发环境事件主要是指“生态环境由于人的生产、生活行为而受到破坏，且有可能造成严重的环境污染、严重破坏生态、威胁公众人身及财产安全的事件”[①]。该定义中把“人”作为引起环境突发事件的唯一因素是否合理，仍然需要进一步商榷，另外还要重点剖析生态破坏、环境污染以及环境安全等相关问题在这里的具体范围。

（4）突发环境事件即“人为破坏环境及环境污染等相关事件所导致的公众健康威胁的事件”[②]。该定义虽然强调突发事件会给公众生活带来的巨大的影响、强调了其突发性，但是并未指明造成环境破坏的主要原因。

（5）突发环境事件，顾名思义，指的是“突然发生的”并对自然环境、公众人身健康等造成危害的环境污染、生态破坏、外来物种侵袭以及转基因生物危害等事件”[③]。此定义的突出特点是列举了很多与突发事件相关的范围，同时指出除了环境污染除和生态破坏以外还包括转基因生物以及物种侵袭等等。

（6）2014 版《国家突发环境事件应急预案》突发环境事件的定义是：由于污染物排放或自然灾害、生产安全事故等因素，导致污染物或放射性物质等有毒有害物质进入大气、水体、土壤等环境介质，突然造成或可能造成环境质量下降，危及公众身体健康和财产安全，或造成生态环境破坏，或造成重大社会影响，需要采取紧急措施予以应对的事件，主要包括大气污染、水体污染、土壤污染等突发性环境污染事件和辐射污染事件。

（7）我国原环境保护部在 2010 年下发的《突发环境事件应急预案管理暂行办法》中，与当时的社会实际状况相结合，对突发环境事件进行了定义，明确表示突发环境事件指的是“环境因为事故或意外等理由受到了严重的破坏或污染，甚至危害到人民群众的生命健康和财产安全的紧急情况”。而在这一定义中，只是着重强调了引起突发环境事件的因素和所造成的后果。其中，人为因素是主要原因，但是并不能简单地限定为人为原因，而后果主要是对环境的破坏以及对公众合法权益的侵害。

（8）我国原环境保护部在 2015 年 4 月 16 日发布的《突发环境事件应急管理办法》对突发环境事件做了明确定义：由于污染物排放或者自然灾害、生产

---

① 张润昊，毕书广. 论突发环境事件的几个理论问题[J]. 郑州航空工业管理学院学报（社会科学版），2007（1）.

② 李艳岩. 环境突发事件立法研究[J]. 黑及江社会科学，2004（3）.

③ 常纪文. 我突发环保事件应急立法存在的问题及对策[J]. 宁波职业技术学院学报，2004（4）.

安全事故等因素，导致污染物或者放射性物质等有毒有害物质进入大气、水体、土壤等环境介质，突然造成或者可能造成环境质量下降，危及公众身体健康和财产安全，或者造成生态环境破坏，或者造成重大社会影响，需要采取紧急措施予以应对的事件。此定义是在 2014 版《国家突发环境事件应急预案》中对于突发环境事件定义的基础上删掉了“主要包括大气污染、水体污染、土壤污染等突发性环境污染事件和辐射污染事件”的表述，即不只局限于这几类污染事件。

综合国内外专家学者观点及参考国家最新相关文件《突发环境事件应急管理办法》对突发环境事件的定义，本书将突发环境事件界定为：突然发生并由人为因素或自然灾害引起，造成或可能造成严重环境损害，需要采取紧急措施加以应对的事件。有五层含义：第一，突发环境事件是突然发生的，尽管发生之前可能经历了漫长的积累过程，但是在爆发的过程中将表现出明显的突发性特征；第二，突发环境事件不仅包括人为原因（包括污染物排放以及生产安全事故等）导致的还包括自然原因导致的环境损害；第三，可能造成环境损害的后果不仅仅是通过有毒有害物质进入大气、水体、土壤等环境介质造成环境污染这种途径，也包括可能造成生态环境损害的其他途径（例如，滑坡等地质灾害也可能造成生态环境损害）；第四，突发环境事件一般情况下有可能带来以下损失：社会经济损失、环境损失、个人财产损失以及三种损失综合出现；第五，突发环境事件对政府的应急处理能力有着较高的要求，一旦发生政府必须在极短时间内做出应对决策。

2.1.2 突发环境事件的范围

上文针对突发环境事件的定义进行了系统而全面的论述，突发环境事件从其外延上来说，涵盖突发环境破坏和突发环境污染这两种事件。而从其本质上来说，突发环境污染事件是一种突然发生的、对环境有着严重破坏能力的环境污染事件。具体可分为以下几大类：第一类水环境污染事件；第二类大气污染事件；第三类土壤污染事件；第四类放射性污染事件；第五类噪声污染事件；第六类危险化学品污染事件；第七类海洋环境污染事件；等等。同时各类污染事件又可具体细分为各类污染。例如，依据不同水质和污染程度，水污染可分成敏感水域污染、重点流域污染等[①]；而突发环境破坏事件指的是对生态环境造成损失的较为严重的破坏性环境事件，比如土壤沙漠化事件，就是由于大量的

① 李瑶. 突发环境事件应急处置法律问题研究[D]. 青岛：中国海洋大学，2012.

植被被破坏，或者无限制地砍伐森林引起的；比如非法猎杀、走私生物物种或者由于外来入侵物种、工程建设而破坏了生物的多样性等均属于生物安全事件，而这类事件的出现多会对生态环境带来极大的隐患。另外，结合历年来《中国环境状况公报》中的相关数据以及我国生态环境部每年所公布的各类突发环境情况的相关信息可知，目前我国突发环境事件发生较为频繁，应对管理工作局势非常严峻。

2021 年全年接收处理群众反映问题 44 万件，处置突发环境事件 199 起[①]。2020 年全国共发生 208 起突发环境事件，处理了黑龙江伊春鹿鸣矿业有限公司“3.28”尾矿库泄漏次生突发环境事件等重大及敏感事件[②]。2019 年全国“12369”环保举报平台接到举报 53.1 万件，全国共发生突发环境事件 263 起，其中生态环境部直接调度处置 84 起[③]。2018 年全国“12369”环保举报平台受理群众举报 71 万余件，处置突发环境事件 286 起，其中生态环境部直接调度处置突发环境事件 50 起。2017 年相关部门共处理 302 起突发环境事件，包括重大事件 1 起（陕西省宁强县汉中锌业铜矿排污致嘉陵江四川广元段铊污染事件），较大事件 6 起，一般事件 295 起[④]。

通过以上数据可以发现，从 2021—2017 年突发环境事件发生数量整体呈下降趋势，但总量仍然处于高位。从突发环境事件发生原因来看，安全生产事故仍是引起突发环境事件的主要因素[⑤]。所以，突发环境事件应急管理能力亟待提升。

2.1.3 突发环境事件的危害性

突发环境事件造成的危害、损失是无法估量的，特别是对于广大人民群众的人身安全以及社会稳定所带来的负面影响，更是要求我们必须对突发环境事件给予应有的关注和重视。

（1）突发环境事件造成环境损害。

突发环境事件通常具有持续、对环境威胁较大等特点。当突发环境事件爆发之后，将有极大可能对某一区域内的生态环境造成毁灭性的打击，之前十数年甚至数十年为环境保护、生态维护所做出的努力将会付诸流水。20 世纪发生

① 参见《2021 年中国环境状况公报》。
② 参见《2020 年中国环境状况公报》。
③ 参见《2019 年中国环境状况公报》。
④ 参见《2017 年中国环境状况公报》。
⑤ 安全生产事故是引起突发环境事件主要因素[EB/OL] [2015-08-13]https://www.sohu.com/a/27125914_123753

在西方国家的“世界八大公害事件”如洛杉矶光化学烟雾事件、伦敦烟雾事件等都对生态环境造成了巨大影响。有些国家和地区，像重金属污染区，水被污染了，土壤被污染了，到了积重难返的地步[①]。如海洋溢油事故将会对海鸟的生存带来极大的威胁，而如果化工产品泄漏至海域，就会造成海洋生物的大面积死亡。一旦发生严重的突发环境，对海域的水质和生物的打击无疑更为强大，所带来的负面影响将会长期延续，后续的恢复工作不仅需要大量的时间，而且也往往意味着海量的资金投入[②]。

比如 20 世纪 80 年代末的“埃克森·瓦尔迪兹号”漏油事件就可以说是一起毁灭性的海洋灾难,该事件共造成了 42 000 000 升油的泄漏,污染幅度达 2100 千米海岸线,更令人触目惊心的是这次事件直接导致了 25 万种海鸟的死亡、400 多只可爱的海獭从此告别人世；22 只虎鲸离开了人类的视野，250 只白头海雕以及 300 只斑海豹也未能幸免于难；如果说这些对于人类并没有直接的危害，那么由于原油的污染而使得鲱鱼和马哈鱼产卵区遭受污染，更是对捕捞业造成了毁灭性的打击。此次所造成的损失至少 200 亿美元，旅游业也因此而面临着巨大的经济损失。显然我们无法仅用金钱来衡量泄漏溢油事件对整个生态环境造成的影响。2003 年《科学》杂志中就强调了此事件所造成的破坏性，认为这一事件的后续影响将会是人类所无法想象的。这一论点在生态毒理学上也得到了验证。通过研究发现，原油泄漏事件会直接引起包括哺乳类动物、海鸟、无脊椎动物在内的生物的急性死亡。除此之外长时间残留的酶等各种有毒物质将对人类健康、环境产生持续的影响[③]。

（2）突发环境事件造成人员伤亡及财产损失。

世界银行、中科院等对我国环境污染所造成的损失进行了统计和研究，根据其统计数据，中国每年环境污染所带来的经济损失大概占到了国内生产总值的十分之一[④]。随着我国经济与科技的发展，工业化水平进一步提高，国内开设了越来越多的化工企业，由于相关法律法规的不完善和多方面的原因，许多严重的事故频繁发生，导致了严重的经济损失与人员伤亡。2010 年 7 月，紫金山金铜矿湿法厂中 9 000 多立方米的含铜酸性溶液排洪涵洞渗漏；同月，这一事件

① 中共中央宣传部. 习近平总书记系列重要讲话读本[M]. 北京：人民出版社，2016.

② 于召阳. 突发海洋环境污染事件应急机制法律问题研究[D]. 青岛：中国海洋大学，2009.

③ 南方周末：墨西哥湾事件，没有吸取教训的悲剧[EB/OL]2010-7-23]http://www.infzm.com/content/46970

④ 中国每年因污染造成损失为 GDP 的 10% [EB/OL][2007-3-19]http://news.163.com/07/0319/09/39UGTU80000120GU. html.

再次发生，大约渗漏了 500 立方米的含铜酸性溶液。两次渗漏事件造成了 9 600 立方米的铜酸性溶液，直接排放进入附近水域，严重污染了该水域，导致了大量鱼虾死亡。2013 年山东省青岛市中石化企业的输油管出现问题，导致原油泄漏，而且泄漏的原油排进了城市的排水渠，因为水渠是密闭的，空气不流通，油气积聚造成严重爆炸，除经济损失 75 172 万元外，还造成了 62 人死亡，136 人重伤的严重后果。①2015 年天津瑞海公司发生了特大突发事件（火灾爆炸），事件使 165 人从此失去了生命，8 人失踪，还有 798 人接受住院治疗，其中 58 名重病伤员。另外，此事件还波及了 304 幢建筑物，其中包括居民公寓、单位建筑、厂房、居民建筑等等，另外事件还造成了 7 533 个集装箱以及 12 484 辆商品汽车受损、破坏。依据相关标准统计截至 2015 年 12 月，事件共造成高达 68.66 亿元的经济损失，而且这项数据不包括暂时不能统计确定的间接损失②。

（3）突发环境事件危及社会稳定。

一些潜在的环境风险，被个人感知，通过信息传递和交换机制，在社会放大效应和社会聚集效应的作用下转化为社会风险，并存在外化为群体性事件的风险，从而危及社会稳定③。例如，因环境问题引发的群体性事件（简称环境群体性事件）已经在我国各类群体性事件中处于相对高发地位，严重影响了社会稳定。尤其是经济发展水平较高、社会发展程度较高的地区，有相当一部分群体性事件的爆发都和环境问题有着直接或者间接的联系。

2.1.4 突发环境事件的特征

（1）突发性

从字面上我们就可以发现，突发环境事件必然具有一定的突然性，这也是我们界定事件性质的根本出发点和落脚点。无论是发生的时间还是发生的方式都具有显著的不可预测的特点。

（2）危害性

短时间、大范围的剧烈环境破坏或者污染，是本书所研究的突发环境事件的普遍特征，而且有相当部分的突发环境事件对公共利益甚至广大人民的人身

---

① 山东省青岛市“11·22”中石化东黄输油管道泄漏爆炸特别重大事故调查报告[EB/OL][2014-1-10] https://www.mem.gov.cn/gk/sgcc/tbzdsgdcbg/2013/201401/t20140110_245228.shtml

② 天津港“8·12”瑞海公司危险品仓库特别重大火灾爆炸事故调查报告[EB/OL][2017-1-13] https://www.mem.gov.cn/gk/sgcc/tbzdsgdcbg/2016/201602/P020190415543917598002.pdf

③ 姜晓萍，夏志强，李强彬. 社会治理创新发展报告（2015）[M]. 北京：中国人民大学出版社，2015.

财产安全都有着极强的危害性。如放射物泄漏所导致的水体污染、土地污染等，如果没有及时的应对措施，不仅将造成极大的社会负面影响，而且后期的整治也非常困难。

（3）公共性

相对于传统意义上的生态破坏或者环境污染来说，本书所研究的突发环境事件并不局限于特定区域或者某一个单独的个体，所产生的影响往往在对象和范围上具有较强的不确定性，这种危害公共性特征的客观存在，必将导致其损失程度的不可控性。事实上，有相当一部分突发环境事件往往还具有跨区域性甚至是跨国性，因此其所带来的危害远远不是传统观意义上的环境污染事件所能够比拟的[①]。

（4）紧迫性

突发性和危害性的客观存在，导致了突发环境事件往往难以有足够的时间去进行处理。也就是说，本书所研究的突发环境事件通常情况下将会在短时间内快速扩大其影响，必须及时地采取针对性的措施避免事态的进一步扩大。因此，应急处置主体在处理突发环境事件的过程中必须在短时间内做好应急决策及处置的工作。

2.2 国内相关研究现状及综述

2.2.1 新中国成立以来生态文明建设的实践探索

1. 生态文明概念提出的实践历程

在生态文明管理层面我国经历了治理、保护、可持续发展的发展历程[②]。其主要发展历程可以简化归纳为：1973 年举行首次环境管理议会、1994 年中央颁布《中国 21 世纪议程》、2012 年党的十八大明确提出生态文明建设。

自 1949 年到 1978 年，在中国共产党的统一领导下，我国对社会主义进行建设，尽管在建设中发现了环保的问题，但对自然和经济关系的认识还不充分，认为人应该去征服、挑战自然。1973 年，北京成功召开环境会议，该会议第一次提到了环境治理并做出了相关的决策，为我国生态建设工作的开展指明了前进的

① 林广伦. 我国突发环境事件应急法律制度研究[D]. 重庆：西南政法大学，2010.

② 刘国新，宋华忠，高国卫. 美丽中国——中国生态文明建设政策解读[M]. 天津：天津出版传媒集团，2014.

方向。改革开放后的 10 年里，我国经济快速发展，但是环境污染的问题也愈发突出。到了 20 世纪 90 年代初，我国对人与自然的关系有了全面的认识：“自然规律同样应体现在当前经济发展的一系列工作中来。”①自此以后，生态环境成为经济发展过程中重点关注的对象，生态文明的建设也被放在更加突出的战略位置。

1994 年，我国制定了《中国 21 世纪议程——中国 21 世纪人口、环境与发展白皮书》，指出我国在发展经济的同时必须加强环境保护。为进一步推动保护环境的进程，国务院于 1998 年颁布了《全国生态环境保护建设规划》。

2002 年党的十六大上，我国正式提出：“坚持走可持续发展道路，实现资源优化共享，美化生态环境，营造更加美好的自然环境，为我国人民提供更高的生活质量。”会议中，将环境保护和环境治理定为我国的发展目标。

我党陆续开展相关会议讨论环境问题，明确了可持续发展战略的地位，在 2003 年十六届三中全会上发表《中共中央关于完善社会主义市场经济体制若干问题的决定》，提到我国不能只追求经济效益，必须重视环境保护。在实际生活中贯彻“以人为本”的发展观念，为社会和人的协调发展做出更为积极的努力。

随着环境保护体制的不断完善，我党开始将发展重点放在构建科学发展观上。为充分落实统筹兼顾、协调发展，2004 年十六届四中全会上颁布了《中共中央关于加强党的执政能力建设的决定》，进一步明确经济和环境的协调问题。2007 年党的十七大第一次指出，我国需坚持生态文明的建设，强调了构建能源节约型社会和环境友好型社会的重要性和必要性，并在 2009 年十七届四中全会上创造性地将生态文明建设工作提升到与经济发展同等重要层面的高度加以论述和总结，并对生态文明所应达到的标准做出了详细介绍。

2012 年党的十八大进一步提出，把生态文明建设放在社会主义建设事业“五位一体”总体布局中，要求“把生态文明建设放在突出地位，融入社会、文化、经济等各个方面”，为人民提供更加美好的生活。

十八届三中、四中全会先后提出“制定相关法律进一步推动生态环境的保护工作”“完善生态文明管理体系”，将生态文明建设提升到制度层面。中共中央在随后的会议中指出创新、协调、绿色、开放、共享五大发展理念。明确地提出绿色发展理念，进一步提升了生态文明建设的战略地位和高度。将绿色发展作为理念写入发展战略、发展规划，这在马克思主义政党史上是第一次，在

① 国家环保总局、中央文献研究室. 新时期环境保护重要文献选编[M]. 北京：中央文献出版社，2001.

当今世界各国的执政党中也是不多见的，充分体现了我们党作为马克思主义先进政党的胸怀视野，充分彰显了我们党作为负责任大国执政党的使命担当①。

2017 年，党的十九大对生态文明建设提出了新要求：2020 年之前打好污染防治攻坚战；2020 年到 2035 年，生态环境根本好转，美丽中国目标基本实现；2035 年到本世纪中叶，生态文明全面提升。

2017 年 10 月 24 日，中国共产党第十九次全国代表大会通过的《中国共产党章程（修正案）》增加了生态文明的内容，明确提出，中国共产党领导人民建设社会主义生态文明。

2018 年 3 月十三届全国人大一次会议第三次全体会议通过了《中华人民共和国宪法修正案》提出，“推动物质文明、政治文明、精神文明、社会文明、生态文明协调发展，把我国建设成为富强民主文明和谐美丽的社会主义现代化强国，实现中华民族伟大复兴”。将“生态文明”写入国家根本法，体现了党和国家对生态环境问题的高度重视，也反映了新时代背景下对社会经济发展路径转变、优化升级的深刻理解。

2. 生态文明建设的制度探索

党的十八大报告中，习近平总书记强调了制度对于生态环境保护工作的重要性和必要性，他强调：“只有实行最严格的制度、最严密的法治，才能为生态文明建设提供可靠保障。”有了可靠的制度和法律法规，才能够为生态文明建设工作的顺利开展提供必要的支持和帮助，才能走向生态文明新时代②。从本质上来说，生态文明建设是一种以生态文明发展为根本出发点和落脚点的目标体制。这就需要我们从生态文明工作的一般需求出发，并以此作为所有生态文明工作的评价指标，对生态文明建设工作进行约束、监督与规范。因此，为了贯彻落实十八大加快生态文明建设的决策，我国已经逐步建立了相关的制度。2014 到 2015 年是我国建设生态文明制度的关键阶段。两年中，党中央相关部门联合出台了一系列的专项改革文件，包含排污收费改革、生态环境网络监测、环境污染第三方治理、环境保护融资改革、国家环保督查、有关领导干部离任审计、环境保护党和政府共同承担责任等。2015 年 4 月，我国政府下发了《关于加快推进生态文明建设的意见》，上述方案阐述了环境治理和保护的任务、内容、意

---

① 仁理轩. 坚持绿色发展，“五大发展理念解读之三”[N]. 人民日报，2015-12-22.

② 吴大华. 制度建设是生态文明的重中之重[N]. 人民日报，2016-10-14.

义、根本目标和需要采取的重要措施。

为贯彻落实《生态文明体制改革总体方案》文件内容，党中央推出“1+6”环境管理体系。在上述体系中，“1”是中共中央和国务院联合印发的《生态文明体制改革总体方案》，针对空间规划体系、自然资源归属制度、资源管理和节约制度、空间开发保护制度、生态补偿和资源有偿使用制度、环境治理体系、环境治理和生态保护市场体系、生态文明考核标准和责任追究制度等八大体系制度确定了主要任务和改革目标，但仍有许多制度、体制和机制问题存在于生态文明建设方面，这就需要采取相关措施改善生态文明体制改革，让改革更加系统全面，突出其整体性，使各个领域改革相互协同起来。

“6”是指颁布的六套试行方案:《生态环境损害赔偿制度改革试点方案》《编制自然资源资产负债表试点方案》《党政领导干部生态环境损害责任追究办法（试行）》《开展领导干部自然资源资产离任审计试点方案》《生态环境监测网络建设方案》和《环境保护督察方案（试行）》。

《环境保护督察方案（试行）》要求建立合理有效的监督机制，着力抓好对各地政府与党委环境保护工作的监督，确保其严格履行环境保护的责任，严格实行环境保护责任制度，从而推动生态文明建设的发展。

《生态环境监测网络建设方案》，结合我国当前阶段生态文明建设工作的一般情况，建立健全对生态环境进行监测的网络系统，通过网络对生态信息数据进行共享与集成，把依法追责、自动预警依法追责为主的生态环境监测、保障体系的构建作为当前生态文明建设工作的重点和难点。并提出要在2020年前，构建完整的生态环境监测网络体系，实现数据在全国范围内的有效共享、有效提升信息化总体水平，初步建立一套和社会经济发展总体水平相适应的环境监测保护体系。

在随后颁布的《开展领导干部自然资源资产离任审计试点方案》中，指出了领导干部的离任审计方案。这一方案的执行，标志着我国传统的“以资源换经济、以经济为政绩”的执政模式出现了根本性的转变。本次方案中，要求所有领导干部在离任之前都必须将任职期间的自然资源利用、开发情况纳入审计体系中来，并以此为基础对其任期进行评价。

《党政领导干部生态环境损害责任追究办法（试行）》中明确表示，在对本地区的资源保护和生态环境维护方面，全部责任由地方各级党委和政府承担，党委和政府主要领导成员需承担主要责任，而其他有关领导成员则需要承担相应责任。明确了追究各级领导干部责任的各类情形。首次明确了地方党委和政府领导班子成员在环境保护、自然资源利用等方面的追责制度，并将生态效益纳入领导干部考核体系中来，要求在生态环境、环境资源方面造成恶劣破坏的主要责任干部不得升迁、不得出任重要职位。这一规定的出台，是我国环境保护、生态文明建设领域重要的制度成果。

《编制自然资源资产负债表试点方案》中，结合当前我国生态资源的开发利用现状，创造性地提出了自然资源资产负债表应用于环境资源的开发和利用领域这一尝试性方案。该方案中强调，要以自然资源的摸底行动为基础，创建一套符合各省实际情况的自然资源统计调查制度，以此为基础为生态文明建设工作的顺利开展提供强有力的数据支持。方案中还提出，各省要从本省资源禀赋出发，尝试编制自然资源资产负债表，为本省自然资源的永续利用奠定坚实的数据基础。

《生态环境损害赔偿制度改革试点方案》作为当前我国市场经济环境下环境保护工作的重要方案，明确了我国生态环境损害的赔偿机制。本方案中，明确了生态环境损害赔偿制度试点工作的开展进程，要求在 2020 年之前创建一套责任机制完善、保障高效、技术超群的赔偿体系，并联系我国目前的环境保护工作以及环境资源的开发和利用现状，提出了“依法推进，鼓励创新；环境有价，损害担责”的总体原则。除此之外，本方案中还对方案的适用范围做出了明确的阐述。本方案适用于生态环境本身的损害，而集体财产损害、个人权益损害、个人利益损害以及海洋生态环境损失等项目未被列入该方案中来。方案在内容上，详细论述了具体的义务人、权利人、赔偿范围、赔偿额度、监督机制、保障措施等内容。

2015 年 10 月 29 日，在《五中全会公报》中对国家“十三五”规划制度提出一些建议，会议也就新时期包括生态文明建设在内的“五位一体”的建设做出了重大部署。无论是从公报的结构还是从篇幅来看，生态文明的建设都得到了前所未有的重视，既有融入式的设计，也有专门的阐述“五位一体”的建设要求。公报从生态文明建设的实际要求作为着眼点，全面推进建设生态文明，改革与发展同步进行，公报也对环境治理和保护方案提出了合理的建议。

为进一步推进环境治理的进程，我国颁布了许多政策法规推进污染的防治工作，《大气污染防治法》《关于省以下环保机构监测监察执法垂直管理制度改革试点工作的指导意见》《水污染防治行动计划》等文件陆续颁布。经过完善后的《水污染防治法》于2018年1月1日正式实施；《土壤污染防治法》于2019年1月1日正式实施。

2021年中共中央、国务院印发《关于完整准确全面贯彻新发展理念做好碳达峰中和工作的意见》《关于深入打好污染防治攻坚战的意见》，国务院印发《2030年前碳达峰行动方案》《“十四五”节能减排综合工作方案》等，生态环境部会同有关部门编制“十四五”生态环境保护规划，制定9个重点领域专项规划以及9个污染防治攻坚战专项行动方案，形成全面系统的路线图和施工图。

从新中国成立之初“为了发展经济‘向自然开战’”到十八大以来“尊重自然规律，顺应自然发展，保护自然环境”理念的改变可以看出我党对环境保护和生态文明建设的认识经历了一个漫长的发展历程。生态兴则文明兴，生态衰则文明衰，正是基于对历史客观规律的正确认识和不断的实践探索，在习近平总书记的领导下，党中央深谋远虑，统筹全局，制定长远的发展任务，将创新理念作为主要发展方向，加快生态文明建设的步伐，早日实现中华民族的伟大复兴。

2.2.2 生态文明建设理论研究现状

通过查阅知网上的相关文献资料，发现可以分为两个阶段。第一个阶段是十八大以前，第二个阶段是十八大以后。十八大之前的相关文献数量比较少，而且多以探讨生态文明的概念和意义为主，对本书研究的参考意义不大，所以，本书重点整合分析了党的十八大以来的有关生态文明建设的研究成果。

在中国共产党第十八次全国代表大会胜利召开之后，专家学者们首先深入分析研究了习近平总书记所提出的生态文明思想，获得了较多的成果，主要从以下几个角度对该思想进行了分析：一是理论依据与产生背景。大多数学者认为，习近平总书记所提出的生态文明思想是源于生态破坏、资源短缺、能源匮乏、环境污染等国际背景和在国内背景上为了解决我国现代化发展中出现的生态问题而提出的。在理论来源方面，既继承了马克思主义生态思想，又传承了我国“天人合一”“道法自然”等优秀的传统文化。二是基本内涵。包括生态意识文明，比如习近平总书记关于生态环境就是生产力的论述、生态环境是最普惠的民生福祉等论述；生态制度文明，比如习近平总书记说过“用严格的法律制度保护生态环境，加快建立有效约束开发行为和促进绿色发展、循环发展、低碳发展的生态文明法律制度”；生态实践文明，既包括生态文明建设的顶层设计又包括划定生态红线、实施主体功能区战略等建设新策略。三是理论特色，包括现实针对性、民族性、民生性等。四是重要意义，包括理论创新和现实意义。学者们普遍认为，习近平总书记关于“生态环境生产力”论是马克思主义“自然生产力”在当代的发展运用，是当代中国马克思主义生产力理论的最新成果。现实意义在于推动了马克思主义中国化，弘扬了中国传统文化，有助于中国梦的实现。五是现实践履①。习近平总书记在地方主政以及担任总书记以来，在长期的生态文明建设中明确了生态文明与经济建设、文化建设、政治建设还有社会建设这五者之间的关系，并与中国特色社会主义事业有机结合，并构建一条以系统工程思路为主的，有利于大力推进生态文明建设的道路。

还有就是对十八大以来相关制度的探索与研究，总共包括三个角度：内涵、框架体系以及具体的建设路径，都是这一阶段的主流研究方向，形成了丰富的理论研究成果。

就制度的内涵而言，新制度经济学对于我国专家学者的研究有着深远意义，他们将制度分为非正式制度和正式制度两种，并从这两个角度分别论述了市场经济环境下我国生态文明建设的含义。李长莎等人（2016）②总结了近期各方面专家有关生态文明非正式制度与正式制度的研究成果，简单来说非正式制度包括生态文明的全民教育、社区教育与学校教育及群众参与；正式制度包括生态经济激励机制的研究和法律机制的研究。他认为，我国目前针对环境保护管理体制所取得的研究成果仍然处于较低的层次上，现有研究成果多局限于具体制度的研究，而理论依据、宏观政策背景等方面的研究则还有较大的提升空间和完善潜力。除了上述三类体制，宋宇晶等人（2014）③提出还需要建立考核评估机制。陈旭等人（2013）④也提出，建立并完善一套实施效果显著的生态文明考核机制，是保障生态文明建设能够落到实处的基础和前提，并提出了考核过程中近期、中期、远期考核指标相结合的指标体系。

就生态文明制度的框架体系而言，可以进一步划分为内涵属性研究、理论

---

① 刘於清. 党的十八大以来习近平同志生态文明思想研究综述[J]. 毛泽东思想研究，2016（3）.

② 李长莎，苏小明. 近十年关于生态文明正式制度和非正式制度建设研究综述[J]. 中共珠海市委党校、珠海市行政学院学报，2016（1）.

③ 宋宇晶，苏小明，芦玉超. 生态文明制度建设研究综述[J]. 中共山西省委党校学报，2014（5）.

④ 陈旭. 论我国生态文明建设的制度设计创新[J]. 四川行政学院学报，2013（20）.

基础研究、制度类型、建设主体等方面的研究[1]。在研究建设主体的学者中，刘登娟（2014）[2]等在其发表的论文中，强调了政府、市场以及广大人民群众是生态文明建设的主体，因此在制度体系的构建过程中同样应将这三方面主体囊括进来。在内涵属性和理论基础方面，马克思主义生态思想是我国学者研究的重点。如张春华（2013）[3]的研究成果中就从马克思主义生态理念出发，论述了我国生态文明制度体系中的生态行政制度建设以及生态产权制度建设等重要内容。针对建设种类进行研究的学者中，沈满洪（2016）[4]提出，公民自觉地引领性制度、经过分析考虑的选择性制度、别无选择的强制性制度都属于建设的不同种类。沈满洪依据不同建设主体的特点创建了相应矩阵，如表 2.1 所示。依据上述不同建设类型的各自特点创建了相应矩阵，如表 2.2 所示。

表 2.1　生态文明“三制度三主体”矩阵

针对主体	强制性制度	选择性制度	引领性制度
政府	政府绿色采购制度；破坏环境追责体制；重大环境污染事故一票否决制；……	破坏治理耦合体制；治理效率奖惩体制；……	优秀公务员评比体制；优秀城市评比体制；生态省等荣誉称号授予；……
企业	取水总量的配额制度工艺流程的管理；提高产业准入门槛；……	碳权交易制度轮流补助体制；环境税收制度；……	有机食品标志；绿色商品标志；绿色企业创建；……
公众	禁止象牙贸易制度；禁止捕猎野生动物；限塑令；……	节能产品补贴制度；高额回收垃圾；押金退款制度；……	绿色家庭评比；绿色团体教育；绿色消费教育；……

① 宋宇晶，苏小明，芦玉超. 生态文明制度建设研究综述[J]. 中共山西省委党校学报，2014（5）.

② 刘登娟，黄勤，邓玲. 中国生态文明制度体系的构建与创新——从“制度陷阱”到“制度红利”[J]. 贵州社会科学，2014（2）.

③ 张春华. 中国生态文明制度建设的路径分析——基于马克思主义生态思想的制度维度[J]. 当代世界与社会主义，2013（2）.

④ 沈满洪，生态文明制度建设：一个研究框架[J]. 中共浙江省委党校学报，2016（1）.

表 2.2 生态文明“三制度四战略”矩阵

战略种类	强制性制度	选择性制度	引导性制度
产业生态化战略	进行功能划分；推行生态化发展；……	取缔违法产业；调动产业环保积极性；……	公司要维护社会利益；增强企业家环境保护意识；……
消费绿色化战略	垃圾分类处理；减少私家车出行；……	进行低碳生活；实施绿色出行；……	养成绿色生活习惯；进行绿色消费；……
资源节约化战略	控制能源使用；调整能源价格；……	资源浪费进行罚款；较低能源进行补贴；……	培养节约能源意识；宣传资源节约；……
生态化经济战略	减少供水供给；积极治理污染；……	合理排污提供补助；坚持可持续发展进行补助；……	普及生态知识；推广生态文明体制建设；……

在推进生态文明制度建设路径方面：一要加强立法，严格执法。其中较为具有代表意义的研究成果如严耕（2013）[①]就在其发表的论文中重点强调“生态环境法制建设、生态文明制度建设，是保障生态文明建设工作取得预期成果的基础和前提”。刘洋（2012）[②]等人提出要加强立法，建议从法制建设角度推进生态文明建设工作，并结合社会经济发展的基本情况，提出以生态文明相关理论指导立法工作的建议。常纪文（2016）[③]指出，除了完善立法之外，还要重点解决环境执法不力、环境监督不严、环境守法不到位等问题，加大社会环境治理的力度，降低环境行政管控的成本。严格执法，建立环境执法计划制度、环境执法监察制度和环境执法社会监督制度。二要加快建立完善经济激励机制。如沈满洪（2012）[④]提出，完善的经济激励机制包括生态补偿制度、排污权交易

① 严耕. 生态文明评价的现状与发展方向探析[J]. 中国党政干部论坛，2013（1）.

② 刘洋. 如何加强生态文明制度建设——访北京林业大学人文社会科学学院院长严耕[J]. 环境保护与循环经济，2012（12）.

③ 常纪文. 生态文明的前沿政策和法律问题——一个改革参与者的亲历与思索[M]. 北京：中国政法大学出版社，2016.

④ 沈满洪. 建设生态文明必须依靠制度[N]. 浙江日报，2012-12-31.

制度、环境税费制度有助于推进生态文明建设。三要大力宣传和教育。如邓翠华（2013）①等人提出要研究宣传和传播生态文明建设的有效手段和机制。在其研究成果中强调，生态文明理念的普及和宣传，是保证生态文明建设工作能够得到广大人民群众认可的重要途径，理应得到我们的重视和肯定。只有树立一个全社会普遍参与的生态文明和谐理念，才能为成功实现生态文明建设成果提供可靠的保证。同时，生态文明建设工作也同样应纳入我国国民教育体系中来，通过学校教育、社会教育和家庭教育的有机结合，将资源节约、生态友好理念灌输给祖国的下一代。除此之外，领导干部的生态文明教育工作也同样值得我们认真对待，只有各级领导干部认识到了环境保护、生态保护、资源可持续利用的重要性和必要性、掌握了生态文明建设的发展规律，才能够为我国生态文明建设工作的顺利开展提供强有力的支持和帮助，才能够保证各项政策得到有效的贯彻和执行。四要加强生态文明考核评价机制研究。在生态文明建设工作评价体系的建设过程中，我们必须深刻地认识到，生态文明评价体系和考核体系之间既有一定的相通之处，也同样有各自的特点。考核主要是以特定主体在生态文明建设工作中的实际作为所开展的考核，而评价则是从整体上衡量生态文明建设情况的评价。针对这一问题，刘洋（2012）②的研究成果指出，生态文明建设过程中必须从实际情况出发，对相关政府部门所发挥的作用从多方面加以考核，并以具有权威性的评价机制对其具体行为加以有效的约束。同时在生态文明建设工作的推进过程中，也同样应将生态文明建设目标纳入区域发展目标体系中来，通过加强不同区域之间的协作和沟通来提升工作的有效性和针对性。在赵兴玲（2014）③的研究成果中则指出，评价生态文明建设过程中各级领导干部的实际工作成绩，并以此为基础帮助各级管理人员树立正确的环保理念，推动各地环境保护工作的进程。李佐军（2014）④提出，在生态文明建设的考核工作中，应重点考虑生态环境、生态经济、生态资源、生态社会以及生态政治等指标，并针对上述方面制订了相应指标。冯志峰等人（2013）⑤通过实例分析，采用“环境、经济、体制、价值”四个方面对环境资源的开发和利用进行评价。

① 邓翠华. 关于生态文明参与制度的思考[J]. 毛泽东邓小平理论研究，2013（10）.
② 刘洋. 如何加强生态文明制度建设——访北京林业大学人文社会科学学院院长严耕[J]. 环境保护与循环经济，2012（12）.
③ 赵兴玲. 领导干部生态文明建设考核评价的思考[J]. 管理观察，2014（1）.
④ 李佐军. 生态文明建设评价考核的基本思路[J]. 经济纵横，2014（9）.
⑤ 冯志峰，黄师贤. 生态文明考核评价制度建设：现状，体系与路径——以江西省生态文明建设为研究个案[J]. 兰州商学院学报，2013（4）.

常纪文（2015，2016）[1][2]提出了生态文明评价考核的党政同责问题。他认为，党政同责是生态文明建设的关键落实手段。论述了党政同责的法律依据、角色定位、考核指标及考核原则等问题。

2.2.3 关于突发环境事件应急管理相关政策梳理

近年来，各级政府积极响应中央颁布的环境治理政策，在进行环境治理的同时，有效降低突发环境事件的发生，不断完善环境管理体制。本研究梳理了国家出台的关于环境突发事件应急管理的法规及政策文件。

2005 年 5 月 24 日，中共中央颁布了《国家突发环境事件应急预案》。2014 年 12 月 29 日，国务院办公厅以国办函〔2014〕119 号印发新版的《国家突发环境事件应急预案》包括总则、组织指挥体系、监测预警和信息报告、应急响应、后期工作、应急保障、附则 7 部分。

2009 年 12 月，为加强和规范环境应急管理工作，原环境保护部出台了《环境保护部关于加强环境应急管理工作的意见》（环发〔2009〕130 号）明确了环境应急管理能力建设阶段性目标、应急管理基本制度框架、应急管理体系建设重点等内容，并就依法推进和理顺环境应急管理体制指明了方向。

2010 年 9 月 28 日，原环境保护部发布了《突发环境事件应急预案管理暂行办法》（环发〔2010〕113 号），明确提到了发生突发环境事件时应采取的应急方案，并针对现存问题对应急体系进行完善，提高应急方案的合理性、实效性和可操作性。

2011 年 4 月 18 日，原环境保护部发布了《突发环境事件信息报告办法》（环境保护部令 17 号）对突发环境事件的信息报告作了明确规定。

2014 年 12 月 19 日，原环境保护部发布了《突发环境事件调查处理办法》（环境保护部令 32 号）规范突发环境事件调查处理工作，基本涵盖了环境应急管理的全过程。

2015 年 1 月 1 日，正式实施的新修订的《中华人民共和国环境保护法》对突发环境事件的应急管理工作提出了宏观上的原则要求，针对突发事件的应急工作进行具体部署，对各级地方政府下达指令，进一步完善环境突发事故的应急方案，在突发事件发生或进行有效控制并将相关损失降到最小。

---

① 常纪文. 生态文明建设考核评价的党政同责问题[J]. 中国环境管理，2016（2）.

② 常纪文. 推动党政同责是国家治理体系的创新和发展[N]. 中国环境报，2015-01-22.

2015 年 4 月 16 日，原环境保护部发布了《突发环境事件应急管理办法》。从中可以清晰地看出，国家对突发环境事件非常重视，对国内各地区的环保机构等的处理义务等进行了明确的规定，高度强调了各个企业事业单位的职责定位情况。其中指出，在应对突发事件时，必须坚持从不同的视角出发，如风险控制方案的制定以及应急处置手段的实施等，对突发事件相关的工作信息等进行有效的规范，对其中的工作机制等进行全面的理解，按照突发事件的类型，基于应急管理的实际需求，大力倡导舆论宣传，加强对媒体监督现实意义的认识。

2016 年 10 月，原环境保护部在当时国内的突发事件应对机制现状的基础上，下发了《企业突发环境事件风险评估指南（试行）》，就国内的突发环境事件的（已建成投产或处于试生产阶段的）企业进行环境风险评估提供了指南。

2018 年 1 月 31 日，原环境保护部颁发《企业事业单位突发环境事件应急预案评审工作指南（试行）》重点强调现代企业组织评审突发环境事件应急预案的基本要求、评审内容、评审方法、评审程序，供企业自行组织评审时参照使用。

2018 年 3 月，生态环境部发布了《企业突发环境事件风险分级方法》，规范和指导企业突发环境事件风险分级。

2022 年 3 月，生态环境部发布了《突发环境事件应急监测技术规范》，规定了突发环境事件应急监测启动及工作原则、污染态势初步判别、应急监测方案、跟踪监测、应急监测报告、质量保证和质量控制、应急监测终止等技术要求。

以上法律、法规、标准及文件基本涵盖了突发环境事件应急管理的全过程。

2.2.4 国内突发事件应急管理的研究现状及趋势

2003 年以来，我国突发事件应急管理进入快速发展时期。2003 年以来学者的研究成果主要概括为三类研究：体系的研究、思维模式的研究以及方法的研究[①]。

1. 关于应急管理体系的研究

（1）应急管理的“一案三制”体系。

闪淳昌和薛澜[②]总结了我国应急管理的“一案三制”体系，认为经过长期探索和实践，我国基本建立了以“一案三制”为核心的具有中国特色的应急管理

① 宋英华. 应急管理蓝皮书——中国应急管理报告[M]. 北京：社会科学文献出版社，2016.

② 闪淳昌，薛澜. 应急管理概论——理论与实践[M]. 北京：高等教育出版社，2012.

体系，构建了社会管理组织网络，形成了具有中国特色的“拳头模式”，集中反映了中国应急管理体制的核心特点，是中国应急管理体制建设成就的综合体现，是探索中国社会管理模式的重要发展。

（2）公共安全的“三角形”体系。

范维澄院士（2009，2012）[①②]研究认为，就公共安全问题而言，“三角形”模式是常见的体系，其涵盖了这样的几个内容：首先是突发事件，其次是承灾载体，最后是应急管理。在这种体系中，各种不同类型的灾害要素存在着，如灾害物质以及相应的信息等，主要研究突发事件所出现的概率、灾害的种类及其变化规律等。

（3）中国综合风险管理体系。

史培军（2005，2008）[③④]提出建立中国综合风险管理体系，倡导灾害风险科学与国家综合防灾减灾能力建设，构建新型的结构—系统模型，以提升综合风险管理效率。此外，作者就不同的视角，针对中国综合风险管理机制进行了改进与完善。史培军等（2014）[⑤]研究强调，当前国内的减灾工作在防灾减灾体制机制法制体系、自然灾害监测预警、灾害信息共享、防灾减灾宣传教育、灾害风险识别与驱动因素规避、国家和地方备灾等方面成效显著。

2. 关于应急管理思维模式研究

（1）突发事件综合管理思维模式。

张成福（2009）[⑥]提出公共危机管理的全面整合模式。黄崇福（2005）[⑦]提出了综合风险管理的梯形架构。夏保成（2006）[⑧]在全面分析国外应急管理的基础上，认为综合应急管理模式的要点如下：一是对各类型灾难及其后果实施综合管理；二是对应急管理所有的主体人员基于国家相关制度与政策等做出适当的指导，在应急管理合作机制的基础上进行综合管理；三是基于应急管理的实

① 范维澄，刘奕，翁文国. 公共安全科技的“三角形”框架与“4+1”方法学[J]. 科学导报. 2009（6）.
② 范维澄. 关于城市公共安全的一点思考[J]. 中国建设信息. 2012（21）.
③ 史培军，黄崇福，叶涛. 建立中国综合风险管理体系[J]. 中国减灾，2005（2）.
④ 史培军. 四论灾害系统研究的理论与实践[J]. 自然灾害学报，2008（12）.
⑤ 史培军，孔峰，叶谦. 灾害风险科学发展与科技减灾[J]. 地球科学进展，2014（29）.
⑥ 张成福，唐钧，谢一帆. 公共危机管理理论与实务[M]. 北京：中国人民大学出版社，2009.
⑦ 黄崇福. 综合风险管理的梯形架构[J]. 自然灾害学报，2005（6）.
⑧ 夏保成. 西方国家公共安全管理概念辨析[J]. 中国安全生产科学技术，2006（3）.

际特征，分析其生命周期，以达到综合管理目的；四是所有合适的资源统一调配使用。

（2）全面应急管理思维模式。

宋英华（2009）[①]提出了全面应急管理（TEM）模式，即突发事件的全过程管理、全系统管理、全方位管理、全面应急响应、全手段管理以及全社会管理的"六全"模式。杨青（2008）[②]将"六全模式"理论分别应用于地震灾害与公共事故分析。

3. 应急管理的科学方法研究

（1）巨灾防御与应急决策综合集成方法。

戴汝为、李耀东、李秋丹（2013）[③]提出巨灾防御与应急决策综合集成方法，指出巨灾具有复杂性、不确定性和不可预测性，它是由包括地理系统、气象系统、生态系统、社会系统等多个复杂系统在多层次、多因素、多环节上相互关联、相互作用、相互制约而表现出来的整体行为。这些复杂的系统工程既关系灾害产生和存在的自然社会系统，又关系模拟自然、社会系统的人工系统，因此需要多学科、多领域的综合性研究成果和新的方法、方法论来应对复杂系统的极大多样性与解决问题的困难性。

（2）非常规突发事件应急管理的研究方法。

王飞跃教授和邱晓刚教授的团队（2014，2010，2015）[④⑤⑥]提出非常规突发事件应急管理的人工社会、计算实验、平行执行相结合的 ACP 方法。ACP 方法主要导向是构建突发事件动态模拟仿真与计算实验平台，该平台包括建模支持、实验管控、仿真计算机可视化工具等要件。

---

① 宋英华. 突发事件应急管理导论[M]. 北京：中国经济出版社，2009.

② Yang Q, Ma H. Constructing China's Total Emergency Management Model of Earthquake Disater. Proceeding of 2008 International Conference on Innovation and Management. Wuhan University of Technology Press, 2008.

③ 戴汝为，李耀东，李秋丹. 社会职能与综合集成系统[M]. 北京：人民邮电出版社，2013.

④ 王飞跃. 人工社会、计算实验、平行系统——关于复杂社会经济系统计算研究的讨论[J]. 复杂系统与复杂性科学，2004（4）.

⑤ 王飞跃，邱晓刚，曾大军等. 基于平行系统的非常规突发事件计算实验平台研究[J]. 复杂系统与复杂性科学，2010（4）.

⑥ 孟荣清，邱晓刚，张烙兵等. 面向平行应急管理的计算实验框架[J]. 系统工程理论与实践，2015（10）.

（3）公共安全的“4+1”研究方法。

范维澄院士（2009，2011，2012）[①②③]将公共安全科技方法学的研究方法概括为“4+1”。其中“4”包含复杂系统方法（复杂网络、智能计算等）、监测探测方法（获取特征与信息）、确定性方法（理论分析、实验模拟等）与随机性方法（概率分析）。“1”表示4类方法相互交融的综合性方法。四种方法既相互独立又密切相关，共同形成复杂的公共安全问题的方法学。

范维澄院士（2018）[④]对国家自然科学基金委“非常规突发事件应急管理研究”重大研究计划（2008—2016年）的研究成果进行了综述。成果重点涵盖了“非常规突发事件的短时间解决和演化建模”、“非常规突发事件的应急决策”、“紧急状态下个体和群体的心理与行为反应规律”等三个方面取得的突破性创新进展。

在未来研究趋势分析中他还对未知风险的防范以及新技术的应用提出了建议。比如，指出“就未来新技术的全面变革，以现代化的计算机技术为中心，通过对模拟仿真技术的科学使用，提出合理的风险预测预判机制，将科学的安全风险评估引至具有现代化特征的产业规划中，并在工艺设计过程以及当地政府的制度实施等方面确定最佳的风险评估机制，对影响人类健康以及环境效益的各种潜在风险进行预测，以提升风险管理的质量与效率”。要“提出一种高效的公共安全智库，以使其越来越科学，满足专业性的技术需求，对风险发生机制进行系统的评估与分析，达到中长期大势大局预估的目的。此外，提前探究各种可能出现的危机，对其的预期影响实施科学的研究，制定科学的制胜性战略，为公共安全提供一定程度的保障”。同时，指出“就公共安全监测预测机制而言，现代化的信息技术起到了巨大的作用，其作为一种主动感知技术，为公共安全的预估等提供了优质的保障，其促进了公共安全预测过程越来越智能化，越来越呈现出应急联动的基本特性，以大数据分析技术为中心的预警应急联动体系是社会发展的必然要求”。

---

① 范维澄，刘奕，翁文国. 公共安全科技的“三角形”框架与“4+1”方法学[J]. 科学导报，2009（6）.

② 张晔. 提升科技支撑能力，创建安全保障型城市——访中国工程院院士范维澄[J]. 上海安全事故年产，2011（6）.

③ 范维澄. 关于城市公共安全的一点思考[J]. 中国建设信息，2012（21）.

④ 范维澄，霍红，杨列勋，等. “非常规突发事件应急管理研究”重大研究计划结题综述[J]. 中国科学基金，2018（3）.

2.2.5 关于突发环境事件应急管理问题的研究

就突发环境事件问题，国内很多的学者对其进行了全面的研究，且对应急管理等方面的研究理论越来越具有成熟化特征。此方面的研究有如下几类：一是整体地探究应急预案编制问题，并将其运用在实际的演练上。尹洧（2016）[①]等人基于当前国内的突发环境事件应对现状进行了研究，其指出了应急预案编写的重要性，同时针对其具体依据进行了阐述，针对性地提出了与预案编制相关的一系列管理要求，作者表明了评估环境风险问题的现实意义，由此给出了建设性意见。喻阳华（2015）[②]在研究国内的应急预案问题的过程中，基于整体性这一重要的视角，强调了应急措施的重要性，同时指出，要方便操作实施，对于厂区附近的所有环境情况应该进行系统地掌握，由此提出一种符合厂区发展特色的风险应急机制，作者高度强调了应急物资在风险预测与处理过程中起到的巨大的作用。陈斌华（2016）[③]等详细地介绍了国内的水源地突发环境问题，并针对现存的突发事件的处理方案等进行了分析和研究，认为在体制上仍然存在进一步提升的空间和潜力。杜婷婷（2011）[④]在研究突发环境事件的过程中强调，必须基于不同的视角来掌握所有的环境应急风险，并基于实际的风险源调查以及预案编制等内容，创建科学的应急管理体系，以预测并处理好突发环境事件。张弛等人（2016）[⑤]在研究国内环境风险问题的过程中认为，我国政府应该始终坚定不移地贯彻落实风险评估方面的制度政策，在履行自身义务的同时，实现最小化环境风险的目标。吕建华等人（2015）[⑥]在研究海洋突发环境事件问题的过程中明确强调，必须针对当前的海洋突发环境事件问题进行深入研究，并由此创建一种适合的应急联动机制，由此对目前的组织机构布局等进行改进与完善，以推进不同机构之间的友好协作，并履行各自的突发事件处理义务，才能够有效地保障海洋突发环境事件应急管理预案发挥预期的作用，除此之外还要通过计算机技术等，大力拓宽畅通沟通的基本渠道等。二是研究突发环境

---

① 尹洧，周小凡，李文洁. 突发环境事件应急预案的编写[J]. 安全，2016（2）.

② 喻阳华. 突发环境事件应急预案编制方法初探[J]. 环保科技，2015（6）.

③ 陈斌华，顾瑛杰. 水源地突发环境事件应急演练组织与实施[J]. 污染防治技术，2016（1）.

④ 杜婷婷. 突发性环境污染事件应急管理体系研究[D]. 南京：南京大学，2011.

⑤ 张弛. 论突发环境事件中的政府环境应急责任[J]. 黑龙江科技信息，2016（9）.

⑥ 吕建华，曲风风. 完善我国海洋突发环境事件应急联动机制的对策建议[J]. 行政与法，2010（9）.

事件方面的应急制度与政策等。王丽媛（2016）[1]在研究突发环境事件方面立法问题的过程中，指出了美国在此方面遇到的问题与存在的立法不足问题，我国可以借鉴的几种立法经验。当下，国内的环境应急管理立法机制尚不完善，必须始终坚持依据国家的法律制度等，并充分结合国内的突发环境事件实际问题，通过对突发环境事件的基本规律的把握来对传统的立法机制进行系统的改进与完善。此外，李瑶（2012）[2]等人就当前的突发环境事件应急处理的机制方面存在的不足等进行了探析，分别从实际案例和法律理论两个不同的角度对突发环境事件应对立法的必要性和有效性做出了论证，除此之外，还就《突发事件应对法》中必须遵循的法律原则等进行了研究，做出了合理的定位，全面地探析了其中的重要组成部分。三是对突发环境事件相关的各种应急指挥平台的开发，同时研究平台的系统技术等内容。郭益峰（2016）[3]等在提出应急指挥平台时明确指出，必须始终围绕着环境应急的管理内容，在理顺管理目标的基础上，来创建一种满足关键业务需求的应急指挥平台。作者探讨了在环境应急机制中必须注意的管理内容，指出了信息管理等在环境应急效率方面具有的现实意义。周旭武等人（2016）[4]在研究突发环境事件等问题之后，创建了一种以案例库为中心的应急指挥系统，为突发环境事件的有效处理等提供了一定程度的保障。四是研究在应急管理各种突发环境事件过程中的公众参与问题，也包括了此阶段内就风险问题而进行的实际沟通问题。王波等人（2015）[5]建立在公众参与问题的基础上，明确强调了其在各种突发环境事件应急管理中起到的关键作用。风险沟通的目的主要在于：首先是能够实现群体认知差异性的显著降低。其次是提升应急管理体系中的社会参与度。最后是达到文化差异应对的目的。李高升（2014）[6]在研究公众参与度问题之后强调，所谓的突发环境事件的相关法律问题进行了研究，他表示要想有效解决突发环境事件出现的问题，建立完善的突发环境事件应对法律体系是当务之急，而建立并完善公众参与制度有利于改

① 王丽媛. 美国突发环境事件应急管理立法及其启示[J]. 中国环境管理干部学院学报，2016（4）.

② 李瑶. 突发环境事件应急处置法律问题研究[D]. 青岛：中国海洋大学，2012.

③ 郭益峰. 构建突发环境事件应急管理与决策指挥平台的研究[J]. 污染防治技术，2016（3）.

④ 周旭武，庄红. 基于案例库的突发环境事件应急指挥系统设计[J]. 工业控制计算机，2016（2）.

⑤ 王波. 风险沟通在环境性突发事件应急管理中的作用[J]. 黑龙江纺织，2015（1）.

⑥ 李高升. 突发环境事件中公众参与法律问题研究[D]. 济南：山东师范大学，2014.

变传统的较为单一的应对方法，有利于预防和处理突发环境事件，效果显著。六是环境风险的评估机制研究。张艳萍等人（2014）[①]在对突发事件的各种风险问题的研究过程中强调，应该针对不同阶段内的风险点差异性特征进行详细的研究，由此创建一种新型的预控机制，为突发事件管理质量的提高提供一定的保障。鲁蕴甜等人（2014）[②]针对当前国内的突发事件应急机制现状，就应急监测质量提高等内容提出了一系列的建设性意见，高度强调了应急监测质控方案的科学制定在应急监测上具有的现实意义。

2.2.6 国内相关研究述评

以上对于我国生态文明建设的实践历程以及相关研究成果的梳理，使得本研究能够站在一个历史与现实、理论与实践相结合的高度上，尤其是对生态文明建设实践历程的梳理，使得我们得以在宏观战略的层面上来把握生态文明建设的背景、内涵、意义及路径，为本书生态文明视角下突发环境事件应急管理问题的研究提供了必要的理论及实践支撑。但是，具体而言，从以上近年来学者们对生态文明的研究成果来看，大多是从探讨如何建立生态文明制度等宏观层面开展研究的，实践起来缺乏微观的切入点和抓手。突发环境事件的发生，一方面可能造成人员伤亡和财产损失，另一方面可能造成巨大的环境污染和破坏。本书通过在生态文明的视角下审视突发环境事件应急管理中存在的问题并且加以改进来最大程度地避免突发环境事件的发生以及降低突发环境事件发生后造成的人员伤亡、财产损失和环境破坏，为生态文明的建设实践提供了一个具体的切入点和抓手。而对于如何提高突发环境事件的应急管理能力的问题，国内学者从体制机制、立法、应急预案、技术工具、风险评估、风险沟通、公众参与等不同角度开展了相关研究，丰富了理论研究成果，为本书研究提供了基本的理论基础。但是，现有研究对突发环境事件应急管理问题的研究比较分散，只针对其中某一个环节，并没有按照突发事件的生命周期来对突发环境事件的应急管理问题进行系统研究，就无法做到对突发环境事件从发生前，发生时以及发生后进行系统管理，难以提升应急管理的整体效果。尤其是结合十八大提出的生态文明建设的新要求，在生态文明视角下研究突发环境事件应急管

---

① 张艳萍，程川．突发环境事件应急监测风险点分析和应对研究[J]．环境科学与管理，2014（12）．

② 鲁蕴甜．浅谈突发环境污染事故应急监测的质量管理[J]．科技信息，2014（4）．

理的新问题并从实践应用的角度对解决这些新问题的方法及可操作性工具进行开发和研究的还很少。因此，本书的研究旨在通过系统化提升突发环境事件应急管理能力来推进生态文明建设，对于生态文明建设具有重要的现实意义。

2.3 国外研究现状及综述

2.3.1 生态学马克思主义

1970 年前后，生态学马克思主义被提出与推广。在这之后的很长一段时间内，开始探索人类发展过程中的环境问题，并对社会生态危机问题进行了深入而细致的探索。国外生态学马克思主义哲学的研究，可以根据侧重点的不同进一步划分为三个阶段：首先是第一个阶段，即理论酝酿期。在此阶段内，法兰克福学派对生态学马克思主义哲学方面的理论内容进行了介绍与解释。其次是第二个阶段，即确立期，此阶段内的代表学者是本·阿格尔，他们正式确立了生态学马克思哲学主义。最后是第三个阶段，即继续发展期，奥康纳等将生态学马克思哲学主义进行了全面的研究，并将其推广到了越来越多的西方发达国家中。

从生态学马克思主义的本质内涵可以清晰地看出，其高度强调，资本主义制度等实际上是破坏生态的，所以首先要将资本主义制度和生产方式摒弃，再进行生态文明建设。从生态学马克思主义出发，生态文明对于工业文明既不是全盘肯定也不是全盘否定，而是扬弃，取其精华，去其糟粕，可以说是将工业文明进行创新改革后形成的一种文化形态。值得注意的是，此方面的创新重点体现于以下几个内容。首先，就哲学世界观这一重要的视角而言，自然在被控制的同时，这种征服是机械的，是贪婪的，由于这种控制与被控制的关系，致使人类为了利益而肆意向自然索取；而生态文明则与之相反，其主张人与自然和谐相处，并不存在主次之分，这我们称之为有机论哲学世界观。再以文化价值观为着眼点，工业文明的文化价值观是以消费为主，它认为消费增长要没有限度，这样的错误观念不仅颠倒了生产和消费的关系，也形成了生产方式的偏激消费；但是，生态文明则认为寻求满足和幸福的方法应该是创造性的劳动，明确生产和消费的关系，打破错误的异化消费的文化价值观。最后从经济发展观来看，工业文明大量消耗地球生态资源，不断扩大再生产，追求“增长第一”的自由主义发展观念；但相反地，生态文明必须始终坚定不移地围绕着生态资源保护这一重要的发展理念，坚持遵循资源发展经济的生态原则，同时把深入掌握经济增长和社会的全面发展的关系为主要任务，并得出结论：应在保证人的自由全面发展的前提下进行适当的经济发展，不能本末倒置。

20 世纪 80 年代，国内也有专家学者意识到国民经济发展需要生态马克思主义作为重要指导，并对其产生了浓厚的兴趣。尤其是大力推进生态文明建设发展的过程，使得生态马克思主义方面的深入研究有了强有力的外部环境支持①。众多的学者研究指出，在加快中国经济发展进程的同时，必须始终加强对生态马克思主义的现实意义的认识，对其进行深入的探析，是生态文明建设过程中“环境正义”原则的集中体现，不仅是保障广大人民群众根本利益的有效途径，同样也是推动国内经济发展进程加快的必然要求。此外，曾德华等人（2013）②在研究生态马克思主义的过程中明确指出③，要想提高可持续发展的水平，必须以哲学中的相关理念为指导依据，并对文化的本质特征等进行系统的分析，将各种文化内涵等全面地融合在文化的实践中，以实现文化理念与文化建设实践的有效统一。就此方面的问题而言，陈学明（2008）④曾研究认为，所谓的生态马克思主义哲学在当前市场经济环境下，对我们具有这样的启示：从社会主义在生态文明建设方面的作用出发，将人和自然之间的冲突的解决转化为人和人之间的矛盾、冲突，从思想革命的高度去界定生态文明建设工作。针对这一问题，李晓明（2011）⑤同样从马克思主义生态观的一般性概念出发，进行了系统的研究，指出人和自然的和谐统一是我们推动生态文明建设工作应有的题中之义，因此我们有必要从多层次、多角度出发为增强社会公平正义性贡献一份力量。鉴于此，可以清晰地看出，众多的学者已经对生态学马克思主义进行了详细的探讨，并形成了一种统一的发展理念，充分地强调了文化的巨大价值，极大地促进了生态文明重要内涵的传播与实践发展。

2.3.2 环境伦理学相关研究

环境伦理学从 19 世纪中期开始就已经深受西方社会各界的关注。当时在欧洲浪漫主义运动的影响之下，一大批美国社会学家、自然学家以及人文学者开

---

① 仲素梅. 国内外生态马克思主义研究综述[J]. 山西高等学校社会科学学报，2016（7）.
② 巩永丹. 新世纪以来国内生态马克思主义研究综述[J]. 高校社科动态，2015（1）.
③ 曾德华. 生态马克思主义与我国生态文明理论的重构[J]. 湖南师范大学社会科学学报，2013（10）.
④ 陈学明.“生态马克思主义”对于我们建设生态文明的启示[J]. 复旦学报，2008（4）.
⑤ 李晓明. 生态马克思主义之生态观探论[J]. 前沿，2011（8）.

始从美国当时的社会环境和生态环境现状出发，重新反思工业社会环境下的人和自然环境之间的关系，包括艾默生、爱德华兹在内的一系列先驱者都在该领域进行了不懈的探索。从本质上来说，环境伦理学将道德研究从传统意义上的人和人的语境环境中解脱出来并扩大到人和自然之间的关系上。环境伦理理论的不断发展，开始促使人们更为深刻地理解人和自然环境之间的关系，并对人类中心主义产生了巨大的冲击。从西方环境伦理学可以清晰地看出，其大致包括了如下几大流派：一是非常传统的人类中心主义流派。二是中期阶段的动物权利论，其代表人物辛格[①]强调“平等地关心所有当事人的利益”也同样适用于那些和我们一起生活在地球上的动物。三是生物平等论。史怀泽[②]在其发表的论文中指出，所有的生命意志都值得我们敬畏，应对地球上的任何生物都保持一颗怜悯之心，以倡导生物平等论主义。四是生态整体主义。主要代表人物是利奥波德[③]，在其提出的大地伦理中重点强调了拓展道德共同体的必要性，并将动物、植物以及土壤和水纳入人文关怀体系中来。他要求我们必须以大地共同体上的普通公民的身份去对待其他的生灵。而这意味着，人类不仅要对地球上的其他生命保持长久的敬畏之心，同时也要对我们共同生存的地球进行维护与爱惜。

从本质上来看，生态伦理学属于一种学科的范畴，它以人与自然的和谐发展为核心内容，以精神内核为重要的价值观。可以看出，将人和自然之间的和谐统一关系、人和社会之间的和谐统一关系作为道德目标对待，因此西方环境伦理学对于本书的研究也同样提供了一系列全新的视角，对于建设生态文明具有重要意义。

2.3.3 生态文明理论研究与实践

1. 理论研究

Morrison[④⑤]首次提出英语语境下的生态文明（Ecological Civilization）相关的概念。作者研究认为，全球性动力机制的有效制定对于生态文明的建设具有深远的意义，相关政策的合理提出为工业文明的升级与转变提供了基础与保障，

① 辛格. 动物解放[M]. 北京：光明日报出版社，1999.
② [法]史怀泽. 敬畏生命[M]. 上海：上海社会科学出版社，1996.
③ [美]奥尔多·利奥波德. 沙乡的沉思[M]. 北京：经济出版社，1992.
④ Morrison R S. Ecological democracy [M]. Boston: South End Press, 1995: 281.
⑤ Morrison R S. Building an ecological civilization[J]. Social Anarchism: A Journal of Theory & Practice, 2007(38): 1-18.

推进了生态民主建设进程的不断加快。Gare[①]在研究生态文明等相关内容的过程中强调，其作为一种重要的文明形态，具备了全球性的特征，工业文明这一发展背景为其提供了依据。然而，随着生态文明建设进程的加快，此文明将要出现巨大的变革。在生态文明建设过程中，必须对传统的工业文明的发展优点进行继承，以促进人和自然的统一发展，呈现出多样性的特征。Magdoff[②]在研究生态文明方面的内容后认为，生态文明不但涵盖了生态的发展，也包括了文明的发展，是两者的统一。在生态文明建设的过程中，必须大力提升其的自我调节性，保证其发展的多样性。

2. 实践路径

从生态文明建设的本质定义可以清晰地看出，其以工业发展模式为基础，进行了一定程度的改进和变革。因此，西方的很多研究者们以生态文明建设为中心，针对生态文明的实践路径进行了全面的探究。很多学者一致强调，要想提升生态文明发展水平，必须针对这样几个内容展开深层次的探讨：首先是国家的经济发展模式的不断更新与升级，其次是国家行业与产业布局等的改进，然后是国家的生产手段的转型，最后是生态文明机制的有效创建等。

（1）转变经济发展方式。

Schneider[③]在研究经济发展方式等内容之后提出，必须坚持贯彻落实“滞增”理论，以保障经济发展方式的有效转变，提升经济发展水平。作者认为，必须坚定不移地注重生态极限范围的分析与控制，为生态可持续发展提供良好的契机。Fritz 和 Koch[④]在实证分析全球范围内的众多国家的生态发展问题之后指出，社会经济发展进程不断加快的同时，不可持续性越来越突出。

（2）调整产业结构。

Baranenko 等人[⑤]在对产业结构进行系统的研究后指出，在产业可持续发展的同时，创新作为一种至关重要的要素，对产业的可持续发展起到了巨大的推

① Gare A. Toward an ecological civilization [J]. Process Studies, 2010, 39(1): 5-38.

② Magdoff F. Harmony and ecological civilization: Beyond the capitalist alienation of nature [J]. Monthly Review, 2012, 64(2): 1-9.

③ Schroeder P. Assessing effectiveness of governance approaches for sustainable consumption and production in China [J]. Journal of Cleaner Production, 2014, 63(2): 64-73.

④ Fritz M, Koch M. Economic development and prosperity patterns around the world: Structural challenges for a global steady-state economy[J]. Global Environmental Change, 2016, 38: 41-48.

⑤ Baranenko S P, Dudin M N, Ljasnikov N V, et al. Use of environmental approach to innovation-oriented development of industrial enterprises[J]. American Journal of Applied Sciences, 2014, 11(2): 189-194.

动作用。Aldashev 等[①]针对现代化的产业结构的实际特征进行了系统地分析，并指出了非政府组织对其产生的巨大影响。作者认为，在企业发展的同时，外界的非政府组织等利用各种类型的监督形式，对企业的社会义务的履行等提出了较高的要求，促进了产业结构的不断升级与发展。

（3）转变生产方式。

Sarkar[②]在研究生态创新的过程中高度强调，在经济效益不断提升的同时，生态科技发挥了巨大的推动作用，且生态化的创新为资源配置质量的提升提供了一定的保障。Sáez-Martínez 等人[③]基于全球范围内的 212 个公司的经营数据，实证研究了它们的创新发展行为，并提出了技术轨道推动生态创新发展的理论。

（4）促进消费模式转型。

在生态文明中，人们的消费模式具备一定的可持续性，其在反映购物能力提升的同时，并不会严重降低生态环境构效益。Spangenberg & Lorek[④]在对消费模式问题进行研究之后强调，要想实现消费模式的不断转型，就应该将重心放在对消费水平的提升上，并深层次地认识其在生活质量上的巨大的作用。Maniatis[⑤]在研究消费者模式时，利用问卷调查法，对绿色产品的消费原因进行了深层次的探讨。作者研究指出，消费的同时，不管是消费者所掌握的相关知识，还是在绿色产品的认识上等，都直接决定了其的消费心理。此外，消费者的实际需求等都会对其的消费行为等具有重要的意义。

（5）构建生态文明制度体系。

Stevenson 和 Dryzek[⑥]在研究生态文明建设问题的过程中明确指出，必须创建合理的民主协商制度等来提高民众的参与度。Russell Smith[⑦]等研究认为，为了尽可能地增强政策的实施效果，必须提出合理环境方案等，并利用情景规划

---

① Aldashev G, Limardi M, Verdier T. Watchdogs of the invisible hand: Ngo monitoring and industry equilibrium [J]. Journal of Development Economics, 2015, 116: 28-42.

② Sarkar A N. Promoting eco-innovations to leverage sustainable development of eco-industry and green growth [J]. European Journal of Sustainable Development, 2013, 2(1): 171-224.

③ Sáez-Martínez F J, Díaz-García C, Gonzalez-Moreno A. Firm technological trajectory as a driver of eco-innovation in young small and medium-sized enterprises [J]. Journal of Cleaner Production, 2016, 138: 28-37.

④ Lorek S, Spangenberg J H. Sustainable consumption within a sustainable economy- beyond green growth and green economies[J]. Journal of Cleaner Production, 2014, 63(2): 33-44.

⑤ Maniatis P. Investigating factors influencing consumer decision-making while choosing green products [J]. Journal of Cleaner Production, 2016, 132: 1-14.

⑥ Dryzek J S, Stevenson H. Global democracy and earth system governance[J]. Ecological Economics, 2011, 70(11): 1865-1874.

⑦ Russell-Smith J, Lindenmayer D, Kubiszewski I, et al. Moving beyond evidence-free environmental policy [J]. Frontiers in Ecology and the Environment, 2015, 13(8): 441-448.

的方式来开展科学的民意调查，以收集不同群体的环境需求，增强人们在生态环境发展方面的认同感，为环境政策的正常实施提供一定程度的保障。

2.3.4 国外突发事件应急管理研究现状

1965 年前后，国外越来越多的学者开始深入研究危机管理理论。在那之后的很长一段时间内，学者们普遍利用综合性的解决方式来对危机管理相关内容进行系统的分析。值得注意的是，其与政治学的要求有着一定的差异，其不但涵盖了经济学的内容，也同时包括了外交学等一系列内容，综合性比较显著。因此，很多学者将研究的重心放在了国际政治关系上，也有部分西方学者着重分析自然灾害方面的内容。在此阶段内的典型研究者是格尔的以及艾利森等，《政治冲突手册》等著作的出版，掀起了一股巨大的危机管理研究浪潮①。史蒂文·芬克（1986）②全面地解释了危机管理方面的概念与特征等，并提出了一系列的与突发公共事件管理相关的解决方案，揭开了危机管理定义的研究序幕③。作者研究指出，所谓的危机管理的含义是，在风险应对过程中，对各种类型的不确定性因素等进行合理的分析与排除，由此实现降低风险的目标。从 1990 年开始，与应急管理相关的研究开始变得越来越成熟化，很多学者在传统研究的基础上，深层次地认识了政治危机视野的概念，并试图以管理学视野为重要的视角来研究危机应对的内容。在此阶段内，也有部分学者将研究的重点放在了危机应对的具体内容上，典型研究者是罗伯特·希斯以及巴顿等④。从 2000 年开始，越来越多的人将研究的重心转移到了公共危机上。美国著名的危机管理大师罗伯特·希斯（2001）在他的代表作《危机管理》中首次提出危机管理模式的概念，提出了著名的 4R 模型（Reduction，Readiness，Response，Recovery）。特别地，从“9·11”事件开始，美国高度重视恐怖主义的预防机制与处理机制的创建与实施。在这之后，近克尔·雷吉斯特（2005）基于当前的危机管理过程中存在的不足，将自己对社会问题的理解写在了其著作《风险问题与危机管理》中。作者认为，要想尽快实现企业的发展目标，应该始终坚定不移地贯彻

① 王骚，李如霞. 面向公共危机与突发事件的政府应急管理[M]. 天津：天津大学出版社，2013.
② Fink S. Crisis Management: Planning for the Inevitable[M]. AMACOM, 2000.
③（美）罗伯特·希斯. 危机管理[M]. 王成，等译. 北京：中信出版社，2004 年.
④ Robert T. Stafford disaster Relief and Emergency Assistance Act, as amended by Public Law, 2000.

落实国家的整体发展战略，同时充分地结合国家的经济发展形势，以创建科学的解决机制。劳伦斯·巴顿（2009）在《危机管理》中详细阐述了企业危机或者流行疾病、气象灾害等其他可能出现的危机，并提出了积极应对各种危机的对策与措施，例如制订危机管理计划、加强危机演练、聘请各种危机处理专家等。在最近的10年内，很多学者在此研究内容上有了一定的突破，即将研究的重心放在了应急管理运行机制上，典型的研究者是罗伯特·希斯等。此外，随着信息技术的发展，应急管理在实际应用上也有了突飞猛进的进步。

2.3.5 突发环境事件应急管理具体问题的研究

就突发环境事件应急管理这一重要的内容而言，研究内容主要包括以下几个部分：一是事发前的环境风险研究，包括环境风险的分配、评估、监测预测等方面。Bullard（1993）[①②]认为，一旦出现了环境风险分配不均的问题，则人们越容易通过各种方式来维护切身利益，不同类型的抗争运动也由此产生。因而，如果不能在有限的时间内解决好环境等相关的问题，则难以有效地配置现有的环境资源，这将严重限制人们生活水平的提升，直接影响了环境资源分配的公正性，也加大了环境风险问题的处理难度。Igor（2002）[③]在探析环境风险评估相关的问题时指出，必须坚持以环境分配的公平性为发展原则，Lia Duarte等人（2016）[④]在研究环境风险问题时指出，可以通过SEXTANTE建模软件来创建一套实现预测森林火灾灾害事件的机制，以降低森林火灾发生的概率。Gordana Petkovic（2010）[⑤]在对欧洲的环境风险问题的研究过程中强调，必须基于国家立法这一重要的视角，同时通过制度框架的有效制定来最小化环境事件发生概率。Liao等人（2012）[⑥]在处理环境风险问题时，通过遗传算法的合理使

① Bullard R D. Race and Environmental Justice in the United States[J]. Yale Journal of International Law. 1993(18): 319-355.

② Bullard R D. Solid Waste Sites and the Houston Black Community[J]. Sociological Inquiry. 1983(53): 273-288.

③ Igor Linkov. Comparative Risk Assessment and Environmental Decision Making[C] Proceedings of the NATO Advanced Research Workshop on Comparative Risk Assessment and Envirionmental Decision Making Rome(Anzio), Italy. 2002.

④ Lia Duarte, Ana Cláudia Teododo. An easy, accurate and efficient procedure to create forest fire risk maps using the SEXTANTE plugin Modeler. [J]Journal of Forestry Research. 2016, 27(6).

⑤ Gordana Petkovic. Environmental Security in South-Eastern Europe[M]. Springer Netherlands 2011.

⑥ Liao Z, Maoa X, Hannamb P M. Adaptation methodology of CBR for environmental emergency preparedness system based on an Improved Genetic Algorithm. [J]Expert Systems with Applications. 2012, 39(8), Issue 8.

用，对传统的 CBR 系统预防机制进行了改进与优化，极大地提高了突发事件预防能力。二是事中的应急响应与决策研究。Peter（2000）[①]全面地探讨了与环境事件相关的问题，由此改进了传统的应急响应机制，满足了新时期的风险应急需求。Zhang 等人[②]对当前的风险应急现状展开了分析，确定了最佳的应急决策问题，以解决灾难救助辅助问题。三是事发后的评估问题。Borell 与 Eriksson（2008）[③]研究指出，一旦发生突发环境事件，则必须在短时间内立即对其进行分析，同时提出科学的事后处理机制，以减少对环境的破坏。Jin 等人（2015）[④]在对应急响应问题研究后指出，可以创建一套合适的应急反应能力评估模型来实现对船舶溢油应急水平的评价，以发现应急过程中的不足，增强其的应急效能。

2.3.6 国外相关研究述评

以上国外研究成果为本书提供了可供借鉴的生态马克思主义思想、从道德和价值观的根源上消除生态危机的西方环境伦理学的理念以及研究突发事件应急管理问题的生命周期阶段模型，为本书的研究奠定了理论基础，明确了研究的起点。但是，以上无论是基于西方先进理念的生态文明研究还是应急管理中的理论模型及具体问题研究，总的来说，存在着两方面的不足：一是缺乏整体性。现有对突发环境事件的应急管理问题研究仅局限于事前、事中或者事后的某一个阶段，而缺乏将应急管理全过程作为一个有机的整体来进行系统研究，难以从整体上提升突发环境事件应急管理的能力。二是缺乏针对性。西方的生态学马克思主义、环境伦理学理论缺乏与我国生态文明建设与应急管理实践相结合，难以从根本上解决我国的实际问题。比如，虽然文献中对环境应急准备提出了相关的模型和技术方面的借鉴，但是结合我国国情，尤其是以生态文明为视角对环境风险的系统治理问题还需要开展深入研究，尤其是在应急处置方面虽然国外研究已有将案例推理等人工智能方法运用于应急辅助决策中的相关

---

① Establishing a national environmental emergency response mechanism, environmental emergencies section, 2001.

② Zhang D, Zhou L, Nunamaker J F, et al. A Knowledge Management Framework for the Support of Decision Making in Humanitarian Assistance/Disaster Relief[J]. Knowledge and Information Systems, 2002(4).

③ Borell J, Eriksson K. Improving emergency response capability: an approach for strengthening learning from emergency response evaluation[J]. International Journal of Emergency Management, 2008(5).

④ Jin W, An W, Zhao Y, et al. Research on Evaluation of Emergency Response Capacity of Oil Spill Emergency Vessels[J]. Aquatic Procedia 3 (2015) 66-73.

研究，但只是构建了理论框架并没有从计算机实现的角度进行深入研究；虽然提出可以通过加强效果评估提高应急管理能力，但并未给出具体的评估方法。

2.4 本章小结

党的十七大首次将“建设生态文明”写入党的报告，提出要使“生态文明观念在全社会牢固树立”。党的十八大正式将生态文明建设提升到“五位一体”的社会主义建设事业的总体布局的高度。党的十九大提出要加快生态文明体制改革，建设“美丽中国”。全面建成小康社会是我国“第一个一百年”的奋斗目标，其中生态环境是衡量小康社会的重要方面。即使人均收入达到既定的要求，一个重度雾霾时常发生，水体污染严重，土壤质量令人担忧的生活环境也使得小康社会大打折扣。另外，小康社会还应该包括良好的社会安全氛围。我国最早的辞典《尔雅》中有一句话，“康，安也”。可见，小康本来就是与安全密不可分的。由此看来，除了经济指标，环境和安全也是决定是否能够全面建成小康社会的重要指标。

十九大报告指出，中国特色社会主义进入新时代，我国社会主要矛盾已经转化为人民日益增长的美好生活需要和不平衡、不充分的发展之间的矛盾。美好生活的需求是多方面的，除了物质的需求也包括人民对环境、安全等日益增长的需求。而突发环境事件不仅造成了对环境的巨大污染、生态的破坏而且还引发了很多社会安全问题，这显然不利于生态文明的全面推进。另外，从生态文明建设的“节约资源，保护环境”的最基本要求来看，突发环境事件的发生既破坏了环境，又浪费了应急资源，可以说对生态文明建设来说是一把双刃剑。所以，切实加强并提高对突发环境事件的应急管理能力对于避免和减少这类事件的发生，达到保护环境、节约资源的目的进而推进生态文明建设具有重要的现实意义。

从以上国内外研究现状来看，现有的关于突发环境事件应急管理问题的研究仅从公共安全应急管理的角度开展研究，过多地关注于发生了突发环境事件后如何进行应对等具体的问题，过于局限，没有上升到节约资源、保护环境、生态文明建设等国家战略的层面，尤其是缺乏对十八大以来生态文明建设提出的一系列新要求的回应。因此，本书在生态文明视角下开展我国突发环境事件应急管理问题的研究，力求满足三个前沿：一是政策前沿，贯彻落实党中央关于生态文明建设的最新战略要求；二是理论前沿，结合了国内外最新的生态文明、应急管理及突发环境事件应急管理相关理论研究成果；三是实践前沿，具体分析了当前我国突发环境事件应急管理实践中的具体问题，并针对问题提出系统化的解决方案，尤其是从实用性、可操作的层面深入研究解决问题的方法。因此，本书对于系统化地提高我国突发环境事件的应急管理能力，推进生态文明建设具有一定的现实意义。

3 理论基础

3.1 突发事件生命周期理论

斯蒂文·芬克于 1986 年针对突发事件的生命周期问题进行了系统地分析，作者创造性地将生命周期理论应用于危机管理中，为后续基于突发事件生命周期开展应急管理阶段模型的研究奠定了基础。阶段模型主要有 Birch（1994）[①]、Guth（1995）[②]的三阶段模型，McLoughlin（1985）[③]、Fink（1986）[④]、Robert（2001）[⑤]的四阶段模型，Mitroff（1994）[⑥]（1996）[⑦]、Health（1998）[⑧]的五阶段模型以及奥古斯丁（2001）[⑨]的六阶段模型。

危机生命周期理论认为危机因子在发展的各个阶段将会表现出不同的生命特征。换句话说，危机类似于生命，无时无刻不处于变化和发展之中，但是这种变化本身具有一定的规律性，就和人类在不同的发展阶段都有着不同特点一样。例如，在芬克提出的四阶段模型中，将危机进一步划分为征兆期、发作期、持续期和痊愈期。征兆期中，危机已经在某些方面有所表现，如果能够及时采取相应措施，就可以将危机扼杀在萌芽状态；而集中发作期中，危机实际上已经爆发并已经产生了一定程度的社会危害，不仅可能带来巨大的财产损失，甚至可能对人类的人身安全产生严重的负面影响；再然后是持续期，如果不能在

---

① Birch J. New factors in crisis Planning and response[J]. Public Relations Quarterly, 1994(39).

② Guth D W. Organizational crisis experience and Public relations roles[J]. Public Relations Review, 1995, 21(2).

③ McLoughlin D. A Framework for Integrated Emergency Management[J]. Publc Administration Revies, 1985(2).

④ Fink S. Crisis Mangement: Planning for the Invisible[M]. New York: American Management Association, 1986.

⑤ 罗伯特·希斯. 危机管理[M]. 王成，等译. 北京：中信出版社，2001.

⑥ Mitroff I I. Crisis management and environmentalism: a natural conflict[J]. Califomia Management Review, 1994, 36(2).

⑦ Mitroff I I. Pearson C M, Harrington L K. The Essential Guide to Managing Corporate Crises[M]. New York: Oxford University Press, 1996.

⑧ Health R. Dealing with the Complete Crisis: the Crisis Management Shell Structure[J]. Safe Science, 1998(30).

⑨ 诺曼·奥古斯丁. 危机管理[M]. 北京：中国人民大学出版社，2001.

这一阶段对危机加以有效的控制和管理，那么所产生的负面影响将会进一步扩大，难以限制其产生的不利影响；最后是痊愈期，这一期间危机已经得到了有效的控制，所产生的影响也同样处于不断的消退过程之中。危机发生的征兆期，实际上就是事故发生之前的风险潜伏期，这个时期会有一些小的征兆和苗头，要加强信号侦测、探测[①]和预防。本研究根据我国实际，结合《中华人民共和国突发事件应对法》将这一时期划分为预防与准备阶段和监测与预警两个阶段。主要开展三个方面的工作，一是风险防范与治理，二是应急准备工作，三是监测与预警。本书将危机集中发作期和持续期归到一个阶段，即事发后的应急处置和救援阶段。这一阶段如果不能进行科学决策，快速处置，会使得事态急剧恶化，造成重大损失和危害。最后一个阶段痊愈期，危机事件逐渐消除，但是，“不能好了伤疤忘了疼”。结合五阶段模型中最后一个阶段“学习阶段”和六阶段模型[②]中最后一个阶段“从危机中获利”，本书统称为事发后的恢复与评估期。这个时期，危机表面平息之后，事故暴露出的问题，如果不进行及时的评估和改进，那么新一轮的突发事件的生命周期又开始周而复始。因此，要加强评估与改进，从危机中学习经验，总结教训，避免类似事故重复发生。

3.2 风险社会理论

1986 年，乌尔里希·贝克针首次提出了“风险社会”这一概念，并将其应用于对工业社会的描述之中，得到了社会各界的广泛关注。随后，马克·里特也注重了对风险社会理论的研究，故此理论逐渐风靡于西方发达国家中。风险社会是因为信息技术的快速发展以及人类综合生产力的不断解放，严重威胁人类发展的社会发展阶段。

当下，环境风险相对于常规意义上的风险来说，有着自身鲜明的特点。人为风险和自然的外在风险共同构成了环境风险的主要内容。人为风险主要是指人类在发展过程中一系列对自然环境所产生的行为所带来对风险，而自然的外在风险则主要是指一系列自然灾害爆发的可能性。实际上，环境为主要载体，是环境风险区别于其他风险的主要之处，也是对此类风险加以管理的出发点和落脚点。环境风险直接影响着人类的发展进程，若难以有效地预防环境风险，则将造成突发环境事件的恶化。因此，为了尽可能地减少其的危害，必须集合

---

① 五阶段模型是指：信号侦测、探测和预防、控制损害、恢复阶段、学习阶段。

② 六阶段模型是指：避免、准备、确认、控制、解决以及从危机中获利。

全人类的共同力量，以提升全社会在风险预防与控制机制中的参与度。此外，所谓的环境突发事件应急管理的含义是，利用现代化的计算机技术，通过监测与预警及时发现环境安全隐患，提出合理的评估机制以防止此事件的恶化。

3.3 公共治理理论

公共治理理论涵盖了这样的几个内容：首先是公共治理的主体，其次是客体，最后是公共治理的实际途径。在这里，公共治理的主体涵盖了政府、公益组织以及各种民间组织和个人等。治理的对象主要是指所有生产、生活过程中所涉及的具体事务以及活动。治理的具体手段，除了国家治理工作的一系列手段之外，还涵盖了各种机构之间的合作关系。除此之外，治理的目标也同样是治理论中的重要内容，强调从不同的制度关系中选择合理的方式方法，最终实现对公民活动的控制。

公共治理理论强调，良好的公民社会和政府对公民组织自主管理的支持，是保证治理效果的重要基础。所以，政府必须对社会的管制放低要求，把管理权不断地下放到社会组织、公民本身受众，并通过多种手段进一步强化公民的参与意识，使得公民积极主动地参与到公共治理活动中来[①]。总之，国家和社会机构的合作以及民众组织的积极参与，是公共治理理论的根本精神内核。而这种对传统社会管理理论中社会和国家对立的思想显然是一种巨大的冲击，对于我国危机应急体制的创新和完善具有重要意义。

党的十八届三中全会提出要推进国家治理体系和治理能力现代化，而生态治理能力现代化是国家治理能力现代化的题中应有之义。按照治理理论，生态治理能力不仅包括政府的制度供给能力还包括全社会生态风尚的引领能力以及生态环境防治能力[②]。特别对于环境风险的防范与治理而言，尤其要体现治理的理念。地方政府不仅承担了地方经济发展的重任，同时也是环境保护的重要主体，在“唯 GDP 论”的影响下，地方政府在监管环境风险的时候容易出现“政府失灵”现象，监管效率低下，加剧了环境风险。所以，为了克服“政府失灵”现象，公共治理理论为我们提供了很好的理论基础，只有充分发挥企业、公众等社会各主体共同参与对环境风险的监督和治理，才能够提高监管和治理的效率。

① 李超雅. 公共治理理论的研究综述[J]. 南京财经大学学报，2015（2）.

② 陈湘洲，何思奇. 推进生态治理能力的现代化[J]. 理论求是网，2014-06-10.

3.4 危机决策理论

作为一种典型的多阶段不确定性决策的动态过程，危机决策涵盖了突发事件的周期中的不确定性特征[①]。值得注意的是，危机决策的特征有[②]：

（1）反应时间短。危机本身具有突发性，同时一般情况下决策者也无法在第一时间掌握危机的实际情况，这种情况下决策的制定时间就极为有限了。

（2）信息水平低。同样的，危机发生的过程中，相关信息的传达渠道是非常有限的，决策者无法在短时间内较为全面地了解这些信息，而且所得到的信息的有效性也同样无法得到有效保障。除此之外，决策者本身所处环境的不确定性，更是极大地增加了决策的难度，信息水平的高低往往促进了决策针对性的提升。

（3）控制成本高。即意味着决策实施过程中所消耗的各种人力资源和物力资源。应急管理过程中，决策方案以及实施的时间，直接决定了最终的控制成本。应急管理工作中，为了真正意义上地将危机所产生的影响控制在可以接受的水平之内，决策者往往需要调动大量的人力成本和物力成本用于控制危机，这种情况下危机决策往往意味着需要付出更为高昂的成本。除此之外，由于危机信息获取的途径的不畅，因此如果想在短时间内搜集足够的危机信息，那么也同样必须在获取信息成本的过程中付出很大的成本。

因此，对于突发事件应急决策的提出过程而言，众多的决策者必须要在外界的各种压力下来做出有效的决策。危机决策理论认为依靠智能化的工具、手段和方法辅助处于时间及资源约束和心理压力下的应急决策者进行决策可以提高决策的科学性和有效性，最大程度地减少突发事件带来的各种损失。

3.5 认知学相关理论

认知学是一门以人类认知能力的培养为主要研究对象的学科。认知学理论认为，人类往往会通过与之前所遇到的问题的对比来完成类似新问题的认知，并以此为基础解决新的问题[③]。Klein[④]研究认为决策者可以通过识别主导型决策

---

① 曾伟，周剑岚，王红卫．应急决策的理论与方法探讨[J]．中国安全科学学报，2009（3）．

② Wang Ji-yu, Wang Jin-tao. A study of emergency decision based on crisis information [A]. Proc. of the 46th annual conf. of the international society for the system sciences[C]. 2002.

③ Zhang D, Zhou L, Nunamaker J F. A Knowledge Management Framework for the Support of Decision Making in Humanitarian Assistance/Disaster Relief[J]. Knowledge and Information Systems, 2002 (4): 370-385.

④ Kahneman D, Klein G. Condition for Intuitive Expertise: A failure to Disagree[J]. American Psychologist, 2009, (64): 515-526.

模型的合理使用，并按照个人的实践经验，对具体的情境进行全面的分析与识别，以创建科学的决策方案。Sayegh 等人（2004）[①]就危机情境等相关问题，创建了直觉决策模型。从此模型的内容可以清晰地看出，危机事件的各种特性容易导致情境感知被影响的问题。尤其是随着人工智能技术的发展，将直觉决策作为一种非常规情境下有效的决策方式来进行科学研究成了可能[②]。

本书所应用的案例推理技术（Case-based Reasoning，CBR）的原理就是来源于认知学相关理论。CBR 是人工智能领域的一种新兴的推理方法，在多属性决策问题的处理以及复杂问题的解决中的应用有着较为理想的表现。尤其是对人类思维模式的有效模拟和学习人类问题决策的方式，更是极大地提升了该技术的可用性。本书在应急决策中融合了 CBR 技术，借助案例结构化表示等方式，可以实现运用人工智能手段结构化经验等隐性知识并进行相似度检索目标，以引导决策者实现相似案例的查询与补充，以做出合适的决策，对于处于环境复杂、信息水平极低的环境下的决策者来说，可以取得较好的辅助决策效果[③]。

3.6 本章小结

本章介绍了本书研究涉及的几个国内外重要理论，这些理论为本书研究提供了重要的理论依据，也为本书在研究思路上提供了很好的借鉴和启发。突发事件生命周期理论为题目中“应急管理”的整个流程所应包括的内容进行界定提供了理论基础。

风险社会理论为第 5 章关于环境风险防范治理能力对策的提出提供理论支撑。基于公共治理理论，我们在第 5 章可以得出如下结论：为了克服“政府失灵”现象，必须整合不同社会主体的资源，方可达到治理效率不断提高的目的。基于此，本书 5.1 节分别从政府、企业和个人三个方面展开论述。应急决策理论为本书第 8 章关于应急辅助决策相关内容提供理论支撑。正是基于对应急决策特征的分析，我们得出了如下结论：在应急决策过程中，决策者往往面临着时间约束、资源约束、信息不足以及巨大的心理压力。应急决策理论认为依靠智

① Sayegh L, Anthony W P, Perrewe P L. Managrial Decision-Making Under Crisis: The Role of Emotion In the Intuitive Decision Process[J]. Human Resource Management Review, 2004, 14(2): 179-199.

② 薛文军，鹏宗超. 西方危机决策理论研究与启示：基于技术，制度与认知的视角[J]. 国家行政学院学报，2014（6）.

③ 汪季玉， 王金桃. 基于案例推理的应急决策支持系统研究[J]. 管理科学，2003（6）.

能化的工具、手段和方法辅助处于时间及资源约束和心理压力下的应急决策者进行决策可以提高决策的科学性和有效性，最大程度地减少突发事件带来的各种损失。而这就为本书应用案例推理的方法提供了理论支撑。认知学相关理论为本书第 8 章案例推理相关内容提供理论支撑。该理论认为，人类往往会通过与之前所遇到的问题的对比来完成类似新问题的认知，并以此为基础解决新的问题。这正是本书运用的案例推理方法的理论基础，也正是基于此理论我们认为将案例推理方法运用到应急辅助决策中——基于历史案例来辅助决策者决策新的应急决策问题具有可行性。

4 生态文明视角下突发环境事件应急管理存在的主要问题

4.1 生态文明建设对突发环境事件应急管理提出新的要求

在生态文明理论中，保护生态环境、节约社会资源始终是我们建设生态文明工作中的重点和难点。突发环境事件的发生不仅容易造成重大人员伤亡、财产损失还容易造成重大环境污染。所以，生态文明建设工作的开展，高度强调把生态文明建设的理念融入应急管理生命周期的全过程中。只有这样才能最大程度地避免和减少突发环境事件的发生以及降低其发生后所造成的各种损失和环境破坏。

4.1.1 高度重视预防工作是降低损失、节约应急成本的前提

最好的应急是无急可应，最大的节约是安全——预防事故的发生。正如美国在应急管理中摸索出的一条规律所描述的那样，“预防上投入 1 美分，应急上节约 1 美元”[①]。所以，要符合生态文明的“节约资源、保护环境”的基本要求，必须对预防工作给予应有的重视，采取一系列切实可行的方式、方法强化环境风险治理工作，最大限度地规避环境风险所带来的负面影响。而这也要求必须从实际情况出发，把握环境突发事件应急管理工作的客观规律，在环境风险治理工作的全过程中凸显生态文明理念。因此，本书从理念（意识）、制度（政策）、实施（行为）这三个方面深入分析生态文明建设对环境风险治理提出的新要求。

（1）从理念层面这一视角进行分析，环境风险的防范与治理，要求我们必须从源头上就对环境风险给予应有的重视。如上文中所介绍的，环境突发事件不仅将会带来巨大的经济损失和环境污染等负面影响，而且在应急处理过程中也同样会消耗大量的人力、物力和财力，这和生态文明建设工作的要求是背道而驰的。因此，生态文明建设必然要求在突发环境事件的应急管理工作中，必须从源头上加以防治，将环境风险扼杀在萌芽状态，只有这样才能够真正意义上地实现对环境的保护等。

---

① 童星，等. 中国应急管理：理论、实践、政策[M]. 北京：社会科学文献出版社，2012.

案例一：吉林石化于 2005 年发生爆炸事故，松花江受到严重化污染，政府投入巨额资金处理污水问题

双苯厂车间发生爆炸事故，次日死亡人数上升到 5 人，并有 70 余人受伤、1 人失踪。本次事故所导致的直接经济损失近 7 000 万元。本次爆炸事故发生之后，该车间苯类生产原料大规模泄漏，超过 100 吨污染物流入松花江，不仅严重地影响到了两岸居民的正常生活，而且也引发了社会恐慌。在这之后的很长一段时间内，为了改善水体污染情况，国家投入巨额资金，以恢复原有生态。数据显示，在松花江爆炸事故发生之后，国家治污资金超过了 78.4 亿元。即使这样，"流域防治的整体水平仍然处于较低水平上，环境承载能力仍然有着较大的提升空间和完善潜力，环境安全隐患众多，需要当地政府和企业、群众进一步推动松花江水质整治工作"①。

接下来，全面分析松花江污染事件的相关问题。

原国家安监总局调查显示：在此次事故中，化工二班班长徐某进料失误，且其在停料过程中由于没有按照操作规范及时的关闭蒸汽阀，系统在此后的较长一段时间内始终保持高温运行状态；而在恢复进料的过程中，先开通了进料预热器的加热蒸汽阀，随后才上料，这种情况下，预热器温度严重超过设计标准，随之而来的应力导致系统内进入大量空气，混合 T101 塔内可燃气体后，在高温作用下发生爆炸。

首先，从直接原因可以清晰地看出，系统设计方面存在很多不足，风险防范机制中有较多的问题。一是没有形成全面的安全体系，严重缺乏安全处理装置。就系统安全的实际顺序而言，一旦失去了设定闭锁等必需的装置，没有及时地关掉阀门，则能够在短时间内阻止此次事故吗？二是车间内没有报警装置。在其他安全系统不起作用的时候，若报警装置起效，那么能够防止此次事故的发生吗？举个例子，在对生产活动中的风险进行预警时，设置了报警装置，那么可以实现突发状况及时应对的目标。

其次，严重缺少安全知识的宣传，很多员工的安全意识欠缺。

所有事故发生的过程中，不但受到了人为因素的影响，与生产管理机制等之间也存在较大的关系。上文已经提及，事故发生的最直接原因在于徐某的人

① 中石油爆炸污染松花江 国家治理 5 年耗资 78 亿[EB/OL][2011-6-2]http://money. 163. com/11/0602/08/75HHL5OQ00253B0H. html#from=relevant

为因素，使公司的经济损失超过了亿元。可以看出的是，徐某的安全意识不足，若他始终将安全意识放在心里，则不会导致此次事故的发生，这也从另一方面体现了公司的安全教育意识的不足。

最后，松花江被严重污染，可以反映出应急准备方面的不足。

吉林化工有限公司在日常经营过程中，并没有突发环境事故应急预案，因此在事故爆发之后，没有及时采取有效措施避免将大量污染物、消防用水、原料以及爆炸残余物未经任何处理直接流到松花江中。在事故发生之前，显然公司没有提前制定合理的应急救援措施，严重缺乏事后的应对机制。此外，事故发生后的一段时间内，公司的物料处理水，排放的污水等都流入了松花江中，未及时制定应急预案，地方的环保局尚未对其进行系统的整顿，很多工作并不到位。

因此，根据上述的研究结果看来，倘若这个厂一直很注重防范事故风险方面的有关工作，从下述几个方面着手，即准备相应的应急预案、进行技能培训、提高员工的安全意识以及设计安全的系统等等，就能有效地避免这次事故发生。

案例二：天津瑞海公司在 2015 年 8 月 12 日发生的火灾花费了大量的救援资金

因为该公司对风险管理方面的有关工作做得不到位，导致其存在着很大的安全问题，因此给以后的救援工作带来巨大的经济压力，从而造成我国社会资源的浪费。我们主要汇总的是安全事故带来的直接损失，对于救援成本以及间接损失并没有统计。以救援所需的成本为例，其涉及的有下述几个方面的成本：环境、时间、财政、物力以及人力等等。另外，目前对这些成本的有关数据的统计公开也很不完善。

因为公开的有关数据不充分，所以在此对该案件的救援成本进行简要分析。根据相应的报告能够知晓[①]，在该事故的救援活动中，加入救援总人数高达 1.6 万余人，各种救援车辆计 2 000 多台，其中解放军、公安、消防、武警战士为本次救援的主力人员，除此之外还有安全监管部门危险化学品处置专业人员 243 人；并有大量外省专业环境安全治理人员加入，和其毗邻的 8 个省份也派遣了

① 天津港“8·12”瑞海公司危险品仓库特别重大火灾爆炸事故调查报告[EB/OL][2017-1-13] https://www.mem.gov.cn/gk/sgcc/tbzdsgdcbg/2016/201602/P020190415543917598002.pdf

9 000 余名医疗救护者，进行相应的医疗救治方面的工作。还派遣了 7 个专家组，由 59 名有关专家组成，他们的工作主要是筛查伤员，抽调 205 支服务方面的工作小组，其由 1 025 名街道社区以及机关的工作人员构成的，安抚慰问遇难人员家属。救援过程所使用的物资尚未统计。根据上述有关数据能够得知，此次的救援花费了很大的成本。倘若该事故不发生，将会节省大量的救援物资以及救援人员人力成本。

（2）从制度层面进行分析，构建生态文明，必须建立健全相应的制度体系，以法治和制度作为建设生态文明的基础和前提，保障生态文明建设阶段性目标的顺利实现①。而从环境风险治理角度来说，则要求相关责任人以及决策的制定者，必须在政策制定之初以及项目落实之前就对环境风险给予充分的考虑。要求我们的各级政府在执政过程中必须从本地的实际情况出发、从生态文明建设工作的客观规律出发，构建一套科学的决策机制，并配合相应的责任制来落实与贯彻政策的实施。

案例三：新加坡裕廊岛化工园区，和碧海蓝天共存

新加坡的乙烯生产以及石油炼制在全世界都有着很高的地位，另外其是人们公认的最适合人们居住的亚洲城市。新加坡是如何实现安全、美丽和化工共同生存的呢？主要原因是自身的统筹规划，从源头上控制相应的风险。该国的工程师表示："一个国家重视化工生产不可怕！但是其要努力地做好下述几个方面的工作：对土地进行规划，寻求适宜化工发展的土地；完善保护环境的基础设施，排水设施，垃圾处理设施都要兼顾好，总而言之，环保措施一定要全面，不能让工业发展影响到住宅区的环境。"

第一，新加坡环境保护工作强调事前预防。项目进入审批流程之前，就会重点审核环境和该项目用地类型之间的相容性。首先，在发展的过程中始终将"以人为本"的环境风险管理理念作为主要指导思想，将不同用地类型进行合理的搭配。其次，在污染物排放相关项目的审批过程中，将会严格开展污染控制研究工作（PCS），在审查过程中重点考察用地规模以及污染防控工作的可能性，只有经过相关论证之后项目才会进入实质性的审批阶段。这种工作方法和工作态度，从根本上降低了环境风险，同时也为环境危机事故爆发之后的快速应对

① 深入学习习近平同志重要论述[M]. 北京：人民出版社，2013.

提供了强有力的保证。而相比较而言，天津港“8·12”爆炸事故之所以造成重大人员伤亡和财产损失，就是由于在规划源头上没有考虑可能存在的风险，导致瑞海公司危化品仓库设立时与居民区和轻轨站距离过近，不符合国家规定的安全距离[①]（据了解，附近的万科清水港湾小区楼盘与该仓库直线最近距离约为560米，而该仓库与轻轨东海路站距离也仅约630米）。

其次，危化品产业的有关布局得到了有效的监管和控制，并延伸到整个产业链条。首先，当前新加坡采用多部门联合管理的方式，对危险化学品项目开展审核和管理。在新加坡，危险化学品的生产和存储项目在建设之前，必须通过多个相关部门的审批，并由第三方独立机构对其进行定量风险评价（QRA）后方可投建。其次，在危险化学品项目的布局方面，同样需要经过多个部门的审批。此外，新加坡在化学危险品的产业链条布局方面也同样有着严格的规定，通过合理布局上下游产业链，有效地提升了环境风险的整体应对能力。所有项目都必须按照产业链发展的总体规划进行设计，不符合产业链条总体规范的项目无法进入其中。对于化工产品来说，其生产率非常大，因此利用管道进行运输，能够在很大程度上减少化工产品存储、运输过程中的风险，这也同样是新加坡化工产业能够长期保持安全生产的重要基础。新加坡石化公司（PSC）生产乙烯是以炼油厂（SRC）生产的石脑油为原料的，而乙烯又是下游塞拉尼斯公司生产聚乙烯醇所需的原料，环环相扣，充分利用资源。最后，加强对生产安全的管控。新加坡在工业区的管理过程中，为了最大限度地提升管理的效果、强化风险应对能力，成立了裕廊集团（JTC），该公司在经营过程中承担了全国工业区的环境管理工作。实际上，石化项目在生产和经营过程中必然伴随着较大的风险，因此必须对其进行严格监管，新加坡要求所有相关企业必须有专业执业经营许可证，并由新加坡民防部队对其生产项目进行守卫，保障其生产、经营的安全。

（3）从实践行为层面上来看，以风险观念指导具体工作，创建一套科学合理的制度体系，更为重要的是将其贯彻落实到具体工作的有关实践活动中。就像托尔巴教授说的：行动才是检验对环境贡献的标准，而不是言语。另外生态文明建设工作的开展，也同样不能局限于理念和思想层面的改善，只有将其贯彻到实践的层面上，转变人的行为习惯和经济社会发展模式，从根本上改变人

① 按照国家有关部门2001年出台的《危险化学品经营企业开业条件和技术要求》，大中型危险化学品仓库应选址在远离市区和居民区的当在主导风向的下风向和河流下游的地域；应与周围公共建筑物、交通干线（公路、铁路、水路）、工矿企业等距离至少保持1000米。

们观念、制度、社会生产和消费，才能够真正意义上地为环境保护、资源节约利用这一生态文明建设的基本目标的顺利实现提供足够的支持，而这就要求政府、企业、公众三方共同努力。比如，政府要加快转变经济发展方式，优化产业结构，发展绿色产业；企业要加强隐患排查，落实安全责任，实施技术创新和绿色生产；公众应加快向简约适度、绿色低碳、文明节约的生活方式转变，督促每个人提高保护环境的意识，自觉从身边小事做起，保护生态，让节能环保成为风尚。

4.1.2 科学合理的应急准备是提高应急救援效率、降低资源浪费的根本保证

党的十九大提出要“树立安全发展理念，弘扬生命至上、安全第一的思想，健全公共安全体系，完善安全生产责任制，坚决遏制重特大安全事故，提升防灾减灾救灾能力”。应急物资储备工作作为“预防与应急准备”的重要环节之一，关系着突发事件应急救援处置的效率，在一定程度上决定着突发事件造成人员伤亡、财产损失及环境破坏的后果程度。因此，本书将以应急物资储备为例，探讨如何提高应急准备工作的规范性及科学性问题。

应急物资储备过多造成积压或者储备方式不合理会导致大量的资源浪费；应急资源储备不足，则会影响应急救援的效率，加剧因救援不力而导致的人员伤亡、财产损失及环境破坏的程度。例如，深圳光明“12·20”重特大滑坡事故的救援过程就反映了深圳市在应急物资储备中存在的一些问题——虽然全市储备了一定种类和数量的应急救援类机械设备，但是缺乏抓钢机等大型设备。最终经过紧急从全国调运才解决了问题，一定程度上影响了应急救援的效率。

4.1.3 提高智能化监测与预警水平是及时发现环境风险、避免事故发生、降低损失的重要支撑

安全离不开科技支撑。2020 年 10 月工信部发布《“工业互联网+安全生产”行动计划（2021—2023 年）》，要求通过工业互联网在安全生产中的融合应用，增强工业安全生产的感知、监测、预警、处置和评估能力，加速安全生产从静态分析向动态感知、事后应急向事前预防、单点防控向全局联防的转变，提升工业生产本质安全水平。2022 年科技部、应急部印发《“十四五”公共安全与防灾减灾科技创新专项规划》提出，强化云计算、大数据、物联网、工业互联网、

人工智能等数字技术在重大灾害事故监测预警和应急救援技术装备研发中的创新应用，重点研发重大自然灾害监测预警与风险防控、安全生产风险监测预警与事故防控以及应急救援等核心关键技术装备，着力提升重大自然灾害、安全生产风险的主动应对能力。对于环境风险的防范来说，监测与预警技术可以提高监测与预警水平，帮助人们及早发现环境风险险情，并促使人们把问题解决在萌芽状态，减少不必要的环境事故造成的损失。2015 年深圳光明“12・20”重特大滑坡事故中的受纳场不仅有一些生活以及建筑垃圾，还有大量的由建筑地铁产生的渣土。这些建筑渣土多年累积越来越高，甚至超过了受纳场的最大容量，最终发生滑坡时实际上堆了 583 万立方米，超载了 183 万立方米，滑坡体积达到了 270 多万立方米，随时都有可能发生滑坡的危险。如果企业加强对受纳场的日常监测，动态分析渣土的滑坡趋势并根据监测情况及时发出预警并及时处置，那么就可以最大程度上避免此次重大事故的发生。根据调查报告，滑坡发生的一个多月前已经发现有沉降和裂缝，甚至在发现滑坡当天早晨已经有很多裂缝发生，但因为没有及时监测与预警，最终没有避免此次重大事故的发生，造成了重大人员伤亡、财产损失。滑坡滑动的时间 13 分钟，距离长达 1.1 公里，损毁掩埋 33 栋建筑物，对地表环境造成了严重破坏。

因此，要加快建立生态环境监测和预警体系，充分利用大数据和云计算等信息技术，根据不同层次的组织管理特征和环境风险评估预警的业务化需求，建立生态环境风险评估与预警技术系统。通过生态环境风险智能识别，建立满足实际管理部门需求的风险监测和预警体系，将生态环境风险纳入常态化管理。

4.1.4 科学应急辅助决策是减少损失和环境破坏的关键

环境突发事件的应急措施在实际实施过程中，主观性很强，时间紧迫，时间周期短，且不是无限有效的，也不是一蹴而就的，与传统的决策相比存在着很多不同点，如表 4.1 所示[①]。相应的应急决策人员应该有很好的心理素质，能够做到多谋善断以及临危不乱等等。相应的决策理论主张基于科学严谨的决策实施相应的救援工作，这样才能有效地降低重特大事故造成的损失。

---

① 卢涛. 国家公务员九项能力培训教程——应对突发事件能力[M]. 北京：人民出版社，2005.

表 4.1　应急决策与常规决策的对比图

<table>
<tr><th colspan="2">类型</th><th>应急决策</th><th>常规决策</th></tr>
<tr><td colspan="2">目标取向</td><td>为广大人民群众人身和财产安全、社会公共安全的保障提供必要的支持，防止事态的进一步恶化</td><td>从公共利益出发，采用常规公共决策方案</td></tr>
<tr><td rowspan="4">约束条件</td><td>时间</td><td>时间非常短，即时决策</td><td>时间很长，深入决策</td></tr>
<tr><td>信息</td><td>信息量特别少且不全面，时效性短</td><td>时间相对充裕，能够获得较为完整的信息并有足够的时间对信息进行更深层次的分析，保证决策的有效性和针对性</td></tr>
<tr><td>人力</td><td>缺乏：无论是专业能力还是应急处理能力，现场管理者都相对缺乏</td><td>丰富：日常工作中有相应的应急预案并进行了大量的培训工作，相关处理人经验丰富并有着较好的专业技能</td></tr>
<tr><td>技术</td><td>常规技术设备无法顺利地发挥作用，必须有其他高精尖设备的支持方可保证处理效果</td><td>常规技术手段即可，自动化操作基本实现</td></tr>
<tr><td colspan="2">决策程序</td><td>快速应对：决策过程中具有较强的主观性，需要以现场指挥的个人智慧进行及时的处理。必要情况下可邀请有关专家参加相应的决策</td><td>科学民主地应对：始终遵循相应的固定程序以及标准的决策流程，通过民主协商等方式获得最终的决议</td></tr>
<tr><td colspan="2">决策效果</td><td>决策由于缺乏必要的流程化，并且模糊性较强，因此决策的结果具有较强的不确定性，决策风险较为明显</td><td>决策的针对性和可控性较强</td></tr>
</table>

案例四：吉林通化矿业集团八宝煤矿错误决策引发二次灾难[①]

（1）案例基本情况。

2013 年 3 月 29 日 10 点左右，一起瓦斯爆炸事故在吉林省八宝煤矿发生，该事故造成 36 人死亡，12 人受伤，除此之外，经济损失 4 708.9 万元。通过专业人员的现场勘查发现，该矿井在生产过程中，其密闭设备的整体密封性水平下降明显。经过该企业专业人员和安全专家的协商，次日该煤矿停止生产，并由总工程师等现场处理隐患。4 月 1 日，八宝煤矿井下发现冒烟，10 点 12 分瓦斯爆炸事故再次发生，原因是该矿负责人违反政府下发的指令，组织人员再次入井施工密闭，又造成了将近 20 人死亡，多人受伤，经济亏损近 2 000 万元的严重后果。

（2）案例评述。

3 月 29 日，位于吉林省的八宝煤矿发生重大的矿难以后，有关管理人员知道井下可能会有二次爆炸的现象，但是为了保矿，其还指派工作人员下井进行排险工作，最终又发生了矿难次生灾难，从而导致了很大的财产损失以及员工伤亡。其和“专业处置，科学决策”这一根本原则相左。这次惨痛的教训给人们敲响了警钟，相应的应急救援工作要始终遵循科学决策，以人为本的原则。

案例五：青岛“11·22”中石化东黄输油管道泄漏爆炸事故，未立即升级相应的应急预案这一错误决策造成重大损失

（1）案例基本情况[②]。

2013 年 11 月 22 日，山东中石化下属的东黄输油管道发生了原油泄露爆炸事故，共造成 62 人死亡、136 人受伤，直接经济损失 75 172 万元。

（2）案例评述[③]。

根据上述事件的有关报告可以看出，在发生漏油事件 8 个小时之后，才发生了这次爆炸。主要是因为在发现漏油后，有关人员没有立即疏散周围人民，进入警戒状态，从而在发生爆炸以后导致了 136 人受伤、62 人死亡这一惨痛结

① 王宏伟. 公共危机与应急管理原理与案例[M]. 北京：中国人民大学出版社，2015.

② 山东省青岛市“11·22”中石化东黄输油管道泄漏爆炸特别重大事故调查报告[EB/OL][2014-1-10] https://www.mem.gov.cn/gk/sgcc/tbzdsgdcbg/2013/201401/t20140110_245228.shtml

③ 王祯军，张英菊，李宏，等. 领导干部应急管理能力提升——问题与对策[M]. 北京：国家行政学院出版社，2016.

果。所以，此次爆炸事件的焦点是为什么没有在漏油后爆炸前安排群众撤离、进入警戒状态。显而易见，在对这次事件进行的应急决策这一过程里，有关企业和地方政府都有责任。

① 企业没有及时启动应急预案。

从本次事故的调查报告中我们可以发现，潍坊输油管线管理部门并没有在应急处理过程中严格按照相关操作规范施工，事故风险的评估工作中出现了明显的失误，同时在事故现场处理的过程中没有及时下达启动应急预案的命令，事故发生后的 7 个小时，爆炸前的 1 个小时中石化管道相应的公司才发出指令，让现场工作人员组成相应的指挥部，准备进行抢修；施工抢修过程中没有及时做好警戒和疏散工作，在客观上造成了事故危害性的扩散。尤其是在前期对泄漏点的抢修过程中，没有按照相关操作规范进行可燃气体检测，操作违规情况较多，情节较为恶劣。

② 政府研判失误，没有及时升级预案响应级别。

经过对该爆炸事件的有关报告的分析我们发现，青岛市经济和信息委员会等相关部门在事故发生之后，并没有及时做出有效的应对措施，尤其是对事故发展趋势判断的接连失利，更是直接为后期的爆炸事故埋下了隐患，现场应急救援不力是导致本次事故出现的一个重要原因。除此之外，青岛经济技术开发区管委会在本次事故的现场应急指挥工作中，并没有认识到事故的危害程度和危害范围，以企业报告为基础，将本次事故界定为一次普通的突发环境事件，因此在后续的指挥和协调工作中也同样没有给予应有的关注和重视，不仅没有疏散群众，同时也没有进行道路封堵，从而扩大了本次事件的危害和影响。

因此，在这次事故中，由于有关机构未按照相应的风险研判得到的结论来迅速地提升应急响应的有关级别，导致了民众未及时疏散，有关机构只参照该企业的报告把该事件定位成一般突发事件，其根本没有想到漏油可能会导致爆炸。通常情况下，突发事件的等级将决定着应急响应的等级。对于一般突发事件来说，只要启动企业或者县政府级别的有关应急预案即可；对于较大的突发事件来说，启动的通常是地市级别的；对于重大突发事件来说，启动的通常是省政府的；对于特别重大的突发事件来说，应该启动的是国家级的。对于如何划分突发事件的等级主要是根据下述几个因素，即造成的社会影响度、经济损失以及伤亡的人数。在该事故中，在发生漏油后爆炸前，没有造成严重的经济损失以及人员伤亡，因此在本次事故的应急处理过程中，相关部门仅仅是按照企业所提供的信息，将其认定为最低级的一般性的突发事件，没有充分地意识到漏油潜在的风险，因此其所启动的应急预案只是企业级别的，因此并没有进行相应的疏散工作。就是因为这一失误的决策，使得人们的生命健康以及财产遭受严重损害。这次爆炸事件说明，尽管在评定相应的事件等级的时候，要考虑到有关经济损失以及人员伤亡方面的因素，然而，倘若该事件可能存在潜在的严重危险，就要再次进行相应的风险研判与评估，根据有关结果启动相应的应急预案。在这个案例中，在漏油事件发生以后，就带来了爆炸的危险，另外该企业还与周围的居民靠得很近，若不幸发生爆炸，后果不可想象。因此，即使还未有大量的财产损失以及人员伤亡，也要提升启动的应急预案的响应等级，疏散周围的居民，进行封路，进入警备状态。因此，当一个安全事故发生之后，就要立即启动相应的应急预案，另外应该根据风险的研判以及实时情况对相应的级别进行调整，尽可能地减少财产损失以及人员伤亡人数，另外还要降低对环境的污染程度。

4.1.5 重视事后评估总结工作是避免造成重复损失的重要手段

实际上，安全事故的发生所带来的伤害仅仅是一时的，因此并不可怕，但是如果不能从事故中发现问题、找寻原因从而导致事故一而再、再而三地发生，那才是最可怕的[①]。习近平总书记在对青岛市进行考察的过程中，强调了“11·22”事故的应急处理问题，他重点指出：“安全事故的教训都是由一个个鲜活的生命换来的，因此不能再重蹈覆辙。”对于生态文明建设的核心要求是不遗余力地保护环境，节省资源。如果突发环境事件频繁发生，尤其是类似的事故反复发生，那么不但造成巨大的人员伤亡、财产损失，还会加剧环境的恶化程度。而事后及时进行事故的调查与评估，发现问题并及时改进是避免事故再次发生的根本途径。事后的调查评估尽管是一种“亡羊补牢”式的系统改进手段，但却是当今绝大多数国家推进应急管理法律完善和制度变革的重要途径。在应急管理实践中发挥了不可替代的作用。从这个意义上来说，这就要求突发环境事件发生后要进行充分的调查评估并且在评估的基础上改进相关的措施、方案，避免以后类似事故重复发生，以免造成社会资源的重复浪费和环境的恶化。

事件六：发生德国高铁事故后的调查评估及改进

德国高铁事故轰动全球，然而其及时的评估调查工作，却极大地提升了该

① 钟开斌. 从灾难中学习：教训比经验更宝贵[J]. 中国应急管理，2013（6）.

国危机应急处理能力。1998 年 6 月 3 日，一辆德国城际快车从慕尼黑开往汉堡，途中脱轨。这列时速高达 200 千米的火车将铁路线路桥梁完全撞碎，现场死亡人数超过百人，引发了整个欧洲对高速火车运行状态的担忧。事故后，一直以来以德国技术骄傲的德国人受到了沉重打击。德国铁路行业、政府部门以及第三方机构开始对本次事故开展了细致的调查，将各大影响因素进行了全方位的分析，对其实施了 5 年的法律审判以及技术调查，使用大量的方案来阻止这类突发事故再发生。

这次安全事故发生之后，德国全国范围内高速铁路全部限制列车速度，同时事故车辆同类型列车全部停运。经过五年的事故调查后发现，064 型双层车轮所使用的金属材料出现金属疲劳而导致最终解体是导致本次事故的直接原因。针对本次事故所导致的严重危害，德国铁路在全部高速列车上增加了安全逃生窗，并保证每一节车厢中都有若干可供逃生的玻璃车窗。

1999 年，本次事故的调查报告正式向社会公众公布，并针对本次事故所产生的严重危害以及事故发生的原因，制定了一份全新的铁路安全方案。该方案的制定，不仅为德国铁路安全事故应急处理提供了强有力的支持，同时也成为世界各国高速铁路发展过程中的重要应急方案范本。譬如上述这个方案中不断地提示，发生这次安全事故主要是因为列车在运行的时候撞到桥梁引起的，因此在今后全德国范围内的高速铁路都将避开桥梁等设施，以保证高速火车通行的安全性。以后德铁对于安全隐患更加慎重。在本次事故发生之后，德国铁路系统将高速列车的安全检查频率提高了 10 倍，希望通过高频率的检查来保证列车安全隐患的及时检出。当前，德国铁路系统中仍然保留了 3 万千米以上火车车轮必须每周检修的规定。

与此同时，德国还在相应的事故发生地点种了 101 棵樱桃树，以此来悼念 101 条牺牲的生命。另外，还在那建立了纪念碑，给人们警示，从而阻止此类安全事故再一次出现……

案例七：2001 年“9·11”事件后的有关调查评估

在“9·11”事件发生之后，美国政府特地成立了相应的调查委员会，对造成这次安全事件的缘由、危害范围以及应急处理方案等问题进行了专项研究。通过超过 250 万页材料的查询和来自 10 个国家的 1 200 多名公民的问询，最终向国会提交了一份高达567页的事件审查报告和意见声明①。

案例八：2005年4月25日，日本JR列车的出轨事故

于2005年发生的福知山线JR列车的出轨事故是日本列车历史上最为惨痛的一次教训。在事故发生之后，后续的调查工作花费了3年时间。直到2007年，事故调查委员会才公布了事故调查报告，报告含有大量文字和图表，长达300页，展现出了本次事故调查过程中所发现的问题，并以此为基础提出了具体的整改措施。在这份报告中，仅相关乘客证词就提供了17份。这份报告中真正意义上反映出此次事故的原因，并没有如之前人们所预期的那样，简单地将事故归结为司机操作的失误，而是具体分析了司机操作失误背后所隐藏的企业管理问题，如司机人员惩罚机制过于严厉等。这一调查报告的出现，不仅为公众更好地了解本次事故提供了必要的数据支持，同时也在直接推动了日本《铁道事业法》的更改。更改后的《铁路事业法》中详细地说明了铁路交通方面的有关产品一定要使用有“自动列车停止装置（ATS）”标识的设备。事实上，在相应的铁路网站里，依然用很显眼的字体将本次事故的介绍和后续处理、技术改进、安抚措施作为最终的内容加以展示②。

然而，突发事件发生后的调查评估仍然是我国当前应急管理的薄弱环节。虽然我国相关法律、法规中已经对突发事件后的调查评估工作做出了具体的说明，并给出了详细的操作规范。但是在实际应用中，很多调查没有真正意义上从事故中总结原因，吸取教训。因此，各种事故的发生频率仍然保持在较高水平上。比如，近年来在我国多地都发生了海上漏油事件（如2005年天津南疆码头溢油事故、2008年山东烟台长岛海域溢油事故、2010年大连“7.16”中石油管道爆炸事故，2011年中海油蓬莱“19-3”油田溢油事故等）对环境造成了巨大的破坏。这些事件的重复发生说明我们对于此类事件发生后的调查评估工作不到位。当前我国的事后调查评估过于追求对相关责任人员的政治化处理，同时以简单的政治处分代替技术调查的情况在我国也并不罕见。重政治问责，轻技术性评估分析，这就导致虎头蛇尾，不能发现事故在应急处置过程中，包括应急预案及应急流程等方面存在的深层次问题。对于事故发生的原因分析不够

① 刘卫东．探询“9.11”调查报告的足迹[J]．世界知识，2004（16）．
② 张涵．日本最大火车事故六年问责[N]．21世纪经济报道，2011-08-01（9）．

深入，采取的防范措施落实不足，导致事故重复发生。造成重复损失，这从资源节约的角度不符合生态文明建设的根本要求。

就我国目前的情况而言，事后评估工作从理论上来说应该包括对“一案三制”的评估①。其中对于法律、法规、应急体制的评估属于宏观层面；应急机制属于中观层面；应急预案属于微观层面。宏观和中观层面的问题虽然很重要，但是由于其评估和改进涉及的面广，改进难度较大，一般来说需要历经很长时间的持续推进才能够真正看到效果。而应急预案是应急管理最为核心和关键的环节，其中包含了先期处置、应急响应流程、应急资源配置、队伍及人员部署、应急协调机制等应急管理中最为关键的环节，所以应急预案质量的好坏、实施情况的好坏直接决定了事故救援能否成功。所以，我们认为当前对应急预案的评估最为迫切，是开展事后应急评估工作的切入点和重要抓手。事发后应该首先从评估应急预案的实施效果入手，尤其是要进行定量化的技术性分析以便于发现其存在的主要问题。比如说，应急预案作为一切应急处置的蓝本，它是否预测到了可能的突发事件的情景？哪些因素导致了实际应急处置的措施与应急预案的偏离？如何提高应急预案的有效性？对应急预案进行有效性评估就可以避免使用效果不好的预案继续重复使用，避免类似事故重复的发生。

4.2 基于生态文明视角审视我国当前应急管理的突出问题

4.2.1 忽视环境风险的防范及系统治理

通过对我国最近几年出现的很多事故进行研究，发现有一个共性的问题，即不重视隐患排查以及风险防范方面的工作，换句话说，相应的防范风险意识以及准备不充分，忽视对风险进行治理，从而使得风险演变为事故②。

案例九：天津港“8・12”火灾爆炸事故，风险从量变到质变

位于天津滨海新区的瑞海公司于2015年8月12日发生了危化品爆炸事故，遇难人数达到165人，受伤人员人数达到798人。还造成了304幢建筑物和7 533个集装箱与12 428辆汽车受损。因为这次爆炸事件带来的二次污染物以及残留

① 曹海峰. 建立完整的应急管理评估体系[N]. 学习时报，2014-02-24.
② 张英菊. 城市危机管理粗放化现状及精细化转型研究[J]. 广西社会科学，2016（7）.

化学品类型上百种，同时严重影响与污染了周围水资源、土壤以及大气。

通过应急管理部公布的有关报告[①]能够得到，在发生爆炸事故之前，该公司就存在违法问题，包括违法保存危险物品与违法经营等，企业内部未制定严格的管理制度，未制定与企业实情相符的安全生产责任制，从而使得其在生产运营中有着很多隐患。相应的监管部门监督不力，未找到存在的隐患并责令整改，从而发生了爆炸事件。根据相应的报告内容看来，企业内部的安全隐患与问题如下：

（1）企业未遵循国家制定的滨海新区控制规划与天津市城市总体规划，在国家未批转的情况下私自建设，在建设的同时开始经营，并堆积存储危险物品。

（2）没有相应的运营证书。

（3）通过非法途径得到危险货物。

（4）不按规定储存硝酸铵。

（5）超量储存，超负荷运营。

（6）危险物品堆得过高，混存。

（7）不按规定进行装卸、搬运、拆箱等作业。

（8）不按规定登记重大危险品。

（9）忽视安全培训。

（10）不按有关要求制定相应的应急预案并进行演练。

除此以外，从政府这一视角看来，其违反了有关法律规定进行审批许可以及审查项目，另外监管也不力。该公司根本没有储存重型危险化学品的条件，然而，其相应的安评、安检以及消防等资质都有。该公司只根据该市设计院提供的有关改造方法，就短时间内成功办理了消防资质；国土部门对企业审批时，仅凭消防部门给出的审核意见就给企业通过了审核。国家安监部门应该在安评结果的基础上，重新审核企业现场，但是在执行过程中仅查看该公司出示的有关安全报告，因此错误地认为其符合有关规定。相应的事故调查评估方面的报告显示，在审批时，有关部门没有严格地进行审批。倘若所有机构都能严格地审批，将安全意识带入到审批中，联想到不按规定审批可能会造成的后果，那么就能够更早地找到该企业面临的严重问题，因此这次爆炸事故也不会发生。

政府机构的失职，对该公司的安全隐患放任不管，监督不力，成为灾难发生的重要原因。

---

① 天津港“8·12”瑞海公司危险品仓库特别重大火灾爆炸事故调查报告[EB/OL][2017-1-13] https://www.mem.gov.cn/gk/sgcc/tbzdsgdcbg/2016/201602/P020190415543917598002.pdf

案例十：青岛“11·22”中石化东黄输油管道泄漏爆炸特别重大事故[①]

位于山东青岛经济技术开发区的中石化公司的管道储运有关公司于2013年11月22日发生了漏油事故，另外原油已经流进了相应的排水暗渠里，由此产生一个封闭空间，大量油气流入后由于摩擦产生火花，最终发生爆炸，该事故死亡人数为62人，受伤人数为136人，对企业与国家产生的经济方面的损失高达75 172万元。

这次事故发生的主要原因也是不重视风险防范方面的工作，相应的安全生产责任制不完善，对于安全隐患的排查不彻底，有关政府机构监管不到位。我们先从企业角度来分析：

（1）中国石油化工股份公司以及相应的集团公司在经营过程中未严格落实安全生产责任制。未制定完整的生产安全责任制，相应的部门未明确地划分安全生产责任和管道保护责任之间的界限，存在职责与责任不清晰；未起到督促与指导所管辖企业的责任，未定期排查与治理企业存在的安全隐患，未制定应急措施，同时并未深入地分析管道在使用过程中存在的安全问题；检查企业生产流程，存在安全死角与盲区，尤其是开展全国性安全生产检查时，相关负责人未尽到义务深入排查企业生产存在的安全隐患，对管道内存在的安全问题也未及时发现，直接导致事故管道安全隐患无人处理，埋下了事故隐患。

（2）中石化管道分公司对于青岛站和潍坊输油处缺乏正确的引导与管理，未严格排查黄输油管道存在的问题，也未及时跟进与处理事故管道存在的防腐层损坏问题，造成黄输油管道长期存在问题并未及时制定整改措施；严重缺乏对一线工作人员的生产安全培训与应急处理培训；企业在处理应急救援方面缺乏力度，青岛站与潍坊输油处实施应急处置工作时不够积极，上级企业也并未起到督促作用。

（3）潍坊输油处未深入彻底地检查管道内存在的安全问题，同时对存在的安全隐患并未及时处理。潍坊输油处从2009年开始，间隔2年检测黄输油管道局部与外防腐层，对存在的腐蚀问题、安全隐患等并未及时发现，导致在事故前未发现安全隐患，没有及时处理；潍坊输油处于2011年进行修理，并对管道外围的防腐层面临的问题进行处理，截至2013年10月，2年时间内对事故泄漏

---

① 山东省青岛市“11·22”中石化东黄输油管道泄漏爆炸特别重大事故调查报告[EB/OL][2014-1-10] https://www.mem.gov.cn/gk/sgcc/tbzdsgdcbg/2013/201401/t20140110_245228.shtml

位置与该管道15千米存在问题的部分仍未处理；未制定管道泄漏应急预案，未制定清晰的应急救援人员职责与应急措施。

（4）青岛站在管理上存在问题，未起到保护管道的作用。未根据实际情况制定管道抢修制度，在实际应用中安全操作存在问题，未制定详细的人员上岗安全训练；没有行之有效地制度来维护管道，巡线人员缺少这方面的技能和知识；开发区建设管道过程中，未制定保护管道工程，包括建设桥涵、排水明渠、扩宽道路、管道翻修以及加盖明渠板等，并未与管道实际情况相结合，为其制定相应的保护方案。

再从政府这一角度来看：

（1）青岛市开发区管委会与人民政府并未严格贯彻执行国家制定的安全法规。并未起到对开发区、青岛市管道维护的督促与管理，相关部门并未有力监管企业安全生产与管道保护责任，未严格排查与整改存在安全隐患的管道。检查企业生产安全时存在不严格、不彻底等问题，并未将检查输油管道作为重点，未严格执行“全覆盖、零容忍、严执法、重实效”等制度。青岛丽东化工有限公司在厂区搭建违章工棚与暗挖排水渠等违法行为，黄岛街道办事处在检查时并未发现，也是造成重大事故的主因。

（2）保护管道部门未严格按照章程履行职责，未彻底排查企业存在的安全问题。尽管该省的有关机构在事故出现以前，就发现了管道漏油的问题，然而，却被其忽视了，没有采取措施及时制止，企业未制定应急预案。未制定严格排查生产安全制度，青岛市油区工作办公室并未对企业严格检查与督促其重视安全生产工作。青岛市油区工作办公室、经济与信息化委员会在检查与监督企业管道安全保护方面存在问题，未全面检查管道安全性，2013年开始展开专项整治管道项目，共检查6次，均未发现秦皇岛道路施工影响该区域管道安全等问题。未及时督促与管理改建管道工程，企业在执行应急预案措施时存在不及时、不到位等问题，并未及时督促与管理。保护管道的主要部门为开发区安全监管局，在此次事故中也存在不可推卸的责任，未对管道保护工作进行预先规划，对于早已发现的管道隐患问题并没有及时处理。企业实行的安全检查行动没有作用，仅仅为表面功夫，导致管道运输隐患没有及时发现。

（3）青岛市开发区以及市政部门等有关机构没有执行相应的职责，对事故发生地的规划也很混乱。因为开发区没有进行合理的规划，对相应的审批也很不严格。有关规划分局在查找信泰物流公司的有关项目时存在问题，并未严格把关，并未在实地核实将建设的明渠改成暗渠，在项目中增加建设市政排水设施，造成厂区规划项目内包含市政排水设施，申报时并未将明渠改成暗渠划为独立市政工程。事故发生地周围存在安全隐患，周围存在危险化学品企业较多，学校、居民区以及油气管道之间交叉分布，距离较近，未与实际相结合，设计出合理的排水暗渠与管道交叉工程。排水暗渠中采用悬空方式架设管道，一旦原油泄漏就会向排水暗渠中流入，不方便进行修筑和维护；部分管道中会出现海水倒灌等问题，并可能会遭受严重腐蚀。开发区行政执法局没有对青岛信泰物流有限公司进行严格监控和管理，厂区开展明渠改造为暗渠工程，以“绿化方案审批”形式违规同意设置盖板，改造明渠为暗渠；秦皇岛开展道路建设工程时与管道企业之间未及时交流，并未将施工对管道的影响考虑在内，导致管道腐蚀严重。

“不到位”“不彻底”“走过场”“把关不严”等等其根本原因就在于无论是企业还是政府部门都存在着麻痹大意、侥幸、忽视预防工作的思想，缺乏风险防范意识。著名的海恩法则说过，每一次严重事故的背后都曾经有 1 000 次的苗头隐患，300 次未遂先兆以及 29 次的轻微事故。杜邦公司一直崇尚的理念是：一切事故都是可以预防的！——应使行为能够不断地被指导变成更加安全的行为。美国学者奥斯本说过，政府管理的目的是花少量的钱预防而不是花大量的钱来治疗①。德国风险管理专家乌尔里希·贝克说过，风险最根本的特征是风险的“人化”。所以，以上都说明在风险预防和治理过程中人是最重要的因素。人应该在风险预防和控制方面发挥主观能动性。只有人的危机防范意识真正提升，才能从根本上减少各种不安全行为，减少各类事故隐患。只有重视风险的防范与治理，才能够在事发前将预防工作、隐患排查工作做细、做实，才能真正地最大程度地避免事故的发生。

4.2.2 应急准备工作规范化、科学化水平较低，缺乏规范化标准指引

以应急物资储备为例进行说明。据了解，目前我国各地均基本建立了应急物资储备体系。以深圳市为例，市应急委成员单位初步建立了按照部门职责范围、专项指挥部牵头应对突发事件类型及任务确定应急物资储备的机制。市级专业救援队伍主要由各专项应急指挥部牵头，各成员单位组建或依托专业机构和企业组建。依托专业机构开展工作的，由专业机构配备应急物资，包括环境

① [美]戴维·奥斯本，特德·盖布勒. 改革政府[M]. 周敦仁，等译. 上海：上海译文出版社，2006.

污染事件监测及污染物处置、核事故与辐射事件监测、公共卫生事件检测及急救、食品药品安全检测等。依托企业建立应急救援队伍或者企业为应急先期处置主体的，应急物资主要由企业储备。但是存在以下几个问题：

（1）应急物资储备主体不清晰。

应急处置工作涉及政府、企业、社会公众，虽然政府各部门职责在三定方案及专项应急预案中有明确的规定，但仍存在企业与政府、政府各部门之间、政府与社会之间物资储备责任划分不清楚的现象。

（2）储备种类和数量缺乏依据。

应急物资储备什么，储备多少应该在国家、行业已有标准的基础上结合本地风险的情况进行判断和储备。据了解，我国各城市当前应急物资储备大多都没有将行业和区域性风险评估（包括情景模拟）作为基本依据，主要根据过往经验判断现有物资储备是否能够满足应急处置需求。

（3）全市应急物资缺乏统筹，未建立应急物资联动共享机制。

各部门应急物资储备有交叉或者重叠，易造成资源浪费，而某些部门不能及时获取专业物资则影响应急处置效率。一个应急指挥部有多个成员单位，对于某些通用类物资，如个人防护类、应急指挥类、通信保障类、应急照明类，各成员单位均有可能储备，而专业类物资，如直升机、探测仪、特定药物等，可能只有某个部门储备或者有协议储备。

（4）储备方式选择考虑不全面，企业储备机制不健全。

储备方式的选择应综合考虑应急物资的重要性、时效性、保质期、生产周期、储存条件、经济性等因素，各指挥部在储备方式的选择上考虑不够全面，多数仅考虑一两种因素，有的部门则是认为自己没有专业力量，所以依托企业进行储备。虽然很多专业类物资采取了依托专业机构或者企业队伍储备的方式，但监管部门对专业机构、企业的指导和监管不足，经费保障不足，甚至有些是依靠政府部门的权威来要求企业履行物资储备及调用职责，未有储备或者调用协议，也未提供经费补偿，缺乏长效机制。

可见，因为应急物资的储备种类、数量、储备方式不合理会导致极大的浪费。例如，对于储备方式来说，为了避免发生因长距离运输、长时间储存、临时性征用等情况造成的成本大幅增加、积压变质浪费、降低救援效率等问题的发生，应尽可能根据不同物资的功能特性、重要性、储备要求及储备成本等因素，采用不同的储备方式并进行动态组合，才能最大化地发挥应急物资的应急保障作用。那么，如何确定应急物资的储备种类、数量、储备单位、储备模式等才能在满足应急响应的前提下做到最优化利用呢？虽然国家在某些行业领域，如防汛、消防等有相关的物资储备标准，但是对于地方多灾种、跨部门的突发事件应对却缺乏一个统一的应急物资储备标准、规范性指引来科学回答“储什么”“储多少”“谁来储”“怎么储”等问题，来指导各部门单位进行应急物资储备。

4.2.3 智能化监测预警技术支撑不足

“千里之堤毁于蚁穴”，从风险到事故的发生都有其逐渐演变的过程，这就需要对风险微小的变化进行实时监测，及时发现风险的变化情况并及时预警采取相应的行动。如果监测预警跟不上，就可能在环境风险险情出现时不能被及时发现，错失了及时进行处置、避免发生环境突发事件的机会。传统监测手段一般存在以下不足：不能全天候自动采集数据，容易受时间、气候条件等的限制，无法进行海量监测数据的收集、存储及分析，无法提供科学化预警服务等。当前，随着云计算、大数据、物联网等新兴技术的发展，为智能化监测预警提供了新的思路具有巨大的应用空间。然而，当前我国环境风险防范领域智能化监测预警技术支撑不足，预警监测能力比较薄弱，尤其是基于云计算、物联网、大数据等新技术的智能化监测预警系统比较缺乏。

4.2.4 缺乏智能化应急辅助决策和处置的方法

对于突发事件来说，应急预案是其行为依据。通常情况下，当事故出现以后，有关机构会立即启动相应的应急预案。目前我国制定的应急预案还不够完善，缺乏有效性与科学性，多数预案在制定时并未从实际情况出发，而是按照相同类型或者上级预案加以修改而成。预案操作性差、流程不清晰以及处理效果差等是当前我国应急预案普遍存在的问题。例如，当事故发生后，很多情况下，决策者发现现有的预案有时候“并不好用”，预案没有预测到事故发生的种类或者发生的具体情景，更不要提具体的应对方案应该如何开展，给现场负责决策的决策者带来巨大的压力。这就需要决策者现场依据经验进行决策，而这种基于决策者经验的决策缺乏科学性具有较大风险。

参照认知学方面的理论，人们在处理某个新问题时，通常会把以前处理的相似问题的处理方式作为参考，采用以前已经使用的解决方式处理该问题，由此可以在短时间内解决问题。因此，以历史相似案例的处理经验与结果作为参考，对当前出现的突发环境事件进行处理和制定应对措施，可以极大地降低环境应急决策者的决策压力，使得应急决策效率迅速提升。值得庆幸的是，人们在长期的对抗突发环境事件的过程中积累了大量的案例及处置的经验、教训。这些经验、教训是积累起来的专家知识，是人们处理未来发生的突发事件的宝贵财富。那么，如何充分地利用历史案例经验及积累的专家知识来辅助应急决策呢？这就需要一种简便的智能化方法，快速检索出相似历史案例进而辅助决策者参照历史案例经验快速决策，这对于最大程度地降低突发环境事件所造成的各种损失具有重要现实意义。显然，我们当前还缺乏这样的能够辅助决策者快速找到历史相似案例的智能化决策工具和方法。

4.2.5 缺乏对应急预案的实施效果进行定量化评估的方法

近年来，我国发生了很多类似的爆炸与漏油事故，给经济以及环境带来了巨大的损失（见表 4.2）。

表 4.2 近年来安全生产领域类似事故

事故
2005 年 11 月 13 日 14 时至 15 时左右，中石油吉林石化公司 101 厂一化工车间连续发生爆炸共造成 5 人死亡、1 人下落不明、2 人重伤、21 人轻伤
2010 年 7 月 16 日，大连中石油国际储运公司输油管道发生爆炸，大面积原油泄漏
2010 年 10 月 24 日，大连中石油国际储运有限公司在拆除“7·16”事故损毁的 103 号储罐过程中又发生火灾事故，事故没有造成人员伤亡
2011 年 1 月 19 日，辽宁，抚顺石化公司石油二厂重油催化装置稳定单元发生闪爆事故
2011 年 3 月 21 日，上海，中石化上海高桥石化厂发生酸性气体高空泄漏
2011 年 3 月 20 日，上海，中石化上海高桥分公司因生产工艺未及时调整致硫化物泄漏
2011 年 7 月 11 日凌晨，惠州，大亚湾石化区油库发生爆炸，火光冲天
2011 年 7 月 16 日，大连，中国石油大连石化公司厂区内 1000 万吨常减压蒸馏装置换热器泄漏着火
2011 年 8 月 29 日，中石油大连石化分公司储运车间柴油罐区一台 2 万立方米柴油储罐在进料过程中发生闪爆并引发火灾，造成直接经济损失 789.047 3 万元，未造成人员伤亡
2012 年 3 月 27 日，北京市通州区，中石油输油管道发生漏油事件
2012 年 5 月 28 日中午，广东惠州大亚湾石化区，惠州兴达石化工业有限公司一个容量为 3 000 立方米、实际存储有 900 立方米苯乙烯的储罐起火

续表

2013年1月13日下午，广东湛江，茂名输油管529号管线位于麻章区一段发生原油泄漏事件，泄漏原油流入南溪河，泄漏原油总量约10吨
2013年6月2日14时27分许，中国石油天然气股份有限公司大连石化分公司（以下简称“大连石化公司”）第一联合车间三苯罐区小罐区939#杂料罐在动火作业过程中发生爆炸、泄漏物料着火，并引起937#、936#、935#三个储罐相继爆炸着火，造成4人死亡，直接经济损失697万元
2013年11月22日，青岛黄岛区输油管线泄漏爆燃，造成62人死亡，136人受伤，直接经济损失7.5亿元
2015年8月12日，天津滨海新区瑞海公司危化品仓库发生爆炸，造成165人死亡，798人受伤，直接经济损失68.66亿元

尤其值得注意的是，连续在一个企业、一个地方发生很多个同样的事故。对近年来我国发生的这些安全事故进行分析能够发现，这些事故有很多共同的地方，即有关机构监管不到位、企业员工的安全意识不够、相应的责任制未完全落实等等，然而，有一个根本的原因，即通常情况下，很多企业在发生安全事故之后，未及时对有关应急预案以及操作流程实施相应的评估与改进，这主要是因为没有相应的评估工具以及方法。目前，对相应的应急预案取得的成效实施评估的有关实践和研究很少，其根本原因是，在实践与理论上评估相应的实施效果有下述几个难点①：

（1）预案实施效果评价尚未引起足够的重视。

目前我国预案体系刚刚建立起来，还处于预案编制的热潮中，但是对于预案编制后是否在实际应用中取得了预期的效果的评价还没有引起足够的重视。

（2）预案编制部门存在诸多不利于开展预案效果评价的因素。

应急预案受到经费、缺乏完整信息以及执行时间等影响，出现限制预案实施评价现象。在编写应急预案的同时并未制定对应的评价应急预案制度，造成应急预案执行结果无从考证；实施预案缺乏程序化与制度化，导致“编制部门在判断预案效果时，按照自身在社会环境中的感触与情绪判断预案是否有效”②。缺乏严格的预案评价制度，最终会导致执行预案后出现预案被横加指责的情况。

① 张英菊，闵庆飞，曲晓飞．突发公共事件应急预案评价中的关键问题探究[J]．华中科技大学学报，2008（6）．

② 张兵．城市规划实效伦[M]．北京：中国人民大学出版社，1998．

如：在处理突发事件时，由预警、前期准备、应急响应、恢复正常等流程中，一旦出现问题则很容易归咎于预案本身。

（3）预案实施效果评价本身存在困难。

当前阶段，对应急预案实施效果所进行的研究相对少见，而且也尚未形成完整的理论体系，同时也缺乏具有指导意义的实践经验。特别是在具体的实践中，缺乏有效的理论支撑与评价方法。

① 从本质上来说，方案的实施过程是多种彼此之间有着紧密联系的因素的相互影响、相互制约的过程。而这种情况之下，我们往往在具体评价过程中很难真正评价出具体的预案因素与实施效果间的关系，明确结果是否与预案因素有关。或者产生某种结果是否与哪些预案有关，而非受其他预案因素的影响等。也就是说，我们很难明确预案与结果的因果关系。这种情况的客观存在，严重影响了应急预案评价工作的顺利开展。同时，对我国应急管理工作开展的基本现状进行更为深入的研究和探索也不难发现，绝大多数的预案虽具有较高的指导意义，但是缺乏可操作性和实践检验。虽说在具体制定预案过程中往往需要假设事件的发展过程、后果，但是显然由于现场各方面复杂的因素，预案的假设不可能完全与事件实际发展状况相符。换言之，应急预案并不能直接应用于具体的突发事件，在具体使用过程中需要合理的判断，并结合现场实际情况进行适当的修改和完善，从而提出改进预案文本中的具体处理措施，最终形成可以应对突发公共事件的应急方案。

② 多样性的价值观。毋庸置疑，价值观是评价的基础[①]。而在具体实施预案过程中必然会涉及各个不同的机构、团体、个体等的利益。而这也就意味着这些不同的“个体”将会由于立场不同，而存在不同的价值观。而价值观不同，意味着人们必然会从不同的角度分析、评价问题。特别是在实施、评价预案过程中，在特定政治环境之下，其评价预案实施结果涉及对相关人员的问责问题，即包括应急指挥部门、具体编制预案的人员以及最后的决策人员等等，而这就进一步加大了公正评价预案难度。Seasons（2003）在研究评价实施情况时指出：“不以实际效果作为评估依据，而以政治上的是否恰当作为评估依据，是实施评价规划中所面临的最为主要的问题，也就是说在具体实施评价工作中需要充分考虑政治因素”[②]。这一点与预案实施效果评价是类似的。

① 孙施文，周宇. 城市规划实施评价的理论与方法[J]. 城市规划汇刊，2003（2）.

② Seasons M. Monitoring and Evaluation in Municipal Planning[J]. Journal of the American Planning Association Research Library, 2003, 69(4): 430.

③ 由于在具体的实施过程中存在诸多不确定性、偶然性，进一步加大了预案评价的难度。有研究者证实，再完美的规划都有可能遭遇实施过程中突发的各种情况的影响，而最终宣告失败。也就是说在具体执行中，必然会出现比方案中更多的问题，即面临着更多要素的影响。因此 Alexander（1981）①在研究中重点指出，在制定具体的规划战略时，一定要充分考虑各种不确定性因素，并列入具体的评价过程中，特别做好事前预测以及分析等相关工作。具体而言，不确定因素主要体现在决策环境、目标以及各种选择的不确定上。与此同时他指出这些不确定性因素是客观存在的，是无可避免的。因此在具体评价时，一定要充分考虑各种不确定因素的影响。这一点与预案实施效果的评价颇为相似。

4.3 本章小结

本章的一个主要特点是采用基于大量的案例进行分析的方法进行论述。主要包括两个方面的内容。

第一部分，分析了生态文明建设对突发环境事件应急管理提出的新的要求。节约资源和保护环境是我国的一项基本国策，也是生态文明建设的基本要求。生态文明视角下应急管理要求将生态文明建设的理念融入应急管理生命周期的全过程中。生态文明对突发环境事件的应急管理从风险防范与准备、监测与预警、应急处置与救援以及事后恢复与评估都提出了具体要求：高度重视预防工作是降低损失、节约应急成本的前提；科学合理的应急准备工作是提高应急救援效率、降低资源浪费的根本保证；提高智能化监测与预警水平是及时发现环境风险、避免事故发生、降低损失的重要支撑；科学应急辅助决策是减少损失和环境破坏的关键；重视事后评估总结工作是避免造成重复损失的重要手段。

第二部分，按照以上新的要求来审视当前我国突发环境事件应急管理工作中存在的五个主要问题。分别是：忽视环境风险防范和系统治理；应急准备工作规范化、科学化水平较低、智能化监测预警技术支撑不足、缺乏智能化应急辅助决策和处置方法以及缺乏对应急预案实施效果进行定量化评估的方法。这五个问题是本书要解决的五个关键问题。下面的第 5 章、第 6 章、第 7 章、第 8 章以及第 9 章分别对应解决以上五个问题。

---

① Alexander E R. If planning isn't everything, maybe it's something[J]. Town Planning Review Quarterly, 1981, 52(2): 135-139.

5　提高我国环境风险防范及治理能力的对策研究

5.1　生态文明视角下我国环境风险治理面临的主要问题

5.1.1　政府层面

从 2018 以来的中央环保督察“回头看”公开曝光的一些案件来看，一些地方的政府和企业对于“环境风险”的认知或准备不足，重视程度不够，缺乏“千里之堤毁于蚁穴”的防范意识[①]。

2018 年 4 月 17 日，央视报道山西三维集团违规倾倒、排放工业废渣、废水，严重污染周围环境，使得周边居民多年投诉，苦不堪言；4 月 20 日，作为全国农药行业的大型企业，江苏辉丰生物农业股份有限公司因非法处置危险废物、偷排高浓度有害废水而被生态环境部通报批评，而该企业毗邻的大丰港正是麋鹿的自然保护区；5 月，“清废行动 2018”发现，长江经济带城市沿岸的 1 410 个固体废物堆存点，混有大量危废品或废弃的化学品，且离大江大河较近，污染物随雨水形成地表径流污染，造成流经土地和地下水污染；6 月 20 日，内蒙古自治区有关部门和巴彦淖尔市对乌梁素海生态规划的编制审批中，忽视 9 万亩养殖项目造成的农业面源污染，未制定实质性长期性措施，使得养殖区水质长期处于 V 类，影响当地民众生活用水……

当前我国尚未形成环境风险治理相对健全的法律、法规政策。当前国际上已经普遍引入了防范环境风险策略，即以制度性的措施规范应对环境风险问题[②]。而直到现在，我国也尚未形成完备的、具体的环境风险相关法律体系。环境风险防范的现实“需求”与有效的制度“供给”之间存在较大差距。尤其是在环境风险防范的法律界定和制度建构上还存在很多难题尚未解决[③]。最后，地方政府在发展经济和保护环境的双重任务和压力下，往往在实践中选择偏向于发展经济。政府一方面必须做好地方经济的发展工作，特别是在当前政策体系下，

---

① 光明日报，环境风险管理要在精细上下功夫[EB/OL][2018-08-04] http://www. gov. cn/xinwen/2018-08/04/content_5311681. htm.

② 王枫云. 美国城市政府的环境风险评估原则、内容与流程[J]. 城市观察，2013（3）.

③ 卢少军，余晓龙. 环境风险防范的法律界定和制度建构[J]. 理论学刊，2012（10）.

为了达到政绩考核的标准以及获得经济利益等各方面的因素下，地方政府往往采取诸如“寻租”等行为，强化地方经济的发展，而把环境保护抛之脑后，甚至甘心充当那些有经济实力、能创造较大经济效益却会形成较大污染的企业的“保护伞”，对各类污染事件睁一只眼，闭一只眼，无法形成有效的监管，从而使得环境风险不断增多。

5.1.2 企业层面

对于企业来说，其缺少相应的治理环境风险内生动力。企业是我国市场经济中的重要主体，在发展的过程中过分强调对经济利益的追逐，因此对环境风险治理工作严重缺乏参与的积极性和动力。企业往往在具体的生产活动中仅过于强调收益与成本等方面的分析。要做好环境保护工作必然要求企业积极引入各种绿色生产设备、工艺，完善应急处置方案，而这些也的确在客观上要求企业要增加投入。而且更为重要的是，就企业而言，其资金是有限的，而在短期之内在控制环境风险方面的投入，是很难收到成效的。因而很多企业会认为治理环境风险工作会增加企业成本、降低企业的利润，无法为其经济利益的实现提供有效的支持。由此在面对各类环境风险、隐患过程中，很多企业往往会以消极甚至不作为的态度应对。其次，我国环境风险防范与治理相关法律不健全，对企业缺乏震慑力。当前，我国相关法律法规不健全，主要表现为两个方面：一是企业对环境风险进行防控缺乏法律依据。比如，开展风险评估是进行环境风险预防与治理的前提，虽然原环境保护部出台了环境风险预估的技术方法，并要求运用到各个企业中，但是这些要求缺少法律规定，没有被强制使用，从而一些企业不愿意自觉执行。再比如，现有的法律法规对“企业的有关设备正常运行多年后要进行定期排查治理环境安全隐患”缺乏强制性规定。二是对违法企业处罚力度轻。甚至存在“企业污染，国家买单”的现象，发生了污染事故后本该由企业承担的环境整治成本最终用纳税人的钱买单。这就使得一些企业为了自身的利润，而冒险选择不符合安全生产条件的策略，为环境突发事故埋下了隐患。比如 2010 年紫金矿业的铜酸水渗漏事故就与相关监管部门的排查治理不力有关，事故最终造成了大量网箱养鱼死亡，河段受到了极大的污染。在紫金矿业责任事故还没有完全追究清楚的情况下，股票反而在不断上升，而这一现象的主要原因之一是由于投资者认为污染事件的巨大赔偿金额不需要企业来赔偿。而对比发达国家，一般都建立了对污染肇事企业的“严厉刑罚”约束机制。例如，2010 年 4 月墨西哥湾漏油事故发生后，BP 公司为此付出了巨额罚款的代价。截至 2016 年 7 月，BP 公司为这场美国史上最严重的漏油事故支付的罚款已经达到 616 亿美元[①]。巨额的赔偿使英国石油和其他相关产业不得不立刻采取相应的改革举措，以防悲剧重演。

5.1.3 公众个人层面

频频发生的各类环境群体性事件促使民众环境维权意识的觉醒。他们越来越希望可以参与到环境风险治理工作中来。但是不可否认的是，我们还尚未制定完善的政策制度以确保民众得以顺利地参与环境风险治理工作。而这种情况的客观存在，又进一步加大了政府管理的封闭性，削弱了民众的监管力度。总之，当前我国虽然付出了较大的成本用于环境治理工作，但取得的效果并不理想。

5.2 我国环境风险治理存在问题的主要原因分析

5.2.1 缺乏环境风险防范意识

是否具备敏锐的环境风险防范意识已经成为能否在这个环境风险频发的现代社会中有效进行环境风险防范和治理的重要前提[②]。但是，当前我们不管是地方政府还是民众都普遍缺乏必要的防范风险意识。根据我国的文化传统能够很容易地发现相应的思想根源。

我国有着上下五千年的历史文化，为人类留下了光辉的文化遗产。有很多思想至今还对人们的行为以及价值观产生深远的影响。这种影响有积极的也有消极的，对于消极的影响主要体现在应急管理方面，其使得人们的防范风险意识始终很薄弱。

（1）受古代“天人感应”思想的影响——听天由命。

这一思想给古人带来了巨大的影响。董仲舒主张“丰”和“灾”分别是上天对于统治者褒奖和惩罚的信号。在“天人感应”这一理论指导下，统治者证实了其合法的统治性，强调统治者的统治是顺应天命，代表天命的，从而稳定统治者的政权。而民间百姓也将“天意”置于至高无上的地位之中，即认为天意就是这样，其在警告自己要听天由命。对于积极的影响主要体现在人们始终尊崇自然以及客观规律，然而从消极的影响这一角度来看，其导致了人们在灾

① BP 又被罚款 25 亿美元 它已为美国史上最严重漏油事故花了 616 亿美元[EB/OL] [2016-07-17] https://www. jiemian. com/article/748912. html

② 黄庆桥. 以科学的态度认识风险[N]. 文汇报，2005-11-11.

难来临时，缺乏相应的应对风险的潜在意识。

（2）受古代政治文化的深刻影响——依附心态。

在根深蒂固的“王权至上”以及“长幼尊卑”等理论影响下，国人生活于“臣属型”的文化氛围之中，即表现出强烈的依附心态。主要表现在人们失去了解决有关风险的能力以及意志。对于现实生活中来说，只要发生了相应的灾难，人们就不会自行处理，默默地等待政府机构进行救治，他们认为这些事情应该是由国家来处理的。

（3）受我国传统“吉祥文化”的影响——忌讳风险。

对于我国来说，吉祥文化根深蒂固，并表现出其独树一帜的文化内涵，或者应该说这一种文化代表着人们对于未来以及未知的惧怕。百姓们打心底里不想面对或许存在的风险，忌讳风险，希望一切顺顺利利、平平安安，这已经变成了一种普遍的现象，从而使得人们防范风险的意识完全丧失。

5.2.2 理性经济人的自利性

（1）政府的自利性导致对企业违法行为的监管不力。根据公共选择理论，政府不仅代表着公共利益，同时也因理性经纪人的自利性会追求地方利益及组织利益，所以，可能会对企业制造环境风险、污染环境的行为视而不见，甚至会利用手中的权力和掌握的信息引导企业对其进行“寻租”行为。

（2）企业的自利性导致只追求利润最大化而忽视对环境风险的防控。企业加强环境风险防范，势必要增加投入，增加成本，而短期内这些投入不会有明显的成效，尤其是在当前“违法成本低，守法成本高”的怪圈下企业本能地选择忽视环境风险的防范与治理。

（3）公众的自利性导致只重视眼前利益和个人利益，对参与监督缺乏积极性。公众理性经济人的特性使得公众通常只注重眼前利益与个人得失，因此对企业的某些不会触及自己的眼前利益的环境违法行为漠不关心，另外很多人觉得只要别发生在我家就行，缺乏对企业环境风险监督的积极性。

5.2.3 缺乏引导多主体参与环境风险治理的制度体系和有效机制

很多国家在治理环境风险方面的问题时，通常会由很多主要利益相关人组成一个小组共同治理。Benn 等人（2009）[①]指明了多主体治理环境风险的有关

① Benn S, et al. Governance of environmental risk: New approaches to managing stakeholder involvement[J]. Journal of Environmental Management, 2009(9).

方法，即执行决策、对谈判具体策略进行制定、构建争论网络和社区利益以及清楚所有人的利益。我国目前该方面还有很大的不足，主要原因如下：

（1）对政府人员环境风险责任问责机制不健全。

首先是过于单一的问责主体。当前我国仅以行政机关内部的问责为主，而尚未形成有效的外部监督，特别是社会公众以及司法机关、权力机关的监督，很难充分发挥问责、监督机制的作用，甚至存在互相包庇的问题。其次是问责机制缺乏程序性。纵观我国环境立法工作的基本现状，地方政府存在缺乏有效的政府责任问责相关的流程。对于环境方面的问责工作做得不到位。对于违反法规的官员只背负相应的行政罪名，但是只要风险发生，就会带来无法想象的赔损，所以，从这一方面来说，只从行政这一角度进行问责显然是不合理的。

中共中央、国务院于 2015 年 8 月份出台了《党政领导干部生态环境损害责任追究办法（试行）》，在这项政策中首次对政府官员因为监管不力对生态环境造成破坏应该承担的责任进行了明确，另外还详细说明了 25 种案例应该进行追责。然而，该政策目前还在试行阶段，另外还要利用试点制定一系列详细的规则，不断地对其进行完善，这样才能够有效地制约政府官员的行为。

（2）对企业的激励约束机制不足。

处罚力度过轻，比如在《安全生产事故隐患排查治理暂行规定》中有规定，如安全监督部门针对事故隐患行为给予警告并处 3 万元以下罚款。而这样的处罚措施，显然与事故所可能造成的损失相比是杯水车薪存。例如，2005 年吉林石化爆炸造成松花江水域严重污染，中石油向环保总局缴纳了 100 万元罚款，但是国家 5 年来累计投入治理费用 78.4 亿元。另外缺乏有效的激励补偿机制，未能够充分发挥宣传带动作用，从而刺激企业重视治理环境风险问题。

（3）缺乏公众参与治理的有效机制。

首先，尚未形成深层次的、制度化的公众参与机制。就当前我国民众参与环境治理的形式来看不难发现，总体上尚处于浅层阶段，过于表面化，仅以宣讲知识，或者举办公众听证会为主。其次，缺乏有效的事前风险沟通的机制。多以事后补救为主，即当发生问题之后，才被动地沟通。比如 PX 群体性事件，就是由于事前缺乏有效的沟通引起的。另外就事后沟通来看，多以经济补偿为主，而很少对民众的心理进行辅导，缺乏人性关怀。

5.3 国外发达国家环境风险治理的经验借鉴

5.3.1 重视安全规划，源头防控风险

以新加坡为例，其为了合理、充分地使用土地资源，政府强制性地把环境管制列入到相应的土地规划中。其不仅要高效合理地使用土地资源，还要兼顾环境保护方面的工作，因此其专门留出部分土地用于建设固废处理以及污水处理等设施。除此以外，根据相应的污染情况把土地划分成以下四类：重污染、一般污染、轻污染以及无污染。因此重污染、一般污染以及轻污染三个用地种类要和居住用地间隔，相应的隔离距离是 500～1 000 米、100 米以及 50 米。另外当公司要选取建设项目的地址时，其必须经过有关部门对其进行环境评估，评估内容有其和周围土地的兼容程度以及对环境带来的影响，在通过评估之后才能够成为相应的项目用地。除此以外，对化工产品的产业链以及布局进行严格的监管。该国拥有 45 个化工园区，裕廊岛是其核心的工业区，其处在新加坡的西南方向，以石油化工产业为主。有关企业符合产业链相应的上下游要求才能够进入工业园区，否则不能进入，有关上下游要求如下，在产业链上游生产出来的产品利用化工管道输送供下游企业使用，从而在很大程度上降低了物料运输中产生的环境风险。

5.3.2 严格环境立法，责任界定清晰

以美国的环境方面的立法为例，其界定责任方有司法部、行政部以及立法部。立法机构由国会领导，它的职责主要为立法，修订法案，监督行政部门处理案件的方式。检察院充分发挥司法部门的作用，积极开展调查司法工作，同时提起法律诉讼；法院可以进行独立审判，从根本上有效减免了媒体以及行政等各方面的影响。行政当局具体可分为三方，即地方政府、州政府以及联邦政府。环保署的工作主要包括全面普查事前、事中可能出现的各种污染源，并列出具体的清单，最后公布于众。向诸如石油化工等行业征收特殊税款，同时环保署有权针对高风险行业所引发的污染事件，征收罚款并要求其修复、清理受污染区域。州和地方政府之间相互监督与制约，共同预防污染持续扩散，其相应的执法机构和消防相联合治理污染。

5.3.3 提高企业门槛，严格赔偿责任

美国于 1976 年出台了《资源保护和赔偿法》，该法律详细地说明了经营有害物质的所有者以及管理者，一定要证明其具有足够的经济能力能够承担由于环境破坏而给受害者造成的损失以及恢复环境，同时要求企业必须持有为期 30 年的有效证明。另外在 20 世纪 80 年代颁布的《超级基金法》详细地说明了企业乱排污染物导致环境破坏的治理计划、赔偿费用以及治理责任，构建了系统的环境事故的有关责任机制以及污染物方面的反映机制，等等。上述制度和重大赔偿责任，有效抑制了环境事故发生的概率，为了不承担巨额赔偿，在生产过程中企业更加注重预防环境风险，并事先制定了管理和治理方案[①]。

墨西哥的钻井平台于 2010 年 4 月 20 日发生了严重的爆炸事件，造成了石油大量的泄漏，从而带来了巨大的经济损失，导致环境被严重破坏。美国政府表示这次爆炸事件是有史以来最恶劣的一次。截至 2016 年 7 月，BP 公司为这场美国史上最严重的漏油事故支付的罚款已经达到 616 亿美元。

此外，除了罚款美国还实施环境补偿政策。即只进行谁污染谁就负责治理是远远不行的，另外还要对环境做出补偿。换句话说就是当有关公司违法以后，除了要履行相应的违法责任以外，还要主动地实施有利于环境的项目。该项目的实施在很大程度上改善了环境。譬如美国规定了 336 项相应的补偿项目，补偿资金高达 2.3 亿美元。另外还有生态环境税收方面的政策，其也能有效地保护生态环境。

5.3.4 重视机制设计，实现社会监管

对于美国来说，其风险监管不只是政府的责任，然而，其事故的发生率是非常低的。这主要是因为政府制定了一个全面的能够让整个社会共同参与监管的体系。如《超级基金法》，该法律强调的就是“连带多方、严格的与可追溯的”责任，如果企业发生了环境污染事故，污染了土地，那么作为抵押品占有这片土地的银行等金融机构以及负责企业环境污染责任保险的公司等相关单位都要承担连带赔偿责任。所以，保险公司以及银行为了保护自身的利益不被侵犯，就会积极地对公司的环境风险方面的工作进行严格的监管，譬如，银行会派遣相应的环境专员来监管公司的风险管理机制；除此以外，相应的保险公司还会雇佣环境专员对企业的风险进行评估，相应地，如果一个企业评估的环境风险

---

① 张英菊. 美国如何提高环境风险治理能力[N]. 学习时报，2016-10-20.

比较高，那么就会增加其保费，因此有关企业就会利用各种手段来减少风险从而减少保费。如此一来，保险公司和银行有效地保证了自身的经济利益不受侵犯，同时也完成了政府的环境风险管理的目的。

5.3.5 强制信息公开，推进公众监督

美国颁布的《美国应急计划和社区知情权法案 1986》中明确地规定，企业要如实公示自身排放污染物量，尤其是有毒污染物，要进行详细说明。因此这让公民详细地了解了有关企业的排放数据，因此他们也能够对相应的企业实施严格的监督。相应的 NGO 和环境保护组织也会将相应的企业根据其排放数据排序，对于排名靠前的公司，其信誉就会降低，因此其就会减少排放量。另外，公民还会要求政府进一步加强对环境的管理，倘若政府没有满足人们的愿望，那么在选取的时候就会反对他们。

另外，英国也很关注公布风险信息方面的工作，推进公众参与风险评估，为公众参与提供很多便利和渠道。英国从国家层面到社区层面都要根据风险评估编制《风险登记簿》，要公开接受社会公众的评论和监督，并承诺合理的建议会在后期的风险登记簿里面进行体现。

5.3.6 加强风险评估，实现信息共享

英国十分关注预测环境风险方面的工作，构建相应的风险评估方面的数据库，从而提升自身的防范风险的能力。详细说来，有关协调小组参照紧急响应小组给出的评估结果从而制定出相应的治理方案，另外还要公之于众。基于相应的数据库系统，技术支持部门和风险管理部门会对其进行完善，从而制定相应的处理方案，大大降低发生环境事故的概率，减少损失。

5.3.7 重视宣传教育，培育风险文化

日本于 1993 年颁布的《环境基本法》中强调了环境传播的重要意义。除此以外，还出台了大量的法律条文，来强化环境宣传。有关法律明确提出：在公司和学校等场所进行相应的环境教育。再比如环境厅在 20 世纪 90 年代左右就专门开展了一系列环境方面的活动，加强环境教育工作，组织开展“综合环境学习示范区事业”等一系列环境方面的活动。自 1995 年起还建立了“儿童生态俱乐部事业”，其有效地培育了儿童的环境保护方面的意识。通过各种各样的方式提升了人们的环保意识，在风险来临时能够应对自如。

5.4 生态文明视角下我国环境风险治理的路径选择

5.4.1 政府要完善环境风险治理的法律、制度及机制

（1）增强政府的环境风险意识与责任意识，高度重视环境风险防范与治理。

戴维·奥斯本在《改革政府》一书中曾经说过“有预见的政府要做的根本事情之一就是要使用少量的钱预防而不是花大量的钱治”[①]。

党的二十大报告，在第十章“推动绿色发展，促进人与自然和谐共生”中提出“严密防控环境风险”，这是历次党代会首次将环境风险写入报告，这也说明党中央已经开始关注到了环境风险防控对于环境保护的重要性。

所以，各级政府要从根本上意识到治理环境风险的核心作用，就像习近平总书记说的：“地方政府要不断贯彻落实新理念，意识到‘绿水青山就是金山银山’。”[②]

统筹发展和安全，各级政府要不断强化风险意识及环境意识，制定完善环境风险方面的政策法规，并做好环境风险防控的监管工作，从根本上规避由于环境风险演变成的环境突发事件。

（2）加快转变经济增长方式，从源头上减少环境风险。

积极调整产业结构，明确科学发展观，不断贯彻落实科创机制，对我国的经济布局进行合理的优化，显现出绿色经济的各种长处，将环境风险扼杀于摇篮之中。加大取缔、淘汰高排放、高耗能以及产能落后的企业的力度，从根本上减少这些企业所带来的环境风险，除此之外还应该全力推进诸如节能环保、新能源等新兴产业的发展。第一，推动科技创新。根据国内外经济目前的发展状况和十八届五中全会上制定的创新、绿色、协调、开发、共享发展的五大发展理念，我国现如今应该注重科技创新，尤其是加大关键技术的研发利用度，具体包括：治理污染；开发新能源；循环利用资源；开展能源节约；生态修复；等等。切实把创新思维融入企业的发展策略之中，全方位提升企业的综合集成创新能力。第二，健全产业结构，全力提升传统产业的科技含量，积极推进先进制造业以及新兴产业的发展，不断优化产业结构，合理布局、壮大服务业。坚定不移地淘汰掉产能落后的产业，全面提升基础产业、基础社会产业的发展质量。以清洁低碳、开发绿色能源作为未来发展的目标，通过各种方式推动能

① [美]戴维·奥斯本，特德·盖布勒. 改革政府[M]. 周敦仁，等译. 上海：上海译文出版社，1996.

② 中共中央宣传部. 习近平总书记系列重要讲话读本[M]. 北京：学习出版社，2016.

源开发的进程，让非化石能源、可再生能源以及清洁能源得到充分的利用，优化能源消费结构的质量。第三，加快绿色产业的发展。契合消费者的需求，全方位推广节能环保产品，夯实环保产业的发展基础。积极主动引进节能环保工程技术，不断完善市场机制，从而刺激投资增长。以市场为立足点，全面完善政策机制，从而释放其无限发展潜力，全面提升环保服务水平、技术含量，并积极挖掘潜在的经济价值。第四，推动循环经济。融入农业、服务业等多种行业的具体要素，构建循环工业，真正意义上地实现对资源产出率的优化。充分发挥再生资源回收体系的作用，切实做好废弃物的回收再利用以及分类回收垃圾等相关工作，树立循环经济模范单位，发挥模范带头作用，使社会各大企业在典范的作用下自觉投入经济循环的建设过程中，构建资源重复使用体系。

（3）建设更加完备的治理环境风险的体制①，为环境风险治理提供法律依据及制度保障。

第一，强化立法。即契合治理环境风险的需要，完善立法，依法明确规定生产者、运输者、仓储保管者和监管者在环境风险防范与治理过程中各方的法律责任和义务，建立形成完整的法律责任体系。第二，要充分发挥地方政府的作用，加快建设科学决策的力度。明确评估环境风险的程序并贯彻实施，在此基础上做出重大项目的决策工作，从而提高项目决策的科学性。第三，全面完善环境风险责任追究制度。特别是要充分发挥有关部门的作用，切实做好监管工作。明确监管不力或者未能切实做好风险防范以及人员风险决策失误等行为的惩处方式。早在 2013 年，习近平总书记就提出了关于全面加强集体学习，全面推进生态文明建设的基本要求。他指出要加大追究那些不从环境的实际状况出发，随意制度决策，导致严重后果发生的领导的责任②。2017 年 2 月国务院出台了《关于划定并严守生态保护红线的若干意见》，其中进一步明确指出“对造成严重的生态环境和资源浪费的单位，不论责任人身居何职，都严格要求终身追究责任”。第四，积极探索合理的环境风险治理的市场环境政策，只有这样才能充分发挥市场环境政策的作用，为地方环境治理工作的顺利进行保驾护航。结合欧美国家在治理环境风险所取得的相关经验，相较于“命令—控制”的传统型治理工具而言，基于市场的治理型工具在实际的应用过程中具有效率高、成本低以及扩散快、创新技术等优势。同时也正是因为具有此优势，市场环境

① 张英菊．环境风险治理的主体、原因及对策[J]．人民论坛，2014（26）．

② 习近平．习近平谈治国理政[M]．北京：外文出版社，2014．

政策工具在环境风险治理中的广泛应用也就成了一种必然趋势。在实际操作过程中，政府有必要综合各方面因素的考量，制定出完善的政策手段，具体需要考虑的因素主要包括以建设生态文明为核心，充分发挥经济政策的作用，具体可制定出诸如排污权交易制度、生态补偿以及环境税费、水权交易等相关制度。以向经济主体提供利益作为动力，分析制度的优缺点，进行权衡统筹，来达到所追求的目标，经济主体做出决策是根据市场信号为指导的，而不是制定明确的管控方法规范人们决策的。[①]

（4）增强战略思维，提前对未来可能发生的环境风险进行预判。

“图之于未萌，虑之于未有”。防范环境风险，不仅要关注当前的存量风险，还要对未来可能产生的环境风险进行预判，并提前采取应对措施。例如，对于新技术发展带来的环境风险要进行积极防范。习近平总书记在 2019 年 1 月份在中央党校举办的省部级主要领导干部“坚持底线思维，着力防范化解重大风险”研讨班上提出“加快科技安全预警监测体系建设，围绕人工智能、基因编辑、医疗诊断、自动驾驶、无人机、服务机器人等领域加快推进相关立法工作”。的确，新技术给人们的生活带来便利的同时也给人们带来了未知的风险。例如，由于中国的新能源汽车行业已经发展到了一定水平，人们使用动力蓄的频率和需求量也越来越大。很多废弃的动力蓄电池，没有受到妥善处置和价值最大化利用将造成难以逆转的环境污染。中国汽车技术研究中心数据显示[②]，2020 年我国动力蓄电池累计退役量约 20 万吨，2025 年累计退役量约为 78 万吨。为保障电池回收，工信部 2018 年发布了《新能源汽车动力蓄电池回收利用管理暂行办法》，要求汽车生产企业应承担动力蓄电池回收的主体责任。截至 2019 年年底，全国 27 家新能源汽车生产企业在江苏省设置了 698 个回收网点，但当前动力蓄电池回收市场仍存在多重难题。如果不能提前预判这些风险并且采取有效应对措施，当风险转化为突发环境事件将会造成重大损失和环境破坏。

一是建立风险领导小组，强化部门协调，建立部门协作定期风险研判机制，定期研判新产业、新技术发展可能对环境带来的风险。强化事前预防和事中、事后监管。

二进行政策制定、工艺设计、行业规划以及市场推广之前都必须进行风险评估。在评估风险的过程中要重复考虑到新技术在实际使用时对环境产生的影

① 沈满洪. 生态文明制度建设：一个研究框架[J]. 中共浙江省委党校学报，2016（1）.

② 央视新闻网，约 20 万吨新能源汽车电池退役 如何避免“爆发式污染”[EB/OL] [2021-04-13]https://baijiahao. baidu. com/s?id=1696922227286185331&wfr=spider& for=pc

响，考虑到一切潜在的、可能的风险，充分实行风险预估机制。

三是要构建集预见性、专业性、全面性以及科学性于一体的公共安全智库，能够准确有效地预见未来一段时间内可能发生的情况，提前为可能发生的问题做出预防性措施。

（5）培育社会风险文化，提高全社会的风险意识及应急能力[①]。

政府不仅要提升对风险的预防程度，还要督促各个社会成员能够意识到风险预防的重要性，并增强人们面对风险的沉着冷静，形成一种风险防范的氛围，让人们能够尽量降低人们产生危险行为的频率，让问题发生时产生的影响更小，危害程度更低。大量事件说明，事故产生时影响大小的程度不仅和事故的破坏大小相关，还和社会及公众危机意识及应急能力有很大关系[②]，和社会风险意识的建立有关。在危机发生时如果人们具有风险防范意识就会大大降低风险的破坏强度。“9·11”事件就给世人上了很好的一课，当时世贸中心聚集着几万人，造成3000人伤亡。事件发生后，所有的人都听从“靠右行走”的这一指令，有纪律、有秩序地疏散，因此很多人幸存下来。曾经在英国伦敦地铁爆炸案的产生时，人们的沉着冷静的特点以及秩序井然的疏散活动让世界各国人民为之震惊。而且日本发生的“3·11”特大地震以及地震之后的核泄漏、海啸问题，都让我们看到了其国民在危急关头展现出的沉着冷静的特点值得世界各国人民学习。这些结果都是发达国家在日常生活中对国民的不断教育，进行社会风险意识的灌输，并定期进行逃生训练的结果。

5.4.2 提高企业进行环境风险治理的自觉性

（1）加强舆论宣传，提高企业的社会责任感。

毋庸置疑，企业必须投入大量的资金用于改进设备、升级工艺等措施强化防范环境风险。但是，我们依然可通过回收废物以及提高原材料的利用率等方式，节约生产成本。更为重要的是切实控制好环境风险，有利于减少发生各类环境突发事故的概率，减少环境事故，从而减少对环境的破坏以及经济等各方面的损失。而且，环境事故发生少的企业，更容易赢得广大消费者的信任。从企业的角度而言，一方面保护了环境、节约了资源，契合了21世纪生态文明的发展需求，另一方面也是履行自身社会责任应有的题中之义，值得我们给予应

---

① 张英菊. 提高我国公众危机意识及应急能力[N]. 学习时报，2015-10-8.

② 张英菊. 大连市应急文化建设现状及对策——基于调查问卷的实证研究[J]. 大连干部学刊，2015（12）.

有的关注和重视。

（2）企业要明确治理环境风险的主体地位，提高环境风险治理能力[①]。

第一，企业应结合自身经营发展的实际情况，建立健全一套符合企业发展实际情况，符合生态文明建设一般要求的环境风险评估、排查、治理机制，并通过逐层分解将责任落实到每一个人的头上。同时企业还应制定预警监测体系，以此为基础实现对环境风险的及时预警。第二，环境风险的防控也同样是降低企业整体风险的必然选择，不仅要采取相应的方式方法预防环境事故的发生，同时也要通过不断的培训和学习，提升企业应对环境风险的应急处理能力。第三，必须从环境风险防范工作的一般性规律出发，在全企业范围内开展安全培训教育工作，让风险防范意识深入到每一个员工的心中。

（3）以优惠政策为激励，引导企业自主研发技术改造。

公共经济学中政府对于环境进行管制的思路有两类：一类是对污染企业进行征税，其次就是对环保企业采取补贴和鼓励的思路。因此，应通过树立典型、广泛宣传、物质奖励和精神激励并重的方式，引导企业自主研发生态环保技术，推动企业的技术升级和技术改造工作。

5.4.3 引导公众积极参与环境风险的监督与治理

（1）树立社会主义生态文明观。

党的十九大提出“要牢固树立社会主义生态文明观”。树立社会主义生态文明观，提高公民的生态文明素质、促使公众积极参与环境风险监督与治理的出发点。要构建生态文明观念，构建生态文明环境，进行生态观念教育，提倡绿色消费，让人们的生态文化素养得到提高，不仅要意识到自己的生态权利，还要意识到自己的生态义务，按照环境保护的相关规定行动，自觉为生态文明建设做出贡献。

（2）提高公众的环境风险意识与责任意识。

我们必须认识到，只有公众广泛地参与到环境风险的监督和治理工作中来，才能够保证工作的效果，因此我们有必要通过包括网络在内的多种渠道，广泛开展群众生态观念教育力度，特别要加强人民群众对生态环境的负责的态度。如今人们思想观念中环境意识相关的主要表现在自己的权力方面，只关注自己的权利是否受到侵犯，但是并没有意识到自己要对环境负责。只有当人们都意

---

① 张英菊．提高地方政府环境风险治理能力[J]．领导决策，2014（2）．

识到自己对环境的责任之后，才能实现人人在意识的指导下做出保护环境的行动。此外，学校必须在课堂上加强对环境保护的相关教育。加强对保护环境的宣传教育，可以为生态文明建设工作提供更为理想的社会舆论环境。如日本在该领域就做得非常出色，日本大力推广环境文化建设工作，并通过多种方式将生态环保理念渗透在民众生活的方方面面，从而使得该国国民自觉地提升了环境保护意识，为环境风险的防控工作的开展奠定了良好的群众基础。

（3）对公众参与环境治理的途径加以进一步的明确。

针对这一问题，在薛澜等人[①]发表的论文中强调，公众参与程度的高低，直接决定了环境风险防范的最后结果。所以，中国必须要制定人们在环境保护方面必须履行的职责的相关法律条例，明确每个人需要在环境保护方面开展的行为。举例来说，必须要增加风险评估机构的数量，改善环境保护相关工程的环境，这些环境保护项目必须由政府部门、专家、业主等主要由人民群众广泛参与，规定风险评估的详细过程，完善切实可行的风险评估系统，呼吁更多的群众加入到风险评估的过程中来，建立完善的风险评估报告的相关法律政策[②]。此外，构建长期有效的环境风险的沟通体系。从根源上就建立透明的信息制度，构建即时信息公布平台，让人民群众能够及时了解风险环境项目工程的进度和有关信息；要明确风险沟通过程中人民大众在其中的意义，不仅要让公众参与还要能够及时沟通，并不单单由政府来公布相关信息，要建立双向沟通的机制，让人民群众能够发表自己在风险评估方面的意见，对人们的意见及时予以反馈，安抚人民群众的心情，让人民与政府之间建立一种信任的关系，让人民能够对风险政策感到满意。通过切实有效的措施，为公众和政府之间的沟通途径的畅通提供支持，以合作、互信的方式共同参与到环境风险治理中来，形成良性的互动。最后，环境信息公开也同样是保证公众积极参与进来的有效途径。我们必须认识到，只有政府和企业真正意义上地尊重广大社会群众在环境风险方面的知情权之上，才可以确保人民的监督作用起到良好的效果。举例来说，美国在 2010 年发生上大煤矿矿难以后，国民利用“透明数据”（TransparencyData.com）和 Data.gov 等网站发现了矿难产生的原因，导致矿难的直接原因是煤矿公司钻

---

① 薛澜，董秀海．基于委托代理模型的环境治理公众参与研究[J]．中国人口·资源与环境，2010（10）．

② 姜晓萍，夏志强，李强彬．社会治理创新发展报告（2015）[M]．北京：中国人民大学出版社，2015．

了申诉制度的空，使自身的关闭时间一拖再拖，并不是因为政府部门的监管不力；此外该公司还利用政治民主在权力机构加入自己的代言人，让公司能够尽可能延长寿命。不仅如此，网友们在研究上大煤矿的过程中偶然发现一个名称为卢比煤矿的公司同年被监管部门警告的次数更多。因此政府在次年着重关注卢比煤矿的作业过程，加大了管理力度。在这一事件的解决中，美国群众在其中发挥了重要的监督作用，这和美国信息制度的开明有很大关系。我国近年来也在积极建立公众有奖举报激励制度，2021 年生态环境部通报了十起生态环境违法行为举报奖励案例，如第一起案例中，天津市生态环境局根据《天津市环境违法行为有奖举报暂行办法》和《天津市全面排查整治危险废物专项行动方案》的有关规定，给予举报人 20 万元奖励。

（4）风险沟通过程中要重视对公众的人文关怀。

要使公众支持治理环境风险等相关工作，其中最为重要的就是做到“人文关怀”。比如在修建各类公共设施时，一定要充分考虑是否对民众的生活产生负面影响，特别是否会对群众的生命健康，生活环境等造成不利影响，只有这样才能使政府所投建的各类公共设施真正造福于社会，从而获得广大人民群众的支持。学者将当地民众反对政府建设可能影响他们健康、环境或者经济利益的行为称为“邻避行动”（Not In My Back Yard）。有的人觉得只要有足够的金钱作为支持，所有的问题都可以迎刃而解，这种想法是极其错误的。人们不仅仅关注经济理性，他们还会关注价值理性和科学理性①。这就要求政府一定要充分结合各方面的因素，进行合理的考量。总之，针对各种问题，一定要“对症”地采用各种措施，才可以从根源上消除人们的邻避情结，这样才能确保社会秩序的安全稳定。比如日本、德国等政府在兴建公共设施时，会结合设施所可能给附近民众带来的负面影响，给予一定的物质补偿，同时提供免费的诸如游泳馆、图书馆等服务设备，这些都充分体现了人文关怀，让人们的价值理性得到满足。

5.5 本章小结

本章针对第 4 章提出的第一个问题，忽视事先的风险防范与系统治理，提出要提高我国环境风险治理的能力。首先在生态文明视角下从政府、企业和公众个人三个主体以及思想观念、制度保障和实践行为三个维度分析了现阶段我

---

① 张乐、童星.“邻避”行动的社会生成机制[J]. 江苏行政学院学报，2013（1）.

国环境风险治理工作中存在的一系列问题，分析了其中的原因，包括缺乏环境风险防范意识和责任意识，理性经济人的自利性驱使以及环境风险防范的制度体系和机制不完善。其次，在本章重点介绍了国外发达国家在环境风险治理方面的有益经验。最后，从政府、企业以及公众个人三个方面分别提出提高我国环境风险治理能力的路径。

6　建立基于“应对灾种—储备单位—资源目录”三级架构的城市应急物资储备标准指引

6.1　应急物资储备的应对灾种指引——以突发环境事件为例

以突发事件种类为线索对市级专项应急预案进行研究，基于各类突发事件风险评估及应对时的应急物资需求，按照“保一线、保急需、保重点”的原则，结合各单位的储备现状和现实要求，研究建立了应急物资储备的应对灾种指引，回答了各类突发事件应急物资“储什么、储多少、怎么储”的问题。

应对灾种指引关于应急物资的种类和数量的确定主要有以下三个依据（见图 6.1）：

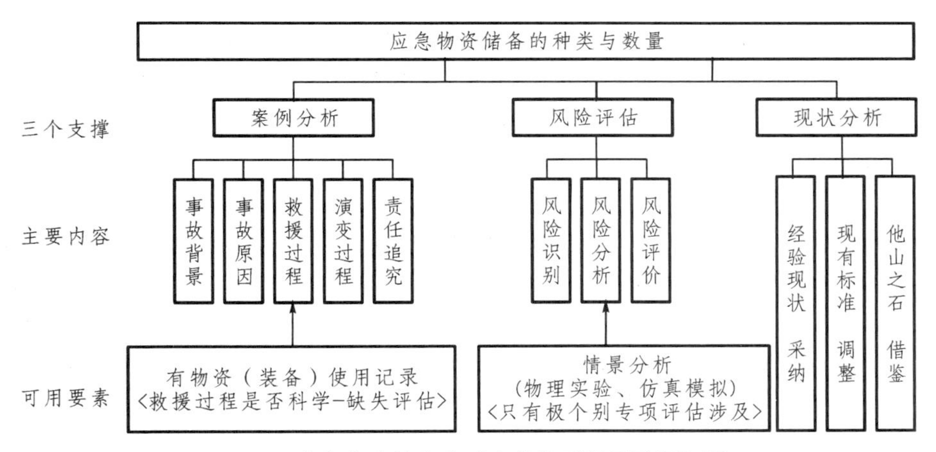

图 6.1　应急物资储备应对灾种指引的思路框架图

一是案例分析。参考国内外典型事故案例处置过程中使用的应急物资的种类和数量，指导城市相关灾种应急物资的储备。

二是风险评估报告。参考城市现有的突发事件风险分析的结果，针对高风险事件重点进行物资储备；根据风险评估结果的分析指导应急物资储备的种类和数量；根据风险分布的地域特点，指导物资的分布。

三是现状分析。在已有国家及相关行业标准的基础上结合城市的实际情况进行引用；对于实际运行情况良好的部门储备经验进行总结吸收；对于其他地方应急物资的先进储备经验进行借鉴。在此基础上广泛征求市级应急指挥部牵头部门（单位）及各区有关部门的意见，结合书面反馈意见对物资的种类和数量进行了修改和完善。

基于以上思路和方法，本研究以深圳市为例，基于深圳市的 48 个专项应急预案（应对灾种）研究制定了 48 个应急物资储备标准灾种指引。下面以《深圳市突发环境事件应急物资储备标准指引》为例进行阐述。

6.1.1 风险分析

1. 突发环境事故概况

根据《深圳市公共安全（事故灾难类）环境污染与生态破坏风险评估专项报告（2016）》对突发环境事件类型进行的分类，深圳市突发环境事件主要有以下 7 种类别：

（1）水体污染事件。

突发环境事故会引起城市的日常用水遭到污染；临海地区的海水由于陆地污染或者船舶污染导致水质变差；出现赤潮现象；危险废物以及化学污染物污染水质；化学厂由于爆炸或者火灾等事故导致污染物质进入受纳水体；工业污染物过量排放。

（2）大气污染事件。

污染物质如危险废物、化学物质等由于运输过程中的缺乏管理导致大范围泄漏等事件产生，引起环境污染；企业排放的工业废气过量，导致空气质量下降。

（3）土壤污染事件。

有毒物质进入土壤中造成污染；矿物油进入土壤的量超标；重金属污染物进入土壤。

（4）不可抗力因素导致的环境破坏。

（5）危险废物贮存、运输、处置过程发生或人为因素、自然灾害导致的危险废物污染事件。

（6）放射性物质泄漏导致人民群众的安全受到危害。

（7）其他类型的环境污染事件。

最近几年，深圳市共发生偷排废水的突发环境事件以及火灾、交通事故和安全生产事故等突发事件引起的次生环境污染事故共计 10 起，具体如表 6.1 所示。

表 6.1　近年来深圳市突发环境事件汇总表

序号	发生时间	事件名称	事件类型	原因	应急措施
1	2012 年 5 月 11 日	深圳宝安机场空港油库汽油泄漏	汽油泄漏引起的次生污染事故	生产安全事故	现场清理油污，污染消除
2	2013 年 1 月 15 日	坪葵路废酸非法倾倒路面环境应急事件	有毒有害物质污染	废酸非法倾倒	现场清理完毕，污染消除
3	2013 年 3 月 18 日	宝安大道福海路口交通事故环境应急	交通事故引起的次生污染事故	交通事故致化学品泄漏	现场清理完毕，污染消除
4	2013 年 5 月 13 日	机荷高速平湖出口交通事故环境应急	交通事故引起的次生污染事故	交通事故致化学品泄漏	现场清理完毕，污染消除
5	2013 年 7 月 4 日	盐龙大道龙城交通事故致化学品原料泄漏事件	交通事故引起的次生污染事故	交通事故致化学品泄漏	现场清理完毕，污染消除
6	2013 年 11 月 8 日	福田南山片区空气异味环境应急	香港火灾引起的次生污染事故	火灾致空气异味	预警和信息披露
7	2014 年 6 月 1 日	宝安区松岗新泰思德工业园火灾环境应急	火灾引起的次生污染事故	化学品外泄	现场收集清理，污染物转运处置
8	2015 年 4 月 16 日	宝安区西乡桃源科技园偷排废水应急处置	废水非正常排放污染事故	色粉倾倒	现场中和沉淀
9	2015 年 7 月 3 日	盐田区盐葵路柴油车侧翻泄漏事件应急	交通事故引起的次生污染事故	交通事故	现场清理油渍
10	2015 年 11 月 22 日	宝安区 107 国道松岗高架桥油罐车侧翻泄油事故	交通事故引起的次生污染事故	交通事故	油污清理

2. 突发环境风险评估结果

根据《深圳市公共安全（事故灾难类）环境污染与生态破坏风险评估专项报告（2016）》对深圳市环境状况以及生态破坏情况进行了研究，发现深圳市主要的环境污染活动主要包括 13 项风险源，分别为：（1）饮用水源保护区遭受污染；（2）垃圾填埋场污染；（3）危险化学品事故引发污染；（4）河流遭受污染；（5）海水遭受污染；（6）水上垃圾污染；（7）菜场遭受污染；（8）自然保护区生态破坏；（9）地质公园生态破坏；（10）风景名胜区生态破坏；（11）森林生态破坏；（12）危险废物处置不当引发污染；（13）垃圾焚烧发电引发污染。具体风险评估结果如表 6.2 所示。

表 6.2　深圳市环境污染和生态破坏风险评估等级

序号	具体名称	风险特征简述	风险等级
1	饮用水源保护区遭受污染	深圳共有 31 个水库划定饮用水源保护区，面积近 400 平方公里，分为一级保护区和二级保护区。其中东深供水-深圳水库保护区面积最大，为 58.98 平方公里。部分饮用水源保护区内有一定数量的工业企业、社区、果园或有道路穿越的情况，可能影响饮用水源安全	中等
2	危险化学品事故污染	危险化学品生产及储存过程中发生的爆炸、泄漏等事故可能造成环境次生灾害。危险化学品车辆或者船舶在运输过程中发生的爆炸等事故可能影响周围环境敏感目标，引发污染	中等
3	垃圾填埋场污染	垃圾转运过程中的撒漏以及填埋场运营过程中产生的二噁英和恶臭污染物可能对大气环境污染产生一定的影响，填埋场产生的垃圾渗滤液可能对水环境污染产生一定的影响，填埋场产生的沼气亦有可能引发爆炸。同时，填埋场还存在沼气爆炸风险，影响人员伤亡和财产损失	中等
4	河流遭受污染	深圳市的主要河流包括深圳河、茅洲河、观澜河、龙岗河和坪山河。这些河流的氨氮、总磷等水质指标超过国家地表水Ⅴ类标准，河流污染严重，甚至部分水体黑臭。这些流域的人口和工业企业数量多，生产生活污水排放量大，污水收集和处理系统不完善，氮、总磷排放量超出环境容量数倍，水质达不到目标要求	低等
5	海水遭受污染	近年来，深圳市西部海域水质并不能达到我国规定的海水水质第四级要求，其主要的污染源有活性磷酸盐以及无机氮；每年都有发生海域赤潮污染事件，但赤潮发生面积有降低的趋势，赤潮污染容易导致鱼类等水生动物由于呼吸困难而死，还会由于释放有毒物质而对环境造成污染，并破坏生态系统	低等

续表

序号	具体名称	风险特征简述	风险等级
6	水上垃圾污染	深圳市辖区水域包含9个流域、160多条河流、242座水库以及珠江口海域和4个海湾。水上垃圾主要来自船舶垃圾、市区河涌排放的生活垃圾、雨水冲刷流入的垃圾以及可能偷倒入海的建筑垃圾，污染水环境	低等
7	垃圾焚烧发电引发污染	深圳市的发电厂包括妈湾电厂、老虎坑垃圾焚烧发电厂、南山垃圾焚烧发电厂、盐田垃圾焚烧发电厂、平湖垃圾焚烧发电厂一期、二期以及东部垃圾焚烧发电厂。垃圾转运过程中的撒漏以及电厂运营过程中产生的二噁英和恶臭污染物可能对大气环境污染产生一定的影响	低等
8	菜场遭受污染	深圳市较大的菜场主要有甲子塘菜场、楼村菜场、石井菜场、牛湖菜场、新曲菜场、金龟菜场。根据2015年土壤监测结果，菜篮子基地总体土壤等级为2级，综合污染指数为0.72，污染等级尚清洁。菜篮子基地周边有少量企业和建筑，可能对菜场土壤保护存在威胁	低等
9	自然保护区生态破坏	深圳市的自然保护区包括内伶仃岛—福田自然保护区、大鹏半岛自然保护区、田头山自然保护区、铁岗-石岩湿地自然保护区。存在外来生物入侵、病虫害、森林火灾的风险，造成生态破坏	低等
10	地质公园生态破坏	深圳国家地质公园总面积150平方公里，以古火山和海岸地貌为特征，地带性植被代表类型为热带季雨林和亚热带常绿林，是中国典型的岬湾式海岸地貌。存在生物入侵、森林火灾风险以及盗伐乱伐毁林现象	低等
11	风景名胜区生态破坏	梧桐山国家级风景名胜区为国家级风景名胜区，面积为31.82平方公里，分为主入口景区、凤谷鸣琴景区、梧桐烟云景区、碧梧栖凤景区、生态保护区、封山育林区、东湖公园景区、仙湖植物园景区八大景区，有刺桫椤、穗花杉、白桂木、土沉香、粘木等珍稀濒危植物和蟒蛇、鸢、赤腹鹰、褐翅鸦鹃、穿山甲、小灵猫等国家重点保护野生动物。存在生物入侵、森林火灾风险以及盗伐乱伐毁林现象	低等

续表

序号	具体名称	风险特征简述	风险等级
12	森林生态破坏	2015年，深圳市森林面积82915公顷，森林覆盖率41.52%，其中有梧桐山国家森林公园、羊台山森林公园、马峦山郊野公园、三洲田森林公园、塘朗山郊野公园、光明森林公园、观澜森林公园、松子坑森林公园、五指耙森林公园、南湾郊野公园、嶂背郊野公园、凤凰山森林公园等10余个森林郊野公园。存在生物入侵、森林火灾风险以及盗伐乱伐毁林现象	低等
13	危险废物处置不当引发污染	深圳市有13家危险废物处置管理机构，其中拥有深圳市医疗废物收集处置许可资质的机构有一家，拥有深圳市危险废物收集许可证资质的机构有4家，拥有省级综合处理危险废物经营许可资质的机构有8家。设施包括两座处理规模达80万立方米的危险废物安全填埋场、两座危险废物焚烧工程、一座医疗废物集中处置中心、多套危险废物集中利用处理处置设施。垃圾在转运过程中发出恶臭，引发空气污染，对周边群众健康造成影响	低等

由以上风险分析可知，深圳市突发环境事件不存在极高和高风险等级事件，主要为中、低等级风险，应急物资主要针对处置中、低风险的突发事件类型进行储备，同时针对我市突发环境事件风险源较多的特点，在应急物资储备中应加强预防监测检测设备的储备。

6.1.2　应急物资储备现状分析

1. 应急物资储备现状

按照环境应急响应职责分工，深圳市人居环境委从应急指挥、应急监测和污染处置三个方面加强了应急物资储备以更好地做好应急响应。

（1）应急指挥方面。2009年，市人居环境委安排财政资金160万元采购了各式防化服、耐酸碱筒靴、全面罩、防护目镜等个人防护指挥通信对讲设备一批，基本满足了参与应急响应的行政人员在事故现场的个人防护需求，并保证了应急指挥的信息通迅畅通。2011 年，市人居环境委以大运生态环境提升行动为契机，投入 220 万元建成一套应急指挥系统。包含应急响应、实时通信指挥、应急管理、地理信息系统（GIS）、PDA 终端、应急知识库等子系统，该系统实现了污染事故现场与远端指挥中心视频、图片和文字信息的实时传送，提高了应急指挥决策信息传递速度和效率。

（2）环境应急监测方面。市人居环境委投资 2 190 万元建成以中控站、指挥系统、应急车为基础的“三位一体”的环境灾害应急监测系统，建成了包括环境空气、河流水质和污染源在内的在线自动监测系统和在线监测数据监控中心，初步形成了覆盖全市的监测预警网络。市环境监测站按照高质量建设标准先后投入近 1 000 万元建成了先进的环境应急监测体系，其硬件包括了 3 台污染现场应急监测专用车，购置了一批针对大气、水和土壤等环境要素中可实现污染物快速检测的环境应急监测设备一批。2011 年，市人居环境委再次投入 410 万元采购了一辆防毒气体污染（正压）应急监测车和随车仪器设备一批，进一步提高环境应急监测能力。

（3）污染应急处置方面。市人居环境委主要采取以购买服务的方式委托市内 5 家危废处置企业承担污染应急处置任务。按照市政府市应急办要求，由这 5 家企业根据自身业务特长组建了 5 支污染处置专业队伍，采取以自身建设为主财政支持为辅完善了相应的污染处置能力和应急物资储备建设。深圳市现有经省环保厅核发危险货物处理资质的公司有深圳市深投环保科技有限公司、深圳市东江环保股份有限公司、深圳市绿绿达环保有限公司、深圳市龙善环保科技实业有限公司、深圳市宝安区工业废物处理站、深圳市金骏玮资源综合开发有限公司等 13 家公司，资质能力处置 34 万吨，35 大类，总计有 70 多辆车。2011 年，市人居环境委申请财政资金 500 万元采购了防化应急车一台，配套了一批检测设备和个人防护装备，该防化应急车专门参与各类污染事故现场救援，目前该车辆委托深圳市深投环保科技有限公司管理。

近 5 年来，经受委托公司的申请并通过专家评估，市人居环境委在环保专项资金中拿出近 1 000 万元资助对 5 家环境应急处置单位进行有针对性地购置了一批应急处置物资储备，使深圳市污染处置能力得到了较大的提升，基本能够应对深圳市的突发环境事件。目前，5 支专业应急队伍的建设情况如表 6.3 所示。

表 6.3　现有专业应急队伍概况

序号	队伍名称	队伍概况
1	深圳市突发事件环境应急监测专业队	在省环境检测中心的技术指导下，负责深圳市应急监测工作的具体组织实施，队员 19 人，由有机室、无机室、自动室、大气室、水室、生态室、核监室等专业科室，现有应急车辆 7 台，各类仪器 95 台套，能较好满足各类环境突发事件的监测
2	深圳市深投环保科技有限公司环境污染应急救援队伍	现有专业处置人员 50 名，包括专家组成员 7 名，由教授级高工、博士后、博士及研究生等专业技术人员组成；现场管理人员 4 名；专业处置人员 39 名。应急救援任务主要包括：多次协助环保、公安、消防、海关、法院、打私办、安监等执法部门，查处、封存及处置各类违法危险化学品，处理多起危险化学品泄漏和环境污染事故。深圳市环境污染事件的应急准备与响应，事故现场应急处理，包括堵漏、控制事故区域、分析、清洗、收集、运输以及废物处理等环节，保障环境安全中承担着重要作用。对确定排除了核辐射、生化污染、爆炸等因素的突发环境污染事件都具备应急处置能力，应急响应范围为深圳市，并可协助省内其他地区开展突发环境污染事件应急行动
3	东江环保股份有限公司沙井基地环境应急救援队	东江环保股份有限公司沙井基地环境应急救援队由具有丰富的危险化学品处理经验的工程师 8 名、应急救援人员 30 名组成，共 38 人，拥有应急指挥车一台、槽车/厢式货车等各类危险货物运输车辆 44 台、环保检测设备和仪器二套、进口自给式空气呼吸器 5 套、A 级防化服 5 套、发电机 2 台、自发电耐腐蚀水泵、自发电照明灯、堵漏工具、拦油绳、吸污棉等应急救援物资一批，并随时备有沙包、石灰、片碱、次氯酸钠等化学药品可投入应急抢险。可对危化品类别 1、2、7 类以外的危险化学品进行处理处置
4	深圳市绿绿达环保有限公司环境污染应急救援队	现有应急救援队员 25 人，其中处理有机溶剂类化学品工程师 5 名，应急指挥车一台，各类危险货物运输车辆 10 台，配备专业监测设备仪器、应急物资，专业收集处理各类有机溶剂（HW42、HW41、HW08、HW49）等污染物
5	龙善环保污染应急救援队	现有队员 35 人，危险废物运输车 12 辆，海上油污清理专业船只 7 艘，油类清污应急物资一批，专业处理水环境各类油类污染

此外，深圳市深投环保科技有限公司作为我市污染现场处置核心力量，该公司陆续投资 1138 万元配备了应急救援车辆、应急物资和应急设备和个人防护装备一批，并自筹资金 2141 万元建立了 6000 平方米的分检和应急物资仓库。该公司圆满完成了 2009 年龙岗河溢油污染、2012 年机场空港油库油料泄漏、2012 年盐田港码头化学品泄漏处置等多起突发事件环境应急任务。同时，该公司多次协助教育、公安、消防、海关、法院、打私办、安监等部门处理多起危险化学品泄漏和环境污染事故，查处、封存及处置各类危险化学品事件近千起，配合相关执法部门查处、代扣、销毁了含氰化物的剧毒化学品 600 多吨，其他危险化学品 7000 多吨。

通过相关走访、调研分析，深圳市的突发环境事件以化学药剂泄漏和运输事故为主，应急处置的物资分配在不同资源保障部门，机械设备不多，以运输设备及防护用物资为主，应急处置主要采取向第三方购买服务的形式进行。

2. 现有标准分析

根据《关于印发〈全国原环境保护部门环境应急能力建设标准〉的通知》(环发〔2010〕146 号)与《关于加强环境应急管理工作的意见》(环发〔2009〕130 号)的要求，经梳理总结，深圳市原环境保护部门应急物资基本配备标准要求见表 6.4（市按照省二级标准、区按照地市二级标准）。

表 6.4　市、区环境应急物资硬件装备基本配备标准

类别		指标内容	序号	市级建设标准	区级建设标准
环境应急指挥系统	固定平台	应急指挥平台、综合应用系统的服务器及网络设备	1	1 套	1 套
		视频会议系统和视频指挥调度系统	2	1 套	1 套
	移动指挥通信系统	车载应急指挥移动系统及数据采集传输系统	3	2 套	1 套
		便携式移动通信终端	4	4 套	2 套
应急交通工具		应急指挥车	5	2 辆	1 辆
		应急车辆	6	1 辆/4 人	1 辆/4 人
		高性能应急检测车	7	1 辆	自定
		多功能水上（近海）快艇	8	自定	自定

续表

类别	指标内容	序号	市级建设标准	区级建设标准
应急防护装备	气体致密性化学防护服	9	4 套	2 套
	液体致密性化学防护服或粉尘致密性化学防护服	10	10 套	5 套
	应急现场工作服（套）	11	2 套/人	1 套/人
	易燃易爆气体报警装置	12	4 套	2 套
	有毒有害气体检测报警装置	13	4 套	2 套
	辐射报警装置	14	4 套	2 套
	医用急救箱	15	1 套/人	1 套/2 人
应急防护装备	应急供电、照明设备	16	2 套	1 套
	睡袋	17	6 套	4 套
	帐篷	18	3 套	2 套
	防寒保暖、给氧等生命保障装备	19	1 套/辆高性能越野车	自定
应急调查取证设备	高精度 GPS 卫星定位仪	20	1 台/辆车	2 台
	激光测距望远镜	21	自定	自定
	应急摄像器材	22	3 台	1 台
	应急照相器材	23	6 台	2 台
	应急录音设备	24	6 台	4 台
	防爆对讲机	25	8 台	6 台
	无人驾驶飞机及航拍数据分析系统	26	自定	自定

依据以上标准并结合实际情况，深圳市市级环境应急能力建设基本达到省二级标准，各区（新区）也可按照地市二级环境应急能力建设标准逐步完善物资配备，其中，龙华区、坪山区、光明新区、大鹏新区等后期成立的区应及时、高效、快速地应对突发环境事件。

6.1.3 突发环境事件应急物资储备标准指引

根据上述分析，深圳市应按照国家和广东省相关标准、规定要求，结合实际，按照表 6.5 的标准实施应对突发环境事件的基本应急物资配备储备。

表 6.5　市、区环境应急物资硬件装备基本配备储备

应急物资种类	序号	应急物资名称	数量	
			市级	区级
1.1.3 地质灾害监测	1	高精度 GPS 卫星定位仪	1 台/辆车	2 台
1.1.5 环境监测	2	易燃易爆气体报警装置	4 套	2 套
	3	有毒有害气体检测报警装置	4 套	2 套
	4	便携式多种气体分析仪	1 台	1 台
	5	便携式气相色谱仪	1 台	1 台
	6	便携式分光光度计	1 台	1 台
	7	便携式多功能水质分析仪（最低 5 项目）	1 台	1 台
	8	应急检测箱	2 套	1 套
	9	便携式流速测量仪	1 台	1 台
	10	油分测定仪	1 台	1 台
	11	发光细菌毒性检测仪	1 台	1 台
	12	自动采样设备（无人机）	1 台	自定
	13	水质采样器	2 套	自定
	14	快速分析测试纸或试剂包（最低 10 项目）	10 包	2 包
	15	便携式重金属精密测量仪器（XOF、极谱仪）	1 台	自定
	16	车载式重金属精密测量仪器（原子吸收仪）	1 台	自定
	17	非重金属项目车载仪器（流动流射仪）	1 台	自定
	18	测油仪（推荐无需萃取直接测量的设备）	1 台	自定
	19	工业气体与化学战剂分析仪	1 台	自定
	20	传器型气体分析仪（至少 10 项日常量气体监测）	1 台	自定

续表

<table>
<tr><th rowspan="2">应急物资种类</th><th rowspan="2">序号</th><th rowspan="2">应急物资名称</th><th colspan="2">数量</th></tr>
<tr><th>市级</th><th>区级</th></tr>
<tr><td rowspan="8"></td><td>21</td><td>傅里叶红外 FTIR
（多种气体同步微量分析）</td><td>1 台</td><td>自定</td></tr>
<tr><td>22</td><td>便携式气相色谱质谱
分析仪 GC-MS
（多种气体同步痕量分析）</td><td>1 台</td><td>自定</td></tr>
<tr><td>23</td><td>便携式大气采样器</td><td>5 台</td><td>2 台</td></tr>
<tr><td>24</td><td>便携式色质联用分析仪
（含吹扫捕集、顶空进样器及
清洗系统）</td><td>1 台</td><td>自定</td></tr>
<tr><td>25</td><td>应急监测指挥车</td><td>1 辆</td><td>自定</td></tr>
<tr><td>26</td><td>空气质量监测车</td><td>1 辆</td><td>自定</td></tr>
<tr><td>27</td><td>水质污染监测车</td><td>1 辆</td><td>自定</td></tr>
<tr><td>28</td><td>核与辐射监测车</td><td>1 辆</td><td>自定</td></tr>
<tr><td rowspan="3">1.1.7 观察测量</td><td>29</td><td>激光测距望远镜（选配）</td><td>自定</td><td>自定</td></tr>
<tr><td>30</td><td>应急摄像器材</td><td>3 台</td><td>1 台</td></tr>
<tr><td>31</td><td>应急照相器材</td><td>6 台</td><td>2 台</td></tr>
<tr><td rowspan="2">1.2.1 现场照明</td><td>32</td><td>应急供电、照明设备</td><td>2 套</td><td>1 套</td></tr>
<tr><td>33</td><td>防爆照明灯</td><td>10 具</td><td>5 具</td></tr>
<tr><td rowspan="2">1.3.1 有线通信</td><td>34</td><td>应急指挥平台、综合应用系统
的服务器及网络设备</td><td>1 套</td><td>1 套</td></tr>
<tr><td>35</td><td>视频会议系统和视频指挥
调度系统</td><td>1 套</td><td>1 套</td></tr>
<tr><td>1.3.2 无线通信</td><td>36</td><td>防爆对讲机</td><td>8 台</td><td>6 台</td></tr>
<tr><td rowspan="5">1.3.3 网络通信</td><td>37</td><td>车载应急指挥移动系统及数据
采集传输系统</td><td>2 套</td><td>1 套</td></tr>
<tr><td>38</td><td>便携式移动通信终端</td><td>4 套</td><td>2 套</td></tr>
<tr><td>39</td><td>应急指挥车</td><td>2 辆</td><td>1 辆</td></tr>
<tr><td>40</td><td>应急车辆</td><td>1 辆/4 人</td><td>1 辆/4 人</td></tr>
<tr><td>41</td><td>防寒保暖、给氧等生命
保障装备</td><td>1 套/辆高性
能越野车</td><td>自定</td></tr>
</table>

续表

应急物资种类	序号	应急物资名称	数量	
			市级	区级
1.4.1 陆地运输	42	危化品槽罐车	-	自定
	43	危化品厢式货车	-	自定
1.4.3 水上运输	44	多功能水上（近海）快艇	自定	自定
1.4.4 空中运输	45	无人驾驶飞机及航拍数据分析系统	1 套	自定
1.5.3 气液压动力	46	空压机	1 台	1 台
2.1.3 化学与放射	47	气体致密型化学防护服	4 套	2 套
	48	粉尘致密性化学防护服与液体致密型化学防护服	10 套	5 套
	49	应急现场工作服	2 套/人	1 套/人
	50	防毒面具	30 具	30 具
	51	防护靴	4 双	2 双
	52	防化靴	4 双	2 双
2.1.5 通用防护	53	正压式空气呼吸器	2 套	1 套
	54	安全帽	100 顶	50 顶
	55	反光衣	50 件	30 件
	56	雨衣	30 件	20 件
2.2.5 通用工具	57	正压式排烟机	1 台	1 台
	58	电动防爆风机	1 台	1 台
	59	水上救生设备	10 套	自定
2.3.2 院前急救	60	医用急救箱	1 套/人	1 套/2 人
2.4.1 临时住宿	61	睡袋	6 套	4 套
	62	帐篷	3 套	2 套
3.4.1 堵漏作业装备与材料	63	快速堵漏器材	2 套	1 套
3.4.3 污染物处理	64	木糠	自定	50 袋
	65	抽油泵	2 台	1 台
	66	抽水泵	1 台	1 台
	67	洗消设备	1 套	1 套

续表

应急物资种类	序号	应急物资名称	数量	
			市级	区级
	68	活性炭	自定	50 袋
	69	围油栏	1200 米	150 米
	70	化学吸油棉	50 箱	30 箱
	71	吸油棉/毡	40 箱	30 箱
	72	化油剂	50 桶	20 桶
	73	防溢推车	5 个	2 个
	74	岸滩围油栏	1800 米	自定
	75	岩石收油机	套	自定
3.6.3 核应急响应	76	辐射报警装置	4 套	2 套
	77	便携式 χ、γ 辐射剂量仪	1 台	自定
	78	α、β 表面污染测量仪	1 台	自定
3.6.6 危险化学品处置	79	防化应急车	1 辆	自定

备注：

1. 应急物资种类按照国家发改委印发的《应急保障重点物资分类目录（2015年）》进行分类。

2. 第 34 项“综合应用系统与应急指挥平台”是指由环境应急物资储备信息系统、环境风险源基础信息系统构成的环境应急平台体系，可以共享、集成环境相关信息，是沟通各级环境保护部门应急平台、政府相关部门应急平台的桥梁，此外该平台达到国家应急平台的标准。

3. 第 35 项“视频指挥调度系统与视频会议系统”，区级应设置视频会议终端、网管系统、视频音频切换控制系统（通常超过 64*64）及相关设备（例如扩音设备、扬声器、摄像机）多点控制单元（MCU）；市级应设置视频会议终端、网管系统、视频音频切换控制系统（通常超过 128*128）及相关设备（例如扩音设备、扬声器、摄像机）多点控制单元（MCU）。

4. 第 37 项“数据采集传输系统与车载应急指挥移动系统”是指实现固定指挥平台与应急指挥车信息通信的移动指挥通信系统，具有数据传输设备、图像音频视频数据收集设备、无线通信设备、电子办公设备，通常安装在应急指挥车上。

5. 第 38 项“便携式移动通信终端”是指能够实现车载指挥系统与固定指挥平台的数据传输的具有数据传输功能、音频图像数据采集功能、无线通信功能的可随身携带的通信设备。

6. 即使条件再恶劣，移动指挥通信系统都应能完成后方指挥与事故现场的通信。

7. 第 39 项“应急指挥车”是指印有“环境应急”的移动指挥车辆，具备数据采集传输系统与应急指挥系统。市级的应急指挥车容纳人数应超过 7 人。

8. 第 40 项“应急车辆”通常标有“环境应急”，车辆种类比较复杂，包括高性能越野车、低性能越野车、商务车，若城市道路状况较差，应储备较多的高性能越野车和低性能越野车。

9. 第 41 项“给氧、保暖、防寒等生命保障装备”包含野外炊具、氧气瓶、采暖炉、防寒服。

10. 第 44 项，“多功能水上（近海）快艇”，可用于保护大规模水域的环境安全，是原环境保护部门必备的应急装置，通常标有“环境应急”。

11.第 45 项“无人驾驶飞机”指的是具备数据传输系统与航拍数据分析系统的不载人飞机，具有航拍功能，专业人士通过自身程序或无线电遥控设备操控无人驾驶飞机。

12. 第 47 项“气体致密型化学防护服”和第 48 项“粉尘致密型化学防护服或者液体致密型化学防护服”指的是具有无线电通信、呼吸防护、身体防护的装备，目前国内此类装备的生产标准为《化学防护服的选择、使用和维护》（AQ/T 6107—2008）、《防护服装 化学防护服通用技术要求》（GB 24539—2009）。

13. 第 49 项“应急现场工作服（套）”是指标有“环境应急”的一般应急现场工作服，包含面镜、护目镜、口罩、手套、帽子、鞋子、衣服。

14. 第 60 项“医用急救箱”应包含：速效救心丸、医用剪刀、三角巾、碘伏、纯棉弹性绷带、酒精棉片、防水创可贴等多项急救用品。

15. 第 68 项“活性炭”，除考虑一般活性炭的配备外可适当配备活性炭纤维毡，同时应采用实物储备和协议企业实物储备（生产能力储备）相结合的方式，以处置因饮用水水源地、河流及一定范围的海域污染做拦截、吸附应急使用。

16. 第 72 项“化油剂”，由于化油剂的使用年限通常为 3-5 年，因而各企业应结合自身生产需要储存化油剂，并与供销商或者生产商签署购买协议，实现随需随买。同时考虑到深圳水源地及河流的敏感性，配备环保型化油剂，采用新一代生物型环保清洗技术，快速消除海洋、港口、江湖河流等水域溢油污染以及船坞、输油管线等各类石油、石油产品泄漏污染，将溢油迅速乳化分解，利用微生物代谢过程彻底降解溢油，修复被污染生态环境。

17. 本表格各指标规定的应急装备的数量与种类均为基础配置，各城区应当依据现实状况提升应急装备的质量与规模。对于较大的突发环境事件，主要采取以购买服务的方式委托市内5家危废处置企业承担污染应急处置任务。

6.2 应急物资储备的储备单位指引

通过对各突发事件应急处置任务进行系统梳理，以应急任务责任主体划分应急物资责任储备单位，通过统筹优化明确各单位应急物资储备种类和数量，回答了“谁来储”“储多少（优化）”的问题，建立了应急物资储备的储备单位指引。

本书通过借鉴国内外应急管理先进经验，梳理我国部分城市（北京、上海、广州、深圳等一线城市及部分二线城市）已经发布的专项应急预案，从应急物资储备的角度提炼出了37个应急任务模块，这37个任务模块基本涵盖了城市四大类突发事件的主要处置任务，并且是相互独立的，可以在不同的专项预案和部门之间进行独立的封装。从应急任务的角度对市级应急指挥部的牵头单位（部门）的应急物资储备标准进行研究，可以很好地解决全市应急物资储备的优化统筹问题。

6.2.1 应急任务集分析

通过对城市专项应急预案的系统性分析，我们发现同一个职能部门在不同的专项应急预案中所承担的应急任务基本相同。例如，对于市卫计委来说，不论是在哪个专项应急预案，都要承担“医疗救援”这项应急任务；对于市交委，要承担“道路清障”和“运力保障”这两项应急任务；等等。那么，市级专项预案所涉及的职能部门的所有应急任务就形成了一个应急任务的全集。不同的专项应急预案只不过是这些应急任务模块的不同排列组合，如图6.2所示。本研究借鉴国际先进应急管理经验、国内应急管理相关政策文件以及市级专项应急预案对城市突发事件的应急任务全集进行深入研究，再基于应急任务及任务的承担部门的关联关系研究应急资源储备标准的储备单位指引。

在本研究中，应急任务是指城市里各职能部门和企事业单位、社会组织等根据各自的职能和应急职责，在突发事件的预防、预警、监测、处置及善后等过程中承担的应急指挥、抢险救援、事后恢复、后勤保障、技术支持等类型的应急工作。应急任务根据突发事件种类的不同而不同。《中华人民共和国突发事件应对法》对突发事件进行了详细的说明，依据事件类型将其分成事故灾难类、自然灾害类、公共卫生类和社会安全类突发事件。一般来说，我国各城市均按照突发事件的类型，组建了相应的专项应急指挥部，承担应急决策、指挥以及协调等应急任务；各职能部门和企事业单位、社会组织等作为应急指挥部的成员单位，根据其职能及应急职责分别承担相应的应急任务。

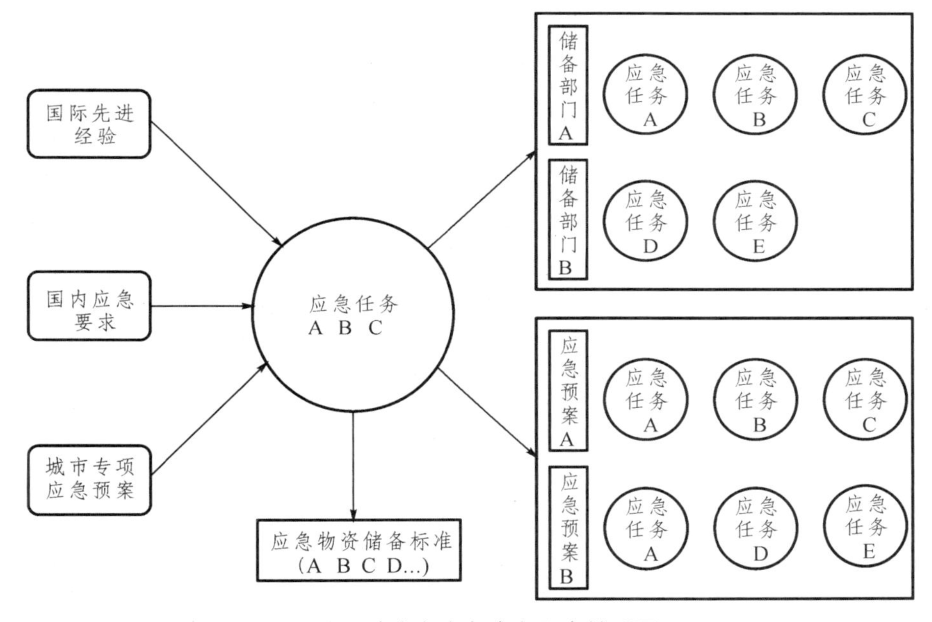

图 6.2 应急任务与应急预案关系图

自然灾害类和事故灾难类突发事件情况复杂，涉及应急响应的部门众多，应急任务种类较多。公共卫生事件和社会安全事件通常涉及的部门较少，相对涉及的应急任务较为简单。因此，本研究针对不同类型的突发事件对其应急任务分别进行分析。

（1）自然灾害与事故灾难类应急任务分析。

现代应急管理要求不管是事故灾难（如火灾、危险物品事故）还是大型自然灾害（如台风、地震），都需要不同单位协调、配合共同完成应急任务。在城市突发事件应急过程中，涉及指挥决策、应急抢险、技术支持、后勤保障等几个主要模块，各个模块承担不同的应急功能，每个模块下面又包含若干应急任务，这些应急任务有机配合，联合行动，才能够高效地处置自然灾害类和事故灾难类突发事件（见图 6.3）。参考国内外应急管理的成功案例，例如美国应急指挥体系（Incident Command System，ICS）应急模块（指挥与处置、计划、后勤、财政/行政）中的具体任务、突发事件处置案例以及多个城市的专项应急预案，本研究从应急物资储备的角度归纳总结出城市应对自然灾害类和事故灾难类突发事件的主要应急任务 30 项。

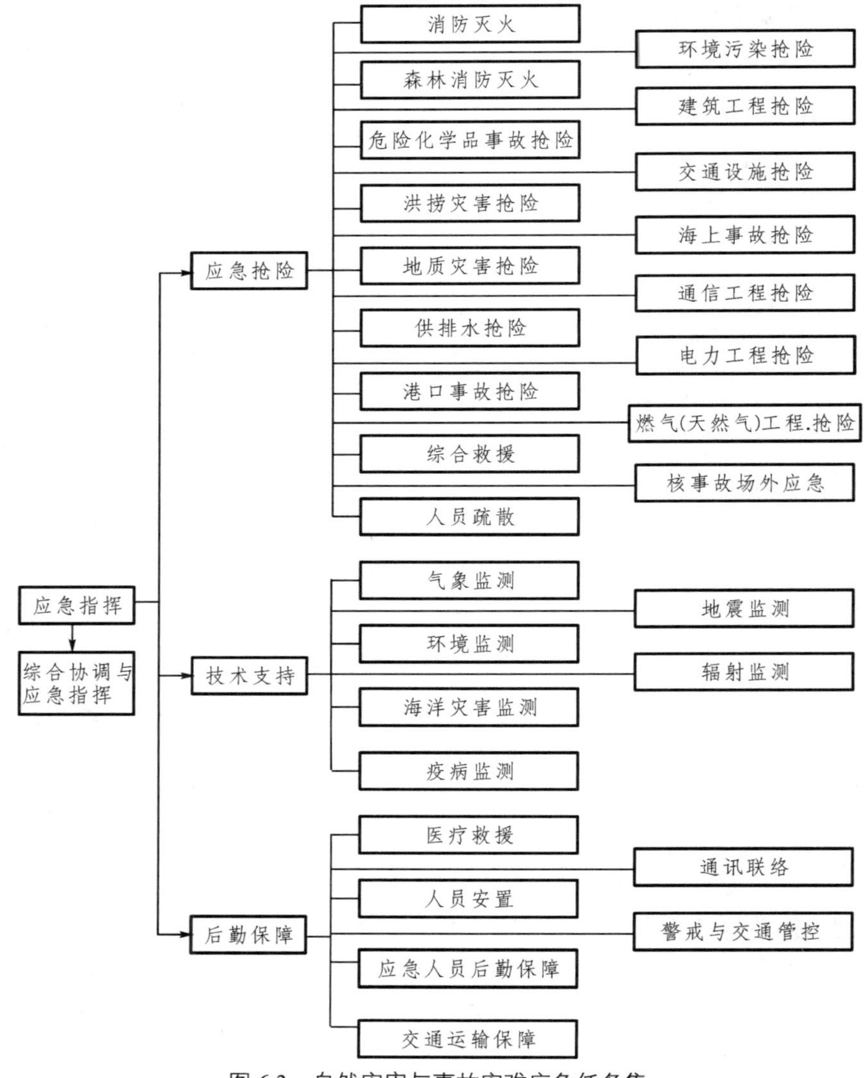

图 6.3　自然灾害与事故灾难应急任务集

（2）公共卫生突发事件应急任务分析。

突然发生的、可能或必然损害人民群众的身心健康的重大食物中毒、大规模原因不明疾病、重大传染性疫情病情称之为突发公共卫生事件，《突发公共卫生事件应急条例》对该类事件进行了详细的说明。此类事件的应急处置过程中，主要的应急任务包括 4 项：疫病监测、动物疫情处置、医疗救援以及传染病控制。其中，疫情监测与医疗救援两项应急任务在图 6.3 中已经列出。

（3）社会安全突发事件应急任务分析。

根据《国家总体应急预案》，涉外突发事件、经济安全事件、恐怖袭击事件均属于社会安全类突发事件。此外，各个省市对社会安全突发事件的范围由于各地情况不一样而定义略有不同。例如，依据《广东省突发事件总体应急预案》，群体性事件、涉外突发事件、信息与网络安全事件、经济安全事件、民族宗教事件、恐怖袭击事件均属于社会安全类突发事件。依据《深圳市突发事件总体应急预案》的规定，社会安全类突发事件的范围进一步扩大，主要包括群体性事件、金融突发事件、信息与网络安全事件、民族宗教事件、刑事案件、恐怖袭击事件、威胁市场安全突发事件、涉外突发事件。群体性事件、金融突发事件、信息与网络安全事件、民族宗教事件、刑事案件、恐怖袭击事件、威胁市场安全突发事件、涉外突发事件。相关专项应急预案均涉密，不在本书研究范围之内。本书以涵盖面比较广的深圳市为例，只关注社会安全类突发事件中的金融突发事件、影响市场稳定突发事件（生活必需品、油、气等的供应）以及网络与信息安全事件这三类突发事件的应急处置任务。金融突发事件的应急任务归纳为金融安全保障；影响市场稳定突发事件的应急任务归纳为生活必需品供应保障、成品油供应保障、燃气供应保障；网络与信息安全事件的应急任务归纳为网络安全保障。总之，本研究将社会安全类突发事件所涉及的主要应急任务归纳总结为以下 5 项：保证金融安全、保证网络安全、保证燃气供应、保证成品油供应、保证生活必需品供应。

综合以上分析，本书共梳理出 37 项主要应急任务，基本可以覆盖城市四大类突发事件的应急处置过程。而且这 37 个应急任务是相互独立的，可以进行自由组合，从而封装成不同的专项应急预案，具有一定的普遍性和实用性。

6.2.2 应急任务与储备单位的关联性分析

承担应急任务的政府部门都是各应急指挥部的成员单位，通过对城市现有应急预案和应急任务的综合分析，进一步梳理出承担应急任务的部门。同时，为完成应急任务，各部门应储备相应的应急物资。应急任务、应急任务承担部门及应急物资主体储备部门由于城市部门设置的不同，会略有不同。本书以深圳市为例，研究了应急任务与储备主体之间的对应关系，如表 6.6 所示。

表 6.6 深圳市应急任务承担部门及应急物资储备主体部门

序号	应急任务	任务承担部门	应急物资储备部门	备注
1	综合协调与应急指挥	市人民政府应急管理办公室	市人民政府应急管理办公室	市总指挥部专用物资由市应急办储备；各专项指挥部专用物资由各专项指挥部各自配备
2	地震监测			
3	核事故场外应急			
4	消防灭火	市公安消防支队	市公安消防支队	
5	综合救援			
6	交通设施抢险	市交通运输委员会	市交通运输委员会	
7	港口事故抢险			
8	交通运输保障			
9	通信工程抢险	市经济贸易和信息化委员会	市经济贸易和信息化委员会	市经济贸易和信息化委员会主要负责应急人员的食物保障
10	电力工程抢险			
11	动物疫情处置			
12	基本生活物资保障			
13	成品油供应保障			
14	网络安全保障			
15	应急人员后勤保障			
16	疫病监测	市卫生和计划生育委员会	市卫生和计划生育委员会	
17	医疗救援			
18	传染病控制			
19	环境污染抢险	市人居环境委员会	市人居环境委员会	
20	环境监测			

续表

序号	应急任务	任务承担部门	应急物资储备部门	备注
21	辐射监测			
22	地质灾害抢险	市规划和国土资源委员会(市海洋局)	市规划和国土资源委员会(市海洋局)	市规划和国土资源委员会负责牵头，具体由各区负责进行储备
23	海洋灾害监测			
24	洪涝灾害抢险	市三防办	市三防办	
25	金融安全保障	市人民政府金融发展服务办公室	无	该任务不涉及应急物资
26	人员疏散	事发单位及事发地人民政府	无	警戒类物资不属于关键物资不在本研究范围之内
27	警戒与交通管控	市公安局	市公安局	
28	森林消防灭火	市城市管理局	森林防火办	
29	海上突发事件应急处置	深圳海上搜救中心	深圳海上搜救中心各成员单位	
30	供排水抢险	市水务局	市水务局	
31	建筑工程抢险	市住房和建设局	市住房和建设局	
32	燃气（天然气）工程抢险			
33	燃气供应保障			
34	危险化学品事故抢险	市安全生产监督管理局	市安全生产监督管理局	
35	人员安置	市民政局	市民政局	
36	气象监测	市气象局（台）	市气象局（台）	
37	通信联络	各部门各自负责	无	通信设备由各部门自行配备和维护，不宜做统一标准要求。

综上所述，深圳市现有的48个专项应急预案中，涉及了37项应急任务，这些应急任务分别由相应的职能部门承担。经分析梳理，涉及应急物资储备的应急部门共有15个（48个专项应急预案的21个牵头部门和单位，其中有6个不涉及应急物资储备，包括市文体旅游局、市人民政府金融发展服务办公室、

市教育局、市地面坍塌防治工作领导小组办公室、市市场和质量监督管理委员会、市口岸办），这 15 个部门的应急物资储备种类及数量在 6.2.3 节案例分析中详细阐述。

6.2.3 案例分析——深圳市应急物资储备标准单位指引

以应急任务责任主体划分应急物资责任储备单位，通过统筹优化明确各单位应急物资存储数量与类型。为完成应急任务，各单位应及时储备所需的应急物资。对 15 个涉及应急物资的牵头单位分别建立应急物资标准。下面以市人居环境委员会为例，分析应急物资储备标准。

市环境污染事故应急指挥部/市突发辐射事故应急指挥部负责处理市内突发辐射事故与环境污染事故。市环境污染事故应急指挥部/市突发辐射事故应急指挥部办公室隶属于市人居委，即市人居环境委员会，对全市环境安全和环境应急管理工作。通过对市相关专项预案的规定进行梳理，市人居委的应急职责主要包括对突发环境事故执行应急指挥协调和污染环境的监测、处置工作。因此，在具体的应急物资储备中要满足环境污染抢险、环境监测和辐射监测的应急工作需要。

根据市人居委的应急任务划分，市人居委应急物资主要包括三部分：一是环境监测类应急物资，二是环境污染抢险类应急物资，三是辐射环境监测与监察机构基本仪器设备。

（1）环境监测类应急物资装备基本储备。

根据《深圳市突发环境事件应急物资储备标准研究报告》的具体分析，市人居委应按照国家和广东省相关标准、规定要求，结合深圳市实际，按照表 6.7 要求进行市、区环境监测类应急物资基本储备。

表 6.7 市、区环境监测应急物资硬件装备基本储备

应急物资种类	序号	应急物资名称	数量	
			市级	区级
地质灾害监测	1	卫星定位仪	1 台/辆车	2 台
环境监测	2	易燃易爆气体报警装置	4 套	2 套
	3	有毒有害气体检测报警装置	4 套	2 套
	4	便携式多种气体分析仪	1 台	1 台

续表

应急物资种类	序号	应急物资名称	数量	
			市级	区级
环境监测	5	便携式气相色谱仪	1台	1台
	6	便携式分光光度计	1台	1台
	7	便携式多功能水质分析仪（最低5项目）	1台	1台
	8	应急检测箱	2套	1套
	9	便携式流速测量仪	1台	1台
	10	油分测定仪	1台	1台
	11	发光细菌毒性检测仪	1台	1台
	12	自动采样设备（无人机）	1台	自定
	13	水质采样器	2套	自定
	14	快速分析测试纸或试剂包（最低10项目）	10包	2包
	15	便携式重金属精密测量仪器（XOF、极谱仪）	1台	自定
	16	车载式重金属精密测量仪器（原子吸收仪）	1台	自定
	17	非重金属项目车载仪器（流动流射仪）	1台	自定
	18	测油仪（推荐无需萃取直接测量的设备）	1台	自定
	19	工业气体与化学战剂分析仪	1台	自定
	20	传器型气体分析仪（至少10项日常量气体监测）	1台	自定
	21	傅立叶红外FTIR（多种气体同步微量分析）	1台	自定
	22	便携式气相色谱质谱分析仪GC-MS（多种气体同步痕量分析）	1台	自定
	23	便携式大气采样器	5台	2台
	24	便携式色质联用分析仪（含吹扫捕集、顶空进样器及清洗系统）	1台	自定
	25	应急监测指挥车	1辆	自定
	26	空气质量监测车	1辆	自定
	27	水质污染监测车	1辆	自定
	28	无人驾驶飞机及航拍数据分析系统	1套	自定

续表

应急物资种类	序号	应急物资名称	数量	
			市级	区级
观察测量	29	激光测距望远镜（选配）	自定	自定
	30	应急摄像器材	3台	1台
	31	应急照相器材	6台	2台
核应急响应	32	辐射报警装置	4套	2套
	33	便携式χ、γ辐射剂量仪	1台	自定
	34	α、β表面污染测量仪	1台	自定
	35	核与辐射监测车	1辆	自定

表格说明：第28项“无人驾驶飞机”指的是具备数据传输系统与航拍数据分析系统的不载人飞机，具有航拍功能，专业人士通过自身程序或无线电遥控设备操控无人驾驶飞机。

（2）环境污染抢险类应急物资装备基本储备。

根据《深圳市突发环境事件应急物资储备标准研究报告》的具体分析，深圳市应按照国家和广东省相关标准、规定要求，结合深圳市实际，按照表6.8要求进行市、区环境污染抢险应急物资的基本储备。

表6.8 市、区环境污染抢险应急物资硬件装备基本储备

应急物资种类	序号	应急物资名称	数量	
			市级	区级
现场照明	1	应急供电、照明设备	2套	1套
	2	防爆照明灯	10具	5具
无线通信	3	防爆对讲机	8台	6台
网络通信	4	车载应急指挥移动系统及数据采集传输系统	2套	1套
	5	便携式移动通信终端	4套	2套
	6	综合应用系统、应急指挥平台的网络设备和服务器	1套	

续表

应急物资种类	序号	应急物资名称	数量	
			市级	区级
网络通信	7	视频指挥调度系统与视频会议系统	1套	1套
	8	应急指挥车	2辆	1辆
	9	应急车辆	1辆/4人	1辆/4人
	10	防寒保暖、给氧等生命保障装备	1套/辆高性能越野车	自定
陆地运输	11	危化品槽罐车	-	自定
	12	危化品厢式货车	-	自定
水上运输	13	多功能水上（近海）快艇	自定	自定
气液压动力	14	空压机	1台	1台
化学与放射	15	气体致密型化学防护服	4套	2套
	16	粉尘致密性化学防护服或液体致密型化学防护服	10套	5套
	17	应急现场工作服	2套/人	1套/人
	18	防毒面具	30具	30具
	19	防护靴	4双	2双
	20	防化靴	4双	2双
通用防护	21	正压式空气呼吸器	2套	1套
	22	安全帽	100顶	50顶
	23	反光衣	50件	30件
	24	雨衣	30件	20件
通用工具	25	水上救生设备	10套	自定
院前急救	26	医用急救箱	1套/人	1套/2人
临时住宿	27	睡袋	6套	4套
	28	帐篷	3套	2套
堵漏作业装备与材料	29	快速堵漏器材	2套	1套
污染物收集	30	抽油泵	2台	1台
污染物处理	31	木糠	自定	50袋

续表

应急物资种类	序号	应急物资名称	数量	
			市级	区级
污染物处理	32	正压式排烟机	1台	1台
	33	电动防爆风机	1台	1台
	34	抽水泵	1台	1台
	35	洗消设备	1套	1套
	36	活性炭	自定	50袋
	37	围油栏	1200米	150米
	38	化学吸油棉	50箱	30箱
	39	吸油棉/毡	40箱	30箱
	40	化油剂	50桶	20桶
	41	防溢推车	5个	2个
	42	岸滩围油栏	1800米	自定
	43	岩石收油机	1套	自定
危险化学品处置	44	防化应急车	1辆	自定

表格说明：

1. 第4项“车载数据采集传输系统与应急指挥移动系统”是在移动车辆上安装的通信系统。它由视频音频图像数据采集装置、无线通信装置、数据传输装置、电子办公设备等主要部件组成，能够将车辆行驶的实时情况传输到固定指挥平台。

2. 第5项中提到的“便携式移动通信终端”是一款使用简单，携带方便的简化版通信设备。同样它保留着普通通信设备最基本的几项功能：数据传输、图像音频采集、无线通信，能够将车辆行驶的实时情况传输到固定平台。

3. 移动指挥通信系统应当做到在有紧急事故或是车辆行驶发生故障时，将车辆与周边情况信息记录并传输到总台。

4. 第6项中“综合应用系统与应急指挥平台”应当符合国家的相关要求与标准，需要与环境应急物资储备信息系统、环境风险源基础信息系统实现信息的有效传递与共享。努力打造一个能够与政府、上下级原环境保护部门的应急平台相互连通的体系。

5. 第7项中所述的“视频会议系统和视频指挥调度系统”根据不同的级别，

有不同的配置要求。市级指挥调度系统应该要配有视频会议终端以及配套外设（主要设备包涵：扩声设备、摄影机、扩音器等）、视音频切换控制系统（其接入容量不得小于 128*128）、网管系统；区级指挥控制系统的配备基本与市级一致，指示对音频切换控制系统的要求降低为接入流量不得小于 64*64。

6. 第 8 项“应急指挥车”要求这些车辆上配备有数据采集与传输系统与便携式应急指挥系统，在车辆指定位置添加“环境应急”标识。市级的应急指挥车须在 7 座以上。

7. 第 10 项“防寒保暖、供氧等生命保障装备”要求在车辆上装载有取暖装置、氧气瓶、野餐的用具、防寒服等等。

8. 第 13 项，“多功能水上（近海）快艇”，主要由管辖领域里有大量水域的原环境保护部门使用，需要在指定位置添加“环境应急”标识。

9. 第 15 项与第 16 项所提及的针对气体、液体、粉尘的防护服，应当做到能对消防人员身体各部位都进行保护、并且安装有与外界联系的通信设备。具体的要求可在国家出台的《化学防护服的选择、使用和维护》（AQ/T 6107-2008）与防护服装化学防护服通用技术要求》（GB 24539-2009）中找到。

10. 第 17 项中提到的“应急现场工作服”主要由衣服、口罩、手套、护目镜、鞋帽等构成，需要在衣服的指定位置印上“环境应急”标志。

11. 第 26 项规定中提到的“医用急救箱”，需要在其中装备有速效救心丸、伤口消毒棉签、医用剪刀、纯棉弹性绷带、人工呼吸隔离面罩、网状弹力绷带、医用塑胶手套、不粘伤口无菌敷料、酒精棉片、防水创可贴、三角巾、压缩脱脂棉等等，再根据具体的需要，添置需要的药品。

12. 第 36 项中提及的“活性炭”，除考虑一般活性炭的配备外可适当配备活性炭纤维毡，同时应采用实物储备和协议企业实物储备（生产能力储备）相结合的方式，以处置因饮用水水源地、河流及一定范围的海域污染做拦截、吸附应急使用。

13. 第 40 项“化油剂”，又称“溢油分散剂”，一般有 3-5 年的保质期，使用部门需要关注其保质期，生产商签署采购协议，在有效期结束前补充新的试剂，保证所使用的产品是安全有效的。同时考虑到深圳水源地及河流的敏感性，配备环保型化油剂，采用新一代生物型环保清洗技术，快速消除海洋、港口、江湖河流等水域溢油污染以及船坞、输油管线等各类石油、石油产品泄漏污染，将溢油迅速乳化分解，利用微生物代谢过程彻底降解溢油，修复被污染生态环境。

14. 表中所列举出现的物品都是最基本的，每个地区可按照实际需求再添置或者加强设备水准。对于大规模的突发环境事件，主要采取以购买服务的方式委托市内5家危废处置企业承担污染应急处置任务。

（3）辐射环境监测与监察机构仪器设备基本储备。

根据《深圳市突发辐射事故应急物资储备标准研究报告》的具体分析，深圳市应按照国家有关标准及相关规定，借鉴其他核技术应用大省的标准、做法，结合深圳市实际，按照表6.9要求对市、区突发辐射事故（兼顾核电站事故）应急物资进行基本储备。

表6.9　市、区突发辐射事故应急物资基本储备

应急物资种类	序号	应急物资名称	单位	数量	
				市	区（新区）
环境监测	1	长杆巡测仪	台	≥3	≥1
	2	综合场强仪	台	≥3	≥1
	3	工频场强仪	台	≥3	≥1
	4	中长短波选频测量仪	台	≥1	自定
	5	电磁辐射选频测量装置	台	≥1	≥1
	6	频谱仪（含天线）	台	≥1	自定
	7	声级计	台	≥2	自定
	8	NO_X分析仪	台	≥1	自定
	9	O_3分析仪	台	≥1	自定
	10	甲醛检测仪	台	≥1	自定
	11	氡气测试仪	台	≥1	自定
	12	VOC气体检测仪	台	≥1	自定
	13	PH计	台	1	自定
	14	电导仪	台	≥1	自定
	15	钾分析仪	台	≥2	1
	16	离心机	台	≥2	1
	17	马福炉	台	≥3	1
	18	粉碎机	台	≥3	2
	19	筛振仪	台	≥2	1

续表

应急物资种类	序号	应急物资名称	单位	数量	
				市	区（新区）
环境监测	20	红外灯/PTC 制样箱	各	≥2	自定
	21	空气中氚前处理	台	≥1	自定
	22	生物样中氚前处理	台	≥1	自定
	23	电热板	台	≥3	2
	24	烘箱	台	≥8	4
	25	水浴箱	个	≥2	自定
	26	纯水装置	台	≥1	自定
	27	灰化炉	台	≥1	自定
	28	炭化炉	台	≥1	自定
	29	TSP 大流量采样器	台	≥3	自定
	30	环境氚采样仪	台	≥3	自定
	31	环境 ^{14}C 采样仪	台	≥3	自定
	32	气溶胶和碘取样器	台	≥4	1
	33	超大流量气溶胶采样器	台	≥2	-
	34	雨水、沉降灰采样器	台	≥4	≥1
	35	综合场强连续监测装置	台	≥1	自定
	36	强力电动搅拌机	台	≥4	自定
	37	电磁搅拌机	台	≥4	自定
	38	热释光读出装置（含退火）	台	≥2	-
	39	无人机辐射测量系统	套	≥4	-
	40	伽马相机	台	≥2	-
	41	无人驾驶飞机及航拍数据分析系统	套	≥1	自定
观察测量	42	测高仪	台	≥3	≥1
	43	测距仪	台	≥2	≥1
	44	1/万分析天平	台	≥5	2
	45	电子天平	台	≥2	1
	46	取证设备（数码摄像机、数码照相机、录音笔等）	套	根据工作需要自定	

续表

应急物资种类	序号	应急物资名称	单位	数量	
				市	区（新区）
有线通信	47	监测信息工作站	个	根据工作需要自定	
网络通信	48	视频会议系统和视频指挥调度系统	套	1	1
	49	远程通信设备	套	≥2	≥1
	50	车载通信、办公设备	套	≥4	≥1
	51	执法和事故应急指挥车	辆	≥2	1
化学与放射	52	应急防护装备	套	≥8	自定
	53	防化服	套	≥3	自定
	54	辐射防护服	套	≥1 000	-
	55	防化手套	双	≥6	自定
	56	防化靴	双	≥6	自定
	57	防化护目镜	个	≥6	自定
	58	碘片	箱	根据工作需要自定	
核应急响应	59	X-γ 辐射剂量率监测仪（环境级）	台	≥6	≥1
	60	γ辐射剂量率仪（防护级）	台	≥8	≥1
	61	α、β表面沾污仪	台	≥3	≥1
	62	X-γ 辐射报警仪	台	≥10	≥2
	63	n-γ 辐射报警仪	台	≥3	≥1
	64	中子测量仪	台	≥2	≥1
	65	氡及氡子体测量设备	台	≥2	自定
	66	氡析出率仪	台	自定	自定
	67	便携式 NaIγ 能谱测量装置	台	≥2	自定
	68	高纯锗γ能谱测量仪	台	≥1	自定
	69	低本底液体闪烁β计数装置	套	≥2	自定
	70	低本底α、β测量系统	套	≥2	1
	71	个人剂量监测系统	套	≥2	1
	72	数字式个人剂量仪	台	≥100	-

续表

应急物资种类	序号	应急物资名称	单位	数量	
				市	区（新区）
核应急响应	73	手脚 α/β 表面污染检测仪	台	≥2	自定
	74	全身 α/β/γ 表面污染检测仪	台	≥3	自定
	75	原子吸收分光光度计	台	≥1	自定
	76	环境 γ 辐射剂量率自动监测系统	台	≥6	1
	77	α 能谱测量装置	台	≥1	自定
	78	连续空气 α/β 气溶胶监测仪	台	≥6	1
	79	智能便携式 α/β 计数器	台	≥1	自定
	80	铀分析仪	台	≥1	自定
	81	镭分析仪	台	≥1	自定
	82	钍分析仪（分光光度计）	台	≥1	自定
	83	核应急现场移动实验室	套	≥1	-
	84	应急监测处置机器人	台	≥2	-
	85	通道式放射性检测系统	套	≥4	-
	86	辐射环境监测采样车	台	≥2	自定
	87	辐射事故应急监测车	辆	≥2	自定
	88	电磁辐射监测车	辆	≥2	自定

表格说明：

1. 表格内容为基本配备储备，有能力的区（管委会）及辐射风险较高的区（新区）可适当提高标准（如南山区、福田区、龙岗区、大鹏新区）。

2. 第 50 项中提到的“办公设备、车载通信”主要涉及数码相机、军用笔记本电脑、便携式打印机、无线上网卡、GPS 卫星定位设备、车载电话、对讲机、传真机、摄像机等；

3. 第 52 项中提到的“应急防护装备”主要有呼吸防护面具（有防护面具、防气溶胶口罩两种）、单独的防护手套、铅眼镜、铅背心、放射性个人剂量报警设备、应急防护服等。

4. 第 54 项“辐射防护服”：主要应对核事故引发的辐射防护，用于烟羽区的人员应急防护。

6.3 应急物资储备的资源目录指引

结合应急物资储备应对灾种指引和应急物资储备标准储备单位指引及各单位反馈意见，在借鉴吸收国家《应急保障重点物资分类目录（2015 年）》物资分类方法基础上，建立了应急物资储备资源目录指引。

《应急保障重点物资分类目录（2015 年）》根据不同事项的重要程度将应急物资分为几类，分别是工程抢险与专业处置类、生命救援与生活救助类及现场管理与保障类。本目录只在物资种类上给出了一般性指导，但是具体的物资储备数量标准并未明确规定。本研究结合城市应急物资储备的实际情况，研究补充和细化，尤其是基于应对灾种指引和储备单位指引中应急物资的数量标准进行基于资源目录的整合和优化。

由于同一种类的应急物资可能在政府的多个部门进行储备，可能在政府部门以实物储备的方式进行储备，也可能由政府的下属单位或者其委托的专业队伍进行储备，以资源目录为索引的应急物资储备指引需要将全市在不同部门储备的同一种类的应急资源进行统筹，以便于在此基础上进行全市范围内的优化，解决应急资源因无法共享而造成的浪费问题。因此，本研究提出了“关联储备部门”的概念，是指为了满足由部门牵头的应急任务的应急处置需要，由其自身进行应急物资储备或者依托其下属单位以及专业应急队伍等进行应急物资储备的所有市、区级政府部门。

应急物资储备的资源目录指引，参考国家《应急保障重点物资分类目录（2015 年）》可将资源分为三个大类：工程抢险与专业处置类生命救援与生活救助类及现场管理与保障类，现场监测、人员安全防护等 16 个种类以及环境监测、卫生防疫等 51 个小类。《应急保障重点物资分类目录（2015 年）》在小类的资源种类上只是列出了一些常用的基本物资。在参考国家目录的基础上要根据本地的实际风险情况进行细化。以深圳市“环境监测”物资为例，结合深圳市的实际风险情况以及资源储备现状，列出了 67 种应急物资（见表 6.10）。应急物资的数量基于前面的应急物资储备应对灾种指引和储备单位指引中的数量进行统筹和优化。如果关联部门的应急物资综合能够满足当前全市应急的需要，就不再增加新的数量，而以现状的物资数量作为储备标准。例如，“易燃易爆气体报警装置”同时在市区级原环境保护部门、海上搜救中心以及住建部门均有储备。其中原环境保护部门储备（24 套）与海上搜救中心储备（30 套）均为政府储备；住建部门燃气突发应急（14 套）及交通应急储备（12 套）均为企业应急队伍储备。一旦城市发生突发环境事件就可以进行全市范围内的调用。

表 6.10　环境监测主要物资储备

<table>
<tr><th>序号</th><th>主要应急物资</th><th>单位</th><th colspan="3">数量</th><th>关联储备单位</th><th>备注</th></tr>
<tr><td>1</td><td>易燃易爆气体报警装置</td><td>套</td><td colspan="3">80</td><td>原环境保护部门、住建部门、交通运输部门、海上搜救中心</td><td>包含检测分析、报警功能</td></tr>
<tr><td>2</td><td rowspan="3">有毒有害气体检测仪</td><td>台</td><td colspan="3">75</td><td>原环境保护部门、水务部门、医疗卫生部门、规土部门、住建部门、海上搜救中心</td><td>用于检测空气中的有毒有害气体浓度</td></tr>
<tr><td>3</td><td rowspan="3">台/值班分队</td><td>一级队</td><td>二级队</td><td>三级队</td><td rowspan="2">安监部门</td><td rowspan="2">危险化学品应急救援队伍配备</td></tr>
<tr><td>4</td><td>4</td><td>2</td><td>1</td></tr>
<tr><td>5</td><td>易燃易爆气体检测仪</td><td>4</td><td>2</td><td>1</td><td>安监部门</td><td>危险化学品应急救援队伍配备</td></tr>
<tr><td>6</td><td>大气监测仪</td><td>台</td><td>4</td><td>2</td><td>1</td><td>安监部门</td><td>危险化学品应急救援队伍配备</td></tr>
<tr><td>7</td><td rowspan="2">水质监测仪</td><td rowspan="2">台</td><td>4</td><td>2</td><td>1</td><td>安监部门</td><td>危险化学品应急救援队伍配备</td></tr>
<tr><td>8</td><td colspan="3">27</td><td>水务部门、规土部门</td><td></td></tr>
<tr><td>9</td><td>水质自动监测站</td><td>个</td><td colspan="3">1</td><td>海洋管理部门</td><td>用于陆源入海污染监测</td></tr>
<tr><td>10</td><td>手持危险化学品分析仪</td><td>台</td><td colspan="3">3</td><td>海上搜救中心</td><td>能对未知液体、固态物品做快速定性分析，数据库 1 万余种，含美国海岸警卫队、EPA 的危险化学品数据库，可实现船载危险化学品进行快速监测，及时发现险情隐患</td></tr>
</table>

续表

序号	主要应急物资	单位	数量	关联储备单位	备注
11	PM2.5 测定仪	套	2	医疗卫生部门	中毒处置类装备
12	便携式多种气体分析仪	台	11	原环境保护部门	
13	便携式分光光度计	台	11	原环境保护部门	
14	便携式多功能水质分析仪	台	14	原环境保护部门、医疗卫生部门、海上搜救中心	最低5项目检测内容
15	气体浓度检测仪	台	10	住建部门	用于燃气突发事件抢险
16	燃气泄漏检测仪	台	10	住建部门	用于燃气泄漏检测
17	色谱分析仪	台	21	原环境保护部门、住建部门	
18	含氧量检测仪	台	3	住建部门	用于燃气突发事件的检测
19	非接触式红外测温仪	台	2	住建部门	用于燃气突发事件的检测
20	风速-温度仪	台	2	住建部门	用于燃气突发事件的检测
21	沼气检测仪	台	4	住建部门	用于燃气突发事件的检测
22	激光甲烷检测仪	台	2	住建部门	用于燃气突发事件的检测
23	噪声分贝仪	台	2	住建部门	用于燃气突发事件的检测
24	便携式流速测量仪	台	11	原环境保护部门	
25	油分测定仪	台	11	原环境保护部门	

续表

序号	主要应急物资	单位	数量	关联储备单位	备注
26	发光细菌毒性检测仪	台	11	原环境保护部门	
27	快速分析测试纸或试剂包	包	30	原环境保护部门	最低10项目检测内容
28	便携式重金属精密测量仪器	台	1	原环境保护部门	XOF、极谱仪
29	车载式重金属精密测量仪器	台	1	原环境保护部门	原子吸收仪
30	非重金属项目车载仪器	台	1	原环境保护部门	流动流射仪
31	测油仪	台	1	原环境保护部门	推荐无需萃取直接测量的设备
32	工业气体与化学战剂分析仪	台	1	原环境保护部门	
33	传器型气体分析仪	台	1	原环境保护部门	至少10项日常量气体监测
34	傅立叶红外FTIR	台	1	原环境保护部门	多种气体同步微量分析
35	便携式气相色谱质谱分析仪GC-MS	台	1	原环境保护部门	多种气体同步痕量分析
36	便携式大气采样器	台	25	原环境保护部门	
37	便携式色质联用分析仪	台	1	原环境保护部门	含吹扫捕集、顶空进样器及清洗系统
38	长杆巡测仪	台	13	原环境保护部门	
39	综合场强仪	台	13	原环境保护部门	
40	工频场强仪	台	13	原环境保护部门	
41	中长短波选频测量仪	台	1	原环境保护部门	

续表

序号	主要应急物资	单位	数量	关联储备单位	备注
42	电磁辐射选频测量装置	台	11	原环境保护部门	
43	频谱仪（含天线）	台	1	原环境保护部门	
44	声级计	台	2	原环境保护部门	
45	NO_X分析仪	台	1	原环境保护部门	
46	O_3分析仪	台	1	原环境保护部门	
47	甲醛检测仪	台	1	原环境保护部门	检测甲醛浓度
48	氨气测试仪	台	1	原环境保护部门	检测氨气浓度
49	VOC 气体检测仪	台	1	原环境保护部门	
50	PH 计	台	1	原环境保护部门	
51	电导仪	台	1	原环境保护部门	
52	钾分析仪	台	12	原环境保护部门	
53	筛振仪	台	2	原环境保护部门	
54	红外灯/PTC 制样箱	各	2	原环境保护部门	
55	空气中氚前处理	台	1	原环境保护部门	
56	生物样中氚前处理	台	1	原环境保护部门	
57	环境氚采样仪	台	3	原环境保护部门	
58	环境 ^{14}C 采样仪	台	3	原环境保护部门	
59	综合场强连续监测装置	台	1	原环境保护部门	
60	无人机辐射测量系统	套	4	原环境保护部门	
61	伽马相机	台	2	原环境保护部门	用于辐射监测

续表

序号	主要应急物资	单位	数量	关联储备单位	备注
62	自动采样设备（无人机）	台	1	原环境保护部门	利用无线电遥控设备和自备程序控制装置操作的不载人飞机，具备采样功能，由专业人员进行操作
63	无人驾驶飞机及航拍数据分析系统	套	1	原环境保护部门	利用无线电遥控设备和自备程序控制装置操作的不载人飞机，具备航拍功能和数据传输系统，需配套航拍数据分析系统，由专业人员进行操作
64	应急监测指挥车	辆	1	原环境保护部门	装备了车载应急指挥移动系统及数据采集传输系统的移动指挥车辆
65	空气质量监测车	辆	1	原环境保护部门	配套相应的车载设备
66	水质污染监测车	辆	1	原环境保护部门	配套相应的车载设备
67	中毒鉴定检测车（配备相应设备）	辆	1	医疗卫生部门	中毒处置类装备

表格说明：

1.“易燃易爆气体报警装置”：其中原环境保护部门储备（24套）与海上搜救中心储备（30套）均为政府储备；住建部门燃气突发应急及交通应急储备均为企业应急队伍储备。

2. 表中“一级队、二级队、三级队”为危险化学品应急救援队伍等级划分。

6.4 本章小结

近年来，面对突发事件应急管理的新形势、新要求，我国各城市已初步建立了以突发事件类型为导向，按照职责划分确定市/区专项指挥部进行组织应对的工作机制，并按照“谁主管谁负责、谁处置谁储备”的原则进行应急物资储备主体的确定。但从近年来各类突发事件的应对情况来看，城市应急物资储备工作还存在着应急物资储备的种类和数量缺乏依据、储备主体不清晰、储备模式单一等不科学、不规范的问题，亟需建立城市应急物资储备标准，提高应急物资储备工作的科学化、规范化水平。应急物资储备工作涉及多部门、多行业、多领域、多主体，范围非常广，在无相关成熟方法可借鉴的情况下本书对城市应急物资储备标准进行了探索性的研究，提出的基于“应对灾种—储备单位—资源目录”三级架构的城市应急物资储备标准指引，为城市解决应急物资储备工作的规范化、科学化问题提供了一种可行的思路和方法。

以深圳市为例，分别按照物资资源目录、物资储备主体、应对灾种进行划分，分别形成了《应急物资目录指引》《储备单位指引》和《灾种应对指引》共3部分（以下简称《指引》），系统地从不同角度回答应急物资“储什么、储多少、谁来储、怎么储”等问题，为相关部门应急物资储备提供参考。该《指引》经过了多轮的部门征求意见，并根据意见进行了修改，最终以政府文件下发，指导市区级政府部门进行应急物资储备工作，初步解决了政府在应急物资储备方面缺乏依据和规范的状况，取得较好实用效果。

应急物资涉及面广、品种繁多，对于新形势下突发事件的应急物资需求是一个不断深化的认识过程，课题组需要在后续工作实践中不断完善，对《指引》进行滚动修订，以更好地满足实际应急工作需要。

7 研发基于云计算的自动化环境风险监测预警系统

2018 年 5 月，全国生态环境保护大会上习近平总书记提到我们要做到“有效防范生态环境风险，要把生态环境风险纳入常态化管理”。依托大数据、人工智能、云计算和物联网等新一代信息技术，建设城市环境风险智能监测预警网络体系，自动监测典型风险隐患变化情况是将风险防范纳入常态化管理的重要手段。

随着我国城市的开发建设，由于建筑施工人为造成的危险边坡、弃土场越来越多，尤其是在台风、暴雨等极端天气下，可能会有次生灾害发生，如山体滑坡等。容易造成人员伤亡，令人民群众生命财产遭受损失，并对周边环境造成破坏。如果不开展日常监测及预警，那么，诸如深圳光明“12・20”特大滑坡事故这样的惨痛案例有可能再次发生。

本书课题组开发了基于云计算的自动化环境风险监测预警系统，并在深圳市某街道的弃土点挡土坝边坡监测项目上进行了实际应用，取得良好效果和评价。

7.1 系统功能

本系统可对边坡等监测对象实现数字化、全天时、全天候的监控，提供实时传感监测数据、视频、图像数据等，提供多样的图/报表的分析展现方式，丰富的短信、语音广播、视频等基础服务以及快速、及时、多通道的预警信息发布和便捷的远程设备管理能力。本系统通过集中式分区化的方法帮助用户对目标进行远程监控，使用者可以随时随地不受气候环境的影响，开展对目标的实时管理、监控、察看和收发预警信息。

7.2 基于云计算的监测预警物联网平台

1. 云计算模块框架

自动监测预警系统采用信息化监测的手段对监测对象关键部位进行实时监测，通过高精度现场数据采集、可靠传输、大数据分析、云计算等过程，实现对监测对象全方位监测，从而为及时掌握环境风险、进行预警、防止或减轻灾害影响提供有效的技术手段。

监测系统包括自动化监测系统、辅助监测观测和监测预警云平台（见图7.1）。

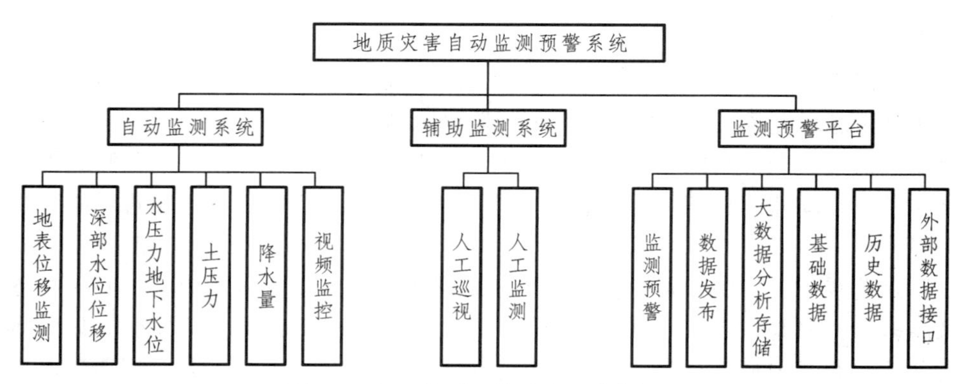

图 7.1　自动监测预警系统云计算框架

2. 物联网模块架构

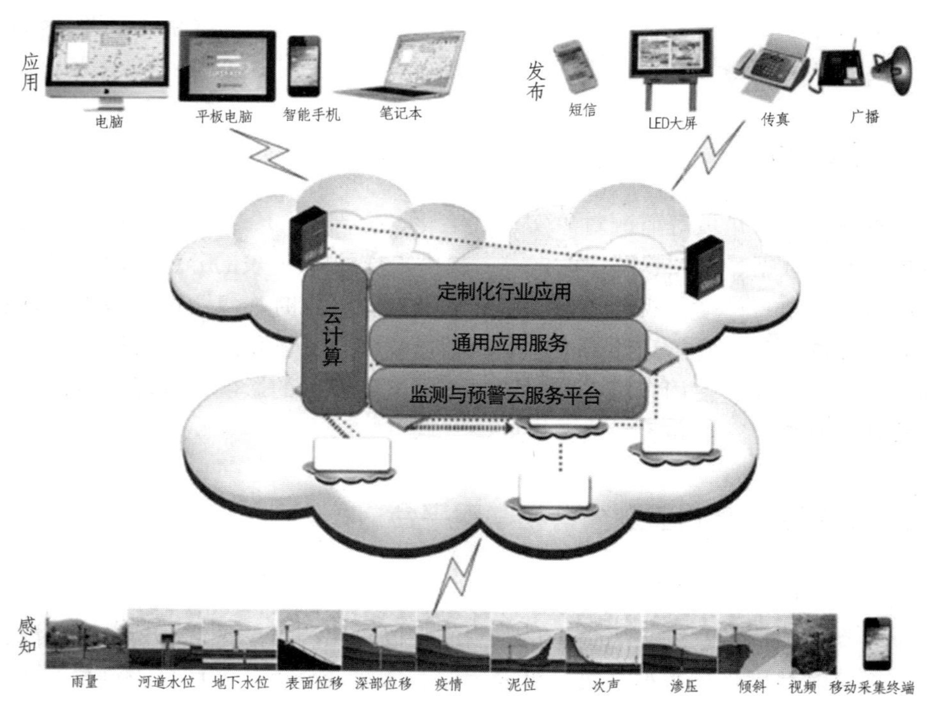

图 7.2　自动监测预警系统物联网模块架构示意图

监测预警物联网平台是基于物联网的多传感器协同工作的传感网络技术、结合高精度北斗/GPS定位、大数据云等技术，通过无线通信网络为用户提供传感器数据、视频图像、图片远程采集、传输、储存、处理及预警信息发送（见图 7.2）。通过平台，以集中式分区化的方式为用户提供便捷、经济、有效的远程监控整体解决方案。通过这种业务，用户可以不受时间、地点限制，对监控目标进行实时监控、管理、观看和收发预警信息。

7.3 预警技术支持系统

该监测预警系统采用多种现代先进测量仪器和设备，运用物联网平台，进行监测数据的采集、传送，并配于专家辅助决策系统则用于数据统计、模型分析等。实现对危险边坡变形位移及辅助参数信息的自动化监测、数据采集和传输，实时处理和综合分析，并实现了第一时间监测、第一时间发现、第一时间预警。

7.4 案例分析——深圳市某街道弃土点挡土坝边坡自动监测

1. 基本情况

梅峰窝弃土点位于深圳市某街道，占地面积约为 3.5 万平方米，于 2012 年底封场，2013 年构建挡土坝边坡。目前正在改造为足球场，该场地位于丘陵冲沟中上部区域，经平整回填，形成了长约 300 米、宽约 120 米、高差达 46 米的填土平台，初步估算回填土方约 60 万方，挡土坝边坡坡脚临近危险品库房（见图 7.3）。

根据测算，挡土坝脚距离百吨级炸药库房约 126 米，距离雷管库区 188 米。炸药库房和雷管库区均位于土方可能下泄后的排土冲沟通道，如排土分散后，可能冲击的居民区仅距 168 米，距离清平高速干道 206 米，此外未来建成的足球场在比赛期间，一旦突发事件，影响人员可达数百人。梅峰窝弃土点近两年的强烈人类活动，导致 2013 年设计与施工的挡土坝不堪重荷，最终出现了挡墙裂缝，支挡功能大大受损，而且两侧山体滑坡趋势没有得到有效遏制，仍在发展中。可以预见，在强暴雨下一旦两侧山体滑坡，导致大量的土方冲击并压覆在目前出现裂缝的挡土坝上，形成堰塞现象，后果非常严重。

基于这种危险情况，本书课题组建议本地政府主管部门充分利用高科技手段安设本书课题组研究开发的基于云计算的自动化环境风险监测预警系统，对该纳土场挡土边坡实行智能化自动监测预警，预防事故的发生。最后，政府主管部门经过认真研究采纳了课题组的建议，采购了该系统，立即组织实施。

图 7.3　深圳市某街道受纳场周边布局图

2. 系统部署

具体施工流程如下：

（1）准备期：准备人力、物力、资金，施工人员的培训，各方关系的协调，所用设备的调货、发货等。

（2）基建期：首先进行各项监测项目的基建（打孔、架杆、建墩等），同时进行供电、通信等线路的布设——本阶段涉及内容较多，施工人员多，因此必须合理安排人力和机械，计划、协调、相互配合，保证在安全的条件下顺利作业。

（3）安装调试期：在基建及供电、通信完成后，对各监测项目进行硬件、软件的安装、调试（见图 7.4）。

（4）试运行期：监测硬件运行正常后，在监控中心将各项监测内容集成到一个系统下，按设计要求，运行一段时间，采集足量数据，对其进行整理分析（见图 7.5）。

图 7.4　现场监测设备布置图

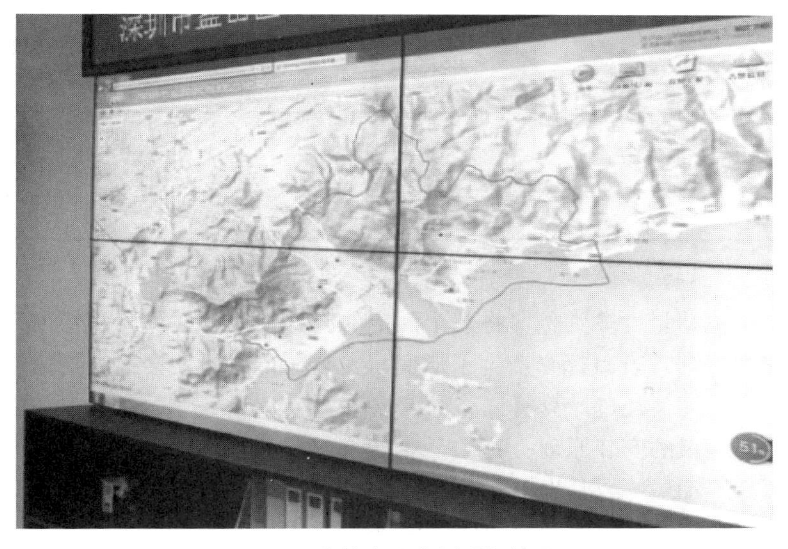

图 7.5　监控中心监测现场情况

（5）试运行期间对库区人员进行培训、对所整理资料（包括设备的埋设位置、编号、记录等）进行移交；此阶段重点是组织好各专项质量检查、完善工作。

（6）资料提交：整理各项监测设备的布设位置、编号等信息，提交各项监测设备的合格证等资料，提交试运行期间系统所处理的各项数据的报告等。其间准备验收资料，并将施工技术资料整理，归档竣工验收资料等。

（7）准备验收。

（8）正式运行，后期维护，系统扩容，升级等。

主要对坝体表面位移和深部位移进行监测，如表 7.1、表 7.2 所示。

表 7.1　监测位移及内容

名称	包括内容
坝体表面位移监测	立杆、仪器安装、调试
坝体内部位移监测	钻孔，埋管，仪器埋设、调试

表 7.2　挡土坝自动监测设计表

序号	项目	数量	备注
1	坝体表面位移监测	5 个监测点	坝体安装 5 个 GPS 监测点，小山头上安装 1 个 GPS 基准点。
2	坝体深部位移监测	2 个监测孔	坝顶 1 个监测孔安装 4 个测斜仪，初期坝 1 个监测孔安装 3 个测斜仪。
3	供电系统	1 项	室外设备供电采用市电。
4	通信系统	1 项	室外设备与智能控制单元之间，智能控制单元与平台之间。
5	监控中心	1 项	安装平台软件。

3. 监测原理

以内部位移量计算为例。将几个固定的测试仪安放在待测斜管内，将他们串联连接在一起。若目标物产生了形变，安装的传感器就会接收到信号。并感知其倾斜的角度，经过计算将位移量 S 求出。

固定测斜仪的安装原理：

向深部不动层（或基岩）钻孔，将 PVC 测斜管底部安装固定，作为测斜的基准点；每个固定测斜仪倾斜变化位移量为相对于 PVC 管底部（基岩）变化了多少，需要知道测点的深度以及间隔。

规定从孔口向下依次设为第 1 个、第 2 个……第 N-1 个，第 N 个固定测斜仪；起算从孔底起算，第 N 个固定测斜仪的深度为 H

H = PVC 管长度 = 钻孔深度

管底部不动点至第 N 个测点处的垂直高度即该测点深度；

依次从下向上的固定测斜仪的位移换算用到的间隔为 Hi，

公式为：

Hi = 第 i 个测点深度 − 第（i+1）个测点的深度；

角度转化为位移的计算公式：

$$S = H \times \sin(\beta - \alpha) / \cos\beta$$

其中：S 代表位移量大小，α 代表固定测斜仪安装的初始位置值，β 代表某次测量的角度值。（其中 α 和 β 属于两维量，含 X、Y 方向，此公式为近似算法）；

详情如图 7-6 所示：

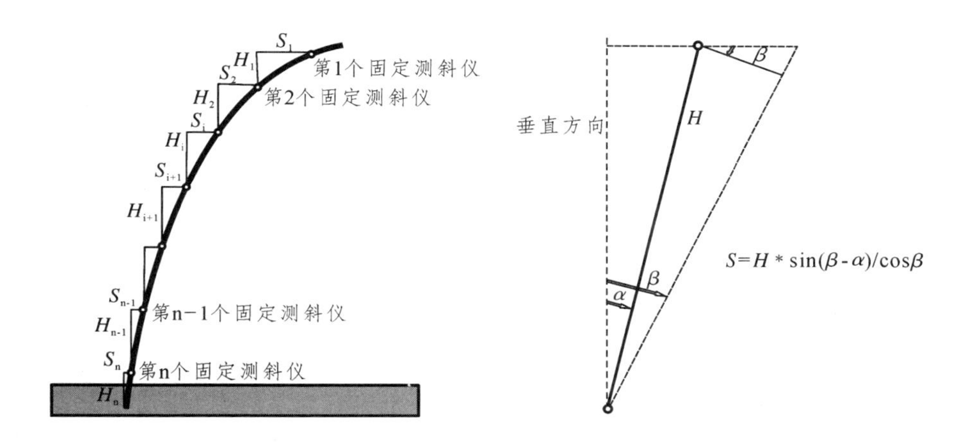

图 7.6　固定测斜仪位移计算示意图

这里需要指出，若安装初始位置的 α 为 0°，那么当 β 变化 0.01°，并且 H 为 4 米时，得到的平移变化量为（单位为毫米）：

$$S = H \times \sin(\beta - \alpha) / \cos\beta$$

$$S = 4\,000 \times \sin 0.01° \div \cos 0.01°$$

$$= 4\,000 \times 0.000\,174\,532\,924\,31 / 0.999\,999\,984\,769\,13$$

$$= 0.698\,131\,707$$

4. 应用效果

（1）自动化实时监测。

监测站数据及时收集传输后，云服务平台及监控中心需多数据进行处理，除了数据库的汇总统计处理外，数据表示的真实含义及各种参数之间的关联必须建立数学模型进行分析，这是各专业的集成，合理的、完善的、专业的数学模型，将能完整反映整个边坡的内部情况，及在诱发因素（比如暴雨天气）下的稳定状态，从而为专家的决策提供辅助（见图 7.7）。

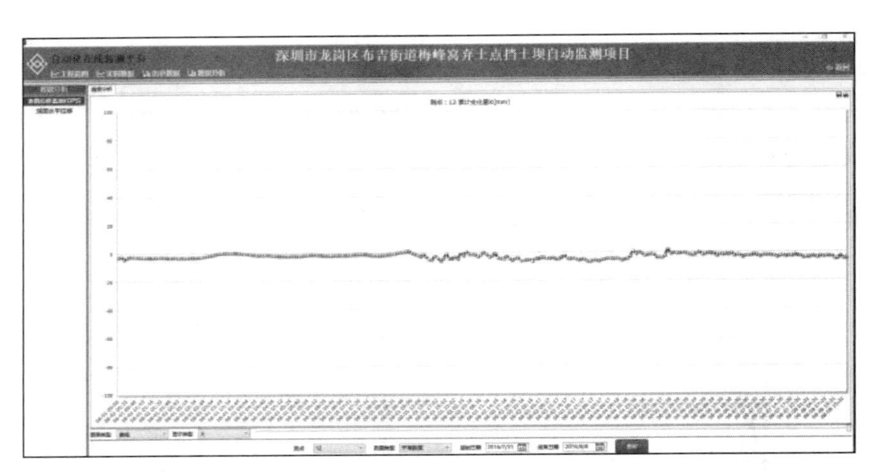

图 7.7　监测数据图

（2）及时准确发布预警信息。

经过监控中心数据处理的信息将进行分级，并首先由云服务平台通过电话（人工值守）、短信（自动发出）或其他途径反馈到地质及岩土专家方面，并根据信息分等级响应，比如迅速进行专家会诊，进行现场巡查，并根据实际情况分析决定是否向建设单位发出预警，以及预警的等级，从而避免对灾害的谎报、漏报及缓报，真正起到预警的作用。

系统监测运行期间，深圳市 2017 年 6 月遭遇暴雨袭击，在专家无法迅速赶往现场的时候，系统监测数据位移量显示边坡平稳，如图 7.8 所示。系统自动将信息传送给有关专家和政府主管部门，为政府主管部门决策提供了重要技术支持。

名称	时间	详细信息
CXA		
12	2017-06-13 11:16:23	数据类型：七参数 X累计变化量：4.09mm Y累计变化量：4.04mm Z累计变化量：-7.60mm
YH01-B30		
YH01-B32		
YH01-B31		
YH01-B35		
YH01-B36		
YH01-B34		
YH01-B33		
CXB		
13	2017-06-13 11:16:23	数据类型：七参数 X累计变化量：0.97mm Y累计变化量：0.88mm Z累计变化量：-7.41mm
14	2017-06-13 11:16:24	数据类型：七参数 X累计变化量：8.44mm Y累计变化量：2.99mm Z累计变化量：0.04mm
15	2017-06-13 11:16:24	数据类型：七参数 X累计变化量：4.47mm Y累计变化量：-2.66mm Z累计变化量：12.47mm
16	2017-06-13 11:16:24	数据类型：七参数 X累计变化量：5.70mm Y累计变化量：0.46mm Z累计变化量 14.75mm

图 7.8　暴雨期间监测数据平稳

（3）效果反馈与评价。

该系统在街道弃土场挡土坝边坡监测运行期间，通过持续稳定监测及基于云计算的数据分析，为街道管理者提供了可靠的数据支持，确保挡土坝边坡平稳度过了汛期，没有发生一起滑坡事故，得到了街道的高度认可，并出具了评价报告。

7.5 本章小结

依托大数据、人工智能、云计算和物联网等新一代信息技术，建设城市环境风险智能监测预警网络体系，自动监测典型风险隐患变化情况是将环境风险防范纳入常态化管理的重要手段。本书课题组开发了基于云计算的自动化环境风险监测预警系统，可以提供便捷、经济、有效的远程监控整体解决方案，用户可以随时随地监控环境风险目标，察看和收发预警信息，克服了传统监测系统实时性差、受天气影响较大、无法进行云计算分析等不足。本章主要介绍了该系统的功能，基于云计算的监测预警物联网平台以及预警技术支持系统。最后，通过该系统在深圳市某街道弃土场挡土坝边坡监测项目的具体应用证明系统的实用性。

8　开发基于案例推理（CBR）的突发环境事件应急辅助决策系统

8.1　突发环境事件应急决策的特征

（1）突发环境事件导致的环境污染扩散性、破坏性强，要求在短时间内快速决策和应急处置以减少其对人员生命安全、财产以及生态环境的破坏。只有尽快地处理解决才可以降低这种突发事件对人们生命以及财产安全的威胁。所以会给决策者带来很大的压力，要求给出的决策方案快速且精准。决策做得越晚，后续的影响可能会越大。

（2）事件的决策人员需要拥有足够的专业技能才能够保证所做出的决策在实际执行过程中能够兼顾各方面利益，否则很容易因为决策失误而造成次生环境灾害。如上文中所介绍的吉林石化爆炸事故，导致松花江中涌进了大量的含有苯系物的污染废水，长达近 80 千米的废水严重影响到了沿岸人民群众的生活和经济发展，不仅如此，也干扰了邻国俄罗斯人民的生活和生产活动，并且对我国的国际形象有负面的影响。

（3）处理这些问题其实有着一定的规律。很多历史事故对于我们的决策制定都有一定的借鉴意义。一方面，事故类型上有很多相似甚至相同的案例。例如，近年来在我国多地因为民众反对 PX 项目而发生的群体性事件。从其演变的路径来看，一般都遵循了“项目上马—民众反对—被迫下马”的规律。另一方面，同类案件的解决方法具有一定的可借鉴性，一些地区出现了重金属污染的问题。所以我们在遇到这种问题的紧急处理、居民的疏散以及后续的土壤修复都有了一定的处理经验。待日后发生相似问题时，可以作为借鉴。

8.2　基于案例推理对突发环境事件进行应急辅助决策的必要性

如上文中所介绍的，历史环境突发事件案例对于我们的应急决策有着一定的借鉴意义，同时历史环境突发事件的相关案例本身就具有较强的重复性，因此如果我们能够在环境突发事件发生之后，在短时间内找到可供借鉴的案例，显然可以提升决策的整体有效性，有效地提高决策效率和效果。

从目前的研究来看，要充分利用历史案例的经验知识就需要把这种定性的专家知识、经验借助于计算机进行识别、管理和重用，普遍的做法是建立基于知识库的推理机。然而知识推理中知识获取、知识表示以及对常识知识的处理这三大难题大大限制了基于知识库的推理机的应用。因此，如果能够利用比知识推理机更加简便的智能化方法快速检索出相似历史案例进而辅助决策者快速的形成解决方案有着很大的帮助。

案例推理（Case-based Reasoning，CBR）是当今社会的一个新兴的推理方法[①]。美国耶鲁大学 Roger Schank 教授在 1982 年的作品《Dynamic Memory》中首次提出了这个概念，并对其进行了描述[②]。CBR 是建立在已有经验的基础上解决问题的基础，它能够仿照人类处理问题的思路，对类似问题的解决方案进行修改来解决新的问题。可以说，案例推理站在了一个更高的知识平台上，对信息库进行检索、使用与更新补充，极大地扩宽了人工智能的应用领域。

从由 Janet Koloener[③]在耶鲁大学开发出最早的一个 CBR 系统 CYRUS 的使用开始，研究者们就一直致力于尝试利用案例推理来处理不同领域发生的问题。随着科技的发展，CBR 的功能与应用领域也有着不断的提升。其先后在医疗领域、企业咨询、决策领域、法律案例领域都取得了不错的应用成绩。并通过实践证明，CBR 给出的解决方案是切实有效的。现阶段 CBR 也在电商领域打开了应用。在欧美发达地区，CBR 应用已经相当的成熟，开发了多种商用成熟 CBR 系统。如 CHEF 是 CBR 在烹饪方面的一个应用程序，通过对不同人群对菜品口味与种类的要求，其可以检索信息库中的菜品推荐给顾客，或是对菜品进行修改甚至创新。1989 年，Riesbeck 建立了 JUDGE 模型用于模拟司法判决。1991 年，Callan 研发了 CABO，通过指导状态空间变化对案件进行推理。这些在不同领域的良好表现，表明该系统除了能通过现有的资料库为使用者带来帮助，还能通过所遇案件不断地扩充案件库，完成自我学习。CASEY 是一款能够为病患做疾病判断的程序。将患者的病症输入该程序，程序就会通过对病症的描述去匹对资料库，将可能的疾病名称反馈给病人。Case Advisosr 是一款电脑帮助程序，

---

① 史忠植. 高级人工智能[M]. 北京：科学出版社，1998.
② Schank R. Dynamic Memory: a Theory of Reminding and Learning in Computers and People[M]. Cambridge. Cambridge University press, 1982.
③ Koloener J. Maintaining organization in a dynamic long-term memory [J]. Cognitive Science, 1983, 7(4), 243-280.

可以对有线电视出现的故障进行原因排查。F. Ricci 等人（1999）[①]从如何利用案例推理的方法制定森林火灾救援计划的角度进行了研究；Syed Mustapha 等人（2017）[②]基于 CBR 方法开发了可以识别出在线社区特定领域知识领袖的 CRBIKL 系统，CBRIKL 根据确定的知识领域持续构建领导者的特征档案，并对新知识领导者定位中的专家技能集进行测量和比较，可以迅速找出特定领域的知识领袖。J Colloc 等人（2018）[③]运用案例推理的方法建立了一个基于本体模型的癌症治疗决策支持系统等等，不一一列举，可以说目前 CBR 的应用研究涉及的运用面很广。

本书课题组把案件推理技术应用到突发环境应急决策中，能够很好地为方案的决策者搜索到相近的案例及相关的处理办法，减轻他们面对这些事件决策时的压力。

CBR 的工作流程如图 8.1 所示。

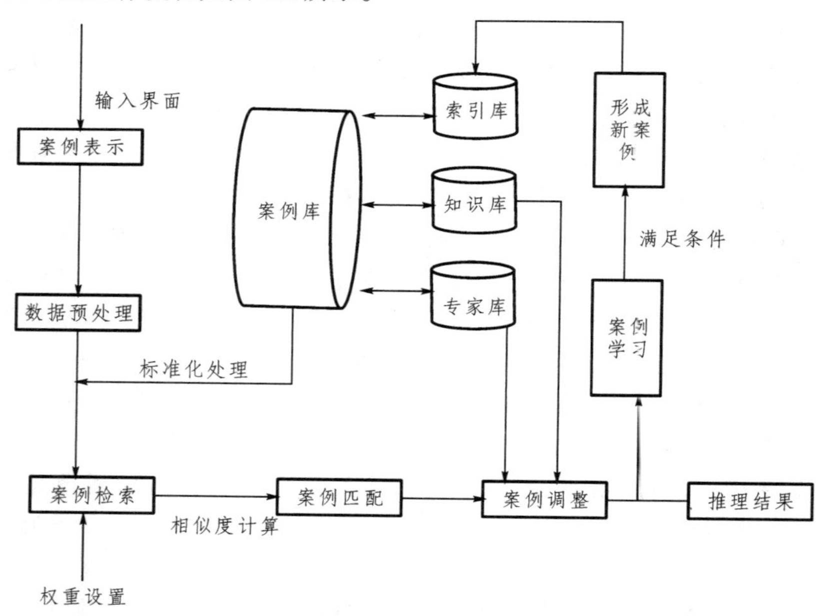

图 8.1　CBR 的工作流程图

① Ricci F, Avesani P, Perini A. Cases on Fire: Applying CBR to Emergency Management [J]. New Review of Applied Expert System, 1996, 6: 175-190.

② Mustapha S, Syed. M F D. Case-based reasoning for identifying knowledge leader within online community[J]. Expert Systems with Applications, 2018, 97: 244-252.

③ Shen Y, Colloc J, Jacquet-Andrieu A, et al. Constructing Ontology-Based Cancer Treatment Decision Support System with Case-Based Reasoning[J]. 2018.

8.3 基于 CBR 的突发环境事件应急辅助决策模型的具体实现

8.3.1 环境应急案例的表示模式

1. 环境突发事件应急案例的特点①

（1）非结构化案例居多、概念不规范。从传统意义上来讲，借助 CBR 得出解决方案，从本质上来说首先是通过对典型应急案例进行结构化表示和存储。但是，现有案例在存储上一般采用非结构化文本模式，因此，只有将其转化为结构化的规范案例才能够方便信息系统的存储、识别和检索，保证其案例推理的实现。

（2）引发环境突发事件的可能因素非常繁杂，其中关联到的专业领域也相当多。常见的引发原因有：交通事故、自然灾害、生产安全事故、违法排污。因此，想要将其笼统地概括出来很困难。不过，通过对相关研究成果的归纳和总结我们发现，按照信息量和信息类型的不同，我们可以将其具体属性进一步划分为四种不同的种类。其一，模糊数或者模糊区间属性值（FUZZY NUMERIC，FUZZY INTERVAL，FNI），模糊数属性如“持续时间”约为 3 天，模糊区间属性如“受灾范围”北纬 30.45 度 ~ 31.56 度、东经 102.43 度 ~ 106.42 度。其二，模糊概念属性值（FUZZY LINGUISTIC，FL），如“对抗程度”取值为：特别激烈、较为激烈、一般、较为温和、温和。其三，确定符号属性值（CERTAIN SYMBOLIC，CS）如“地域类型”在实际的应用过程中可以将其设定为：乡村、城乡结合部、城市这几块。最后，确定数字属性值（CERTAIN NUMERIC，CN）；例如“经度”为 101.22 度；

（3）一次环境突发事件很可能导致多种次生事件。如一次海洋石油发生泄漏，会造成周围水域发生污染、渔民出现突发疾病、大量海洋生物死亡或是海域周边居民声讨维权等等恶性事件。在本书研究中，将突发事件引发的多个不可再分的次生事件定义为元事件。所以，海洋石油泄漏事故就可以分为上述的这几个元事件。在描述案例的过程中，一方面要将其基本信息存储于系统之中，同时还要对下属的元事件进行有效的存储和表示。

2. 环境应急案例的通用表示与存储模式

本书创造性地提出了基于全局概念树—突发事件本体模型—事件元模型三

① 张英菊. 案例推理技术在环境群体性事件中的应用研究[J]. 安全与环境工程，2016（1）.

层架构的环境应急案例组织模式，该模式在实际的应用过程中，有效地解决了环境突发事件应急案例概念不规范、存储结构不统一、类型繁多的特点。

存储模式构造过程中，首先根据我国现行的《中国分类主题词表》完成了应急概念树体系的组织和搭建工作。作为一个分类和主题的一体化词表，应急概念树在实际的操作过程中主要是通过对应急领域概念、名称、类别进行分类、统一和规范，为后续的案件推理工作的开展提供一个规范化的数据环境。此外，基于概念树统一平台，根据突发事件的共性特征建立起了突发事件的本体模型[①]。根据由 Gruber[②]提出的本体（Ontology）最著名并被引用得最为广泛的定义“本体是共享的概念模型的形式化规范说明”，我们对突发事件本体模型做如下定义：所有突发事件共有的、不随着突发事件的种类变化的属性构成的描述集合称为突发事件的本体模型。可见，突发事件的本体模型是一个基类，它抽象了整个应急领域事件的共性要素，并提取了每个要素的共性属性列表。通过对突发事件的深入分析，本课题采用系统论的方法将事件的本体定义为下列的集合结构：

$$E=<X, S, Y> \tag{8.1}$$

E 表示事件的本体；X 表示输入集，代表系统界面的一部分，外部环境通过它作用于系统。X 可进一步定义为：诱因输入、自然环境诱因输入、社会环境诱因输入、人为控制输入。S 表示在 t 时刻事件的状态结合，事件的状态可以是表征事件的特征向量，可以包括事件的空间信息，资源消耗，相关的技术参数等。Y 表示输出集，具体指状态变化引起的另一个事件，或事件的另一种状态。Y 包含于 S，是 S 中与事件外界（或环境）存在相互作用的状态的集合。突发事件本体模型中的属性包括事件名称、事件类型、事件级别、事件处置状态、发生时间、发生地点、发生单位名称、信息来源等。

突发事件除了共有特征外不同种类的突发事件还有很多个性特征。因此，我们根据不同种类突发事件的个性特征建立起了突发事件元模型（描述某一类特定的突发事件的共性知识的本体模型）。这里我们以当前较为常见而且社会影响恶劣的环境群体性事件为例，对此类事件进行描述和存储的时候不仅要对本体模型中的发生时间、发生地点等共性信息进行继承，还要包括事件类型、事

---

① 张英菊，仲秋雁，叶鑫，曲晓飞. CBR 的应急案例通用表示与存储模式[J]. 计算机工程，2009，35（17）.

② Gruber, T. R. A translation approach to portable ontologies[J]. Knowledge Acquisition, 1993, 5(2).

件起因、持续时间、诉求信息、新媒体参与情况、事件参与人数等。比如，建立的环境群体性事件的元模型如图 8.2 所示。最后，用关系数据库技术实现了基于全局概念树-突发事件本体模型-事件元模型三层架构的环境应急案例表示与组织模式，如图 8.3 所示。

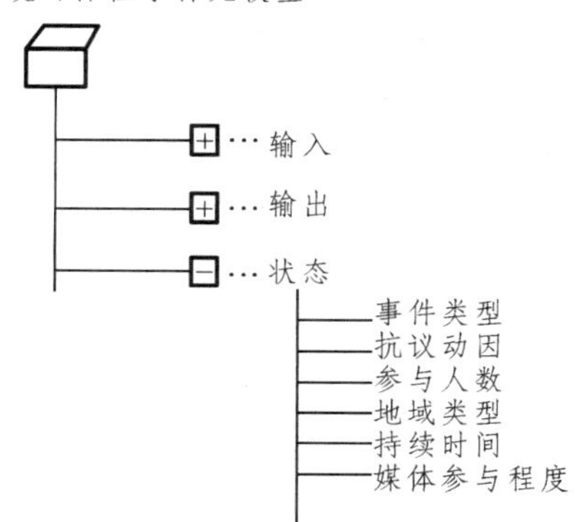

图 8.2　环境群体性事件元模型

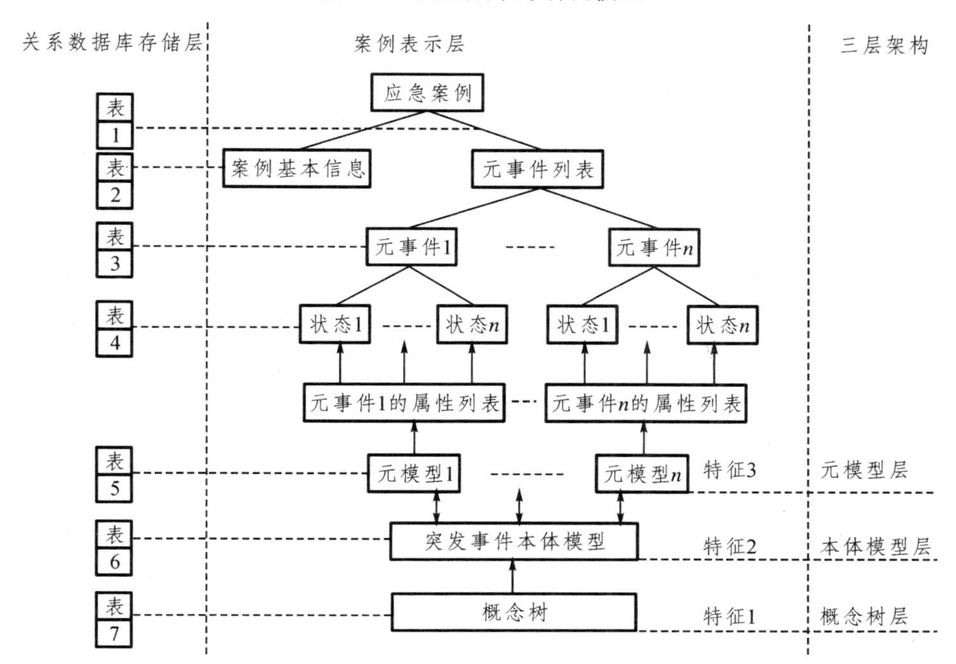

图 8.3　基于三层架构的应急案例表示与存储模式

案例库的构造与案例的表示形式有关，本书采用案例—元事件—状态—属性的层次表示形式（见图 8.4），以关系数据库来构造案例库以对环境应急案例进行组织和存储。案例、元事件、状态以及属性之间的层次关系，我们在这里可以就通过以上设计的基于概念树、本体模型以及事件元模型的三层架构来加以表示。图 8.3 中的虚线，表示数据库和案例之间的映射关系。通过一定的关联关系可以将以上数据表构成一个完整的关系型数据库的存储结构。表 1 是案例-元事件关系表，表明案例与元事件之间的关系；表 2 是案例基本信息表；表 3 是元事件表；表 4 是元事件状态表；表 5 是元模型表；表 6 是突发事件本体模型表；表 7 是概念树表。

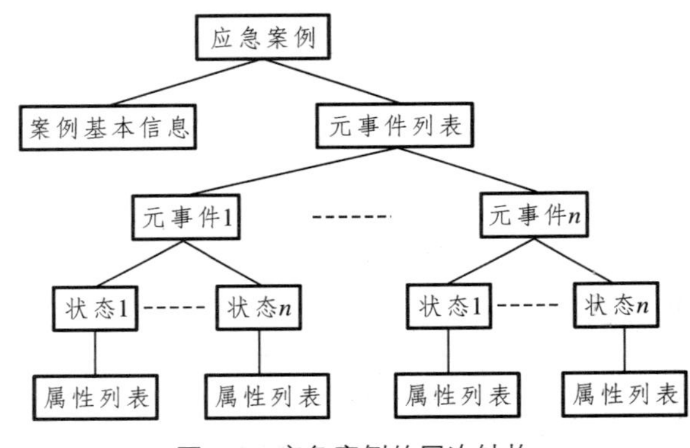

图 8.4　应急案例的层次结构

8.3.2　环境应急案例相似度检索算法设计

对案例之间相似程度的计算是 CBR 的主要部分。最近相邻算法（Nearest Neighbor Algorithm）是 CBR 检索算法中使用频率最高的算法之一[①]。应用传统最近相邻算法时要求案例的属性值不能为空，因为它的计算过程是首先计算出案例的属性相似度，然后加权计算案例之间的加权相似度。由于环境应急案例属性复杂而繁多，很容易存在历史案例信息不全或者决策者对案例的描述不充分的情形。因此，环境应急案例相似度检索算法需要解决两个难题：一是如何解决环境应急案例属性值缺失的问题？二是如何根据环境应急案例属性复杂而繁多的特点设计一套应急案例属性相似度算法？为此，本书基于最近邻算法提出了一种基于结构相似度和属性相似度的双层结构的案例相似度计算方法。这

① Amodt A, Plaza E. Case-based reasoning: foundational issues, methodological variations, and system approaches[C]. Artificial Intelligence Communications 7, 1994: 39-59.

种算法的优点是可以避免传统最近相邻算法的属性值为空的问题。另外，通过分析环境应急案例的特征，分别为环境应急案例的四大类型的属性设计了不同的相似度计算算法。

1. 结构相似度算法设计

在这里我们假定源案例 X 和目标案例 Y 进行匹配，那么我们可以按照以下流程对其结构相似度进行计算：

（1）计算源案例 X 的所有的非空属性构成的结合，记为 X。

（2）计算目标案例 Y 的所有非空属性构成的集合，记为 Y。

（3）计算 X 和 Y 的交集和并集，分别记为 A 和 B。

（4）计算交集 A 中所有属性的权重之和，记为 w_1。

（5）计算并集 B 中所有属性的权重之和，记为 w_2。

（6）案例 X 和案例 Y 的结构相似度记为 S，则做如下定义：

$$S=w_1/w_2 \tag{8.2}$$

该算法在实际的应用过程中，只计算目标案例和源案例之间的非空属性集合的交集相似度水平，也就是说在计算过程中属性值为空的属性完全不参与计算，因此可以有效规避环境应急案例历史信息缺失所导致的属性值缺失问题。

2. 属性相似度算法设计

（1）确定数属性。

很多种方法都可以为我们求取相似度数据提供支持，而在本书研究中则重点应用了从海明距离公式[①]进一步延伸而来的数值型属性算法，其具体的计算公式可以简化表示为式 8.3：

$$\mathrm{Sim}(X_i,Y_i)=1-\mathrm{dist}(X_i,Y_i)=1-|x_i-y_i|/|\max_i-\min_i| \tag{8.3}$$

Sim（X_i, Y_i）表示案例 X 和案例 Y 的第 i 个确定数属性的相似度；x_i, y_i 分别表示案例 X 和案例 Y 的第 i 个属性的值；$\max_i$ 和 $\min_i$ 分别表示第 i 个属性的最大和最小值。需要说明的是，每个 CN 类型的属性需要已知该属性的取值范围，如经度的范围是 0 ~ 180 度。

（2）确定符号属性。

通过一种简单的枚举法可以来测定符号的属性值，列出的所有属性中选取

① Dvir G, Langholz G, Schneider M. Matching Attributes in a Fuzzy Case Based Reasoning[C]. IEEE, 1999: 33-36.

最有可能的一个，属性相互间是独立的，相似度计算公式为

$$\mathrm{Sim}(X_i, Y_i) = \begin{cases} 1 & x_i = y_i \quad 或 \quad x_i \subset y_i \\ 0 & x_i \neq y_i \end{cases} \tag{8.4}$$

（3）模糊属性。

因为模糊概念对于不同的评价者来说，将会有不同的认知。因此，我们在对此类型属性的评价过程中，可以采用百分比的方式进行模糊处理。本书中采用了参考文献①设计的隶属函数对该类属性的数值展开测算。

对于模糊数或模糊区间属性可由领域知识对其模糊处理，为了计算简便，本书采用基于梯形的模糊集合来模拟模糊属性，其形状函数可以表示为公式8.5：

$$L(x) = R(x) = \mathrm{Max}(0, 1 - x) \tag{8.5}$$

隶属函数的模糊集合如公式 8.6 所示。

$$L_F(x) = \begin{cases} L\left[\dfrac{m - x}{p}\right] & x < m \\ 1 & m \leqslant x \leqslant \bar{m} \\ R\left[\dfrac{x - \bar{m}}{q}\right] & x > \bar{m} \end{cases} \tag{8.6}$$

式中 m、$\bar{m}$、p、q 是参数。对于三角形模糊集合，$m = \bar{m}$。p 和 q 随属性的改变而改变。通常，有专家对模糊概念属性 FL、q 与 p 进行定义，模糊区间属性则通常记作 cm 和 $c\bar{m}$，c 的默认值一般为 0.1。

本书采用基于隶属函数的相似度计算方法，对两个隶属函数进行计算求出它们的面积重叠率，这个数值就是两个模糊区间的相似度。这样的计算方便且准确率高。具体的计算公式如下：

$$\begin{aligned} \mathrm{Sim}(x_i, y_i) &= A(x_i \cap y_i) / A(x \cup y_i) \\ &= \frac{A(x_i \cap y_i)}{A(x_i) + A(y_i) - A(x_i \cap y_i)} \end{aligned} \tag{8.7}$$

---

① 路云，吴应宇，达庆利. 基于案例推理技术的企业经营决策支持模型设计[J]. 中国管理科学，2005（2）.

根据模糊属性的相似度算法就可以计算出模糊属性的相似度。模糊属性相似度算法（FSM）如图 8.5 所示。

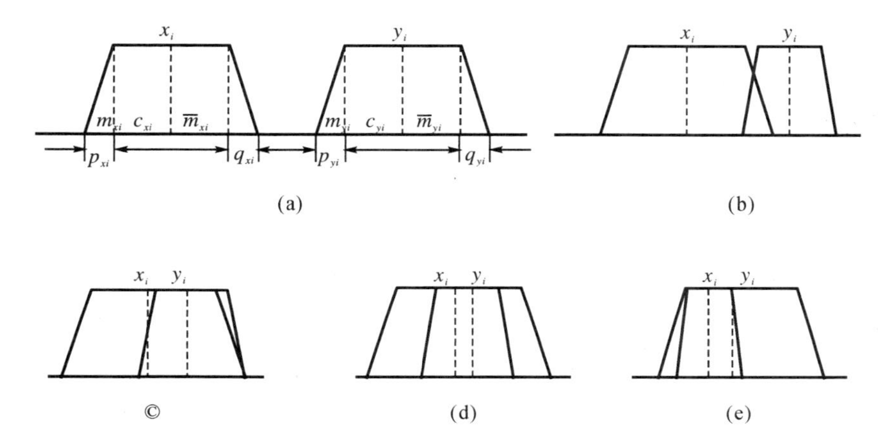

图 8.5　模糊集相交的 5 种方式

① $c_{xi} \leftarrow (\underline{m}_{xi} + \overline{m}_{xi})/2, c_{yi} \leftarrow (\underline{m}_{yi} + \overline{m_{yi}})/2$;

② $f\, c_{xi} > c_{yi} \quad then \quad change \quad x_i \quad and \quad y_i, endif$;

③ $x_i^* \leftarrow (q_{xi}\underline{m}_{yi} + p_{yi}\overline{m}_{xi})/(p_{yi} + q_{xi}), y_i^* \leftarrow 1 - (x_i^* - \overline{m}_{xi})/q_{xi}$;

④ $if\ y_i^* \leqslant 0, \quad then\ A(x_i \cap y_i) \leftarrow 0, \quad sim(x_i, y_i) \leftarrow 0$;

⑤ $else \quad A(x_i) \leftarrow (2\overline{m}_{xi} + q_{xi} - 2\underline{m}_{xi} + p_{xi})/2$,

$A(y_i) \leftarrow (2\overline{m}_{yi} + q_{yi} - 2\underline{m}_{yi} + p_{yi})/2$;

⑥ $if\ 0 < y_i^* < 1, then\ A(x_i \cap y_i) \leftarrow (\overline{m}_{xi} + q_{xi} - \underline{m}_{yi} + p_{yi})y_i^*/2$;

⑦ $else$;

⑧ $if\,\overline{m}_{xi} + q_{xi} < \overline{m}_{yi} + q_{yi} \quad and\ \underline{m}_{xi} - p_{xi} < \underline{m}_{yi} - p_{yi}, then$;

⑨ $A(x_i \cap y_i) \leftarrow (2\overline{m}_{xi} + q_{xi} - 2\underline{m}_{yi} + P_{yi})/2$;

⑩ $else\ A(x_i \cap y_i) \leftarrow \min(A(x_i), A(y_i))$;

⑪ $endif$;

⑫ $sim(x_i, y_i) \leftarrow A(x_i \cap y_i)/(A(x_i) + A(y_i) - A(x_i \cap y_i))$;

⑬ $endif$;

⑭ $endif$;

⑮ $end-of-FSM$。

3. 案例全局相似度的计算

本书在传统最近相邻算法的基础上设计了如下案例全局相似度计算方法：案例相似度计算方法见公式 8.8：

$$\mathrm{Sim}(X,Y)=S\sum_{i=1}^{m}w_i\mathrm{Sim}(X_i,Y_i) \tag{8.8}$$

其中 $\mathrm{Sim}(X,Y)$ 表示案例 X 和案例 Y 的案例全局相似度，S 为案例的结构相似度，w_i 为案例 X 和案例 Y 交集属性集中的第 i 个属性在参与匹配的属性中所占的权重，且所有权重取值之和为 1。$\mathrm{Sim}(X_i,Y_i)$ 表示案例 X 和案例 Y 在交集属性集中第 i 个属性上的局部相似度。具体计算过程中，属性类别的确定以及属性权重比例的分配也同样是我们必须重点考虑的问题。本研究中集中应用了领域专家权重法，设计了相关权重赋予接口，具有相关权限的用户可以通过该接口完成权重数据的设置。

8.4 基于 CBR 的突发环境事件应急辅助决策原型系统

为了证明基于案例推理的环境突发事件应急辅助决策模型的实用性，笔者用 Java 语言实现了以上设计的应急案例检索的相似度算法，用关系数据库技术实现了基于三层架构的应急案例的通用表示与组织模式，采用 Java Script 作为前台开发工具，后台用 SQL Server 作为数据库服务器，建立了基于案例推理的环境突发事件应急辅助决策模型的原型系统。原型系统的体系结构如图 8.6 所示。

基于 CBR 的突发环境事件应急辅助决策的流程是：突发环境事件发生之后，原型系统将以决策人员的特征描述为约束条件，对数据库中所存储的历史案例进行检索，选择其中和当前事件相似度最高的案例，并为决策者提供此案例的具体处置方案。决策者从应急事件的实际情况出发，对系统所提供的处置方案进行修改和调整，快速又准确地给出一个恰当的解决方案。

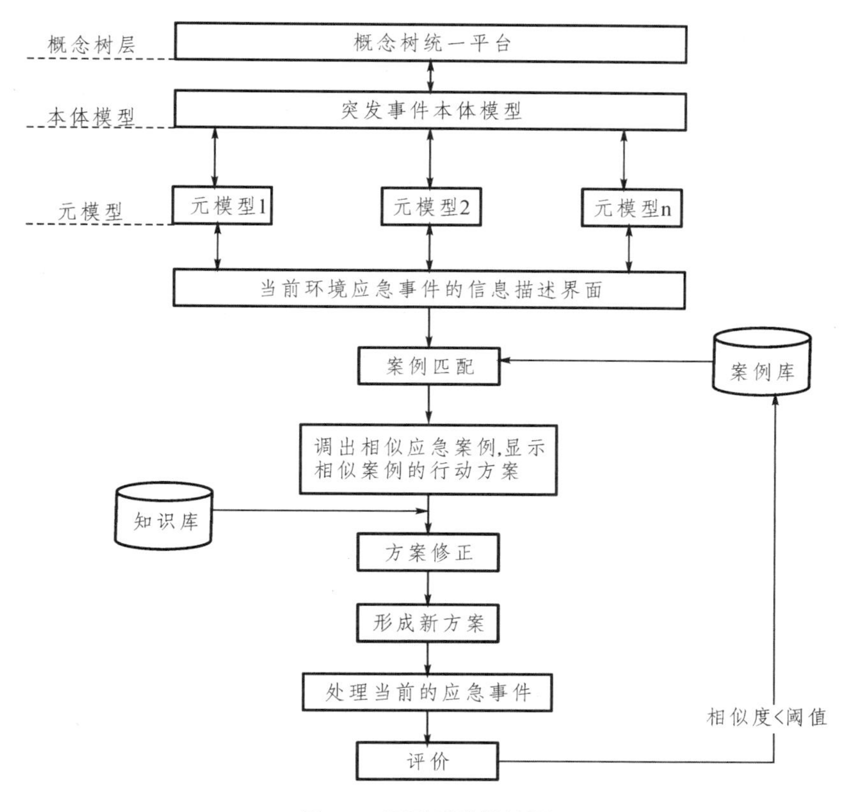

图 8.6 原型系统结构图

8.5 实例分析——以突发环境群体性事件为例

将本书研究提出的基于案例推理的环境突发事件应急决策模型应用到环境群体性事件中，可以将历史典型的环境群体性事件案例进行结构化表示和存储在数据库中，在此基础上提供相似案例检索，提供相似案例的处置方案，对当前发生环境群体性事件的应急决策者提供辅助支持，最大程度地降低损失。

因此，笔者以环境群体性事件为例，选取了几十个我国近几年发生的环境群体性事件案例作为测试用例装载到原型系统的案例库中，以检验该模型的实用性和有效性。

8.5.1 模拟案例

2013 年 8 月，湖北省武汉市某村在医院检查过程中，3 名儿童被测出血铅超标。村民先后带自己的孩子去医院检查，发现血铅超标现象在该村儿童群体中普遍存在。针对这一问题，该村村民怀疑是由于本地某冶炼公司非法排污所产生的土地污染所导致的。随后，村民对该冶炼公司大门进行围堵，并邀请媒体一起“讨说法”，并在网络上引起了一定的关注。围堵次日，该厂负责人公开声明，本村儿童血铅超标事件和该公司的生产、经营活动无直接联系，此说法引起了村民的不满，群情激动的村民一度冲击厂房并实施打砸等行为。

以基于案例推理的环境群体性事件为应用背景，本书课题组开发的应急辅助决策模型辅助县市领导对这起事件进行应急处置决策。

在原型系统案例检索界面，如图 8.7 所示，输入如下案例属性信息。

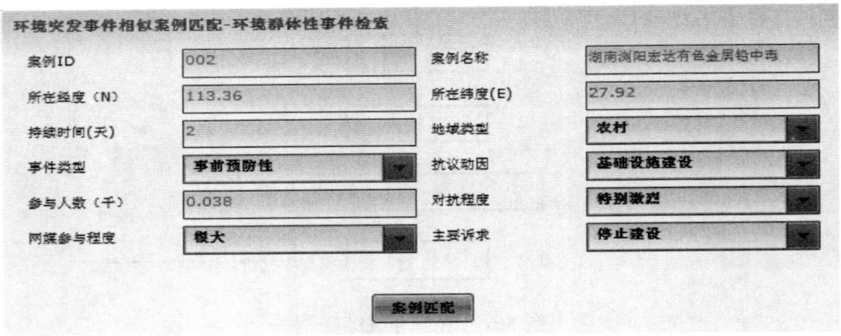

图 8.7 原型系统案例匹配界面

属性说明：持续时间为模糊数类型（FN）；事件类型为确定字符型（CS），取值为事前预防型、事后救济型；抗议动因为确定字符型（CS），取值为反对基础设施建设、反对非法排污、反对石油化工项目建设、其他；地域类型为确定字符型（CS）取值为：农村、城市、城乡结合处；对抗程度为模糊概念型（FL）取值为：特别激烈、较为激烈、一般、较为温和、温和；网络媒体参与程度为模糊概念型（FL）取值为：很大、较大、一般、较小、小；参与人数为模糊数类型（FN）；所在经度和所在纬度为确定数字型（CN）；主要诉求为确定字符型（CS），取值为停止建设、搬迁项目、关停现有项目（企业）、经济赔偿、整顿现有项目（企业）、其他。

完成信息输入操作之后，单击页面上的“案例匹配”按钮，即可进入如图 8.8 所示页面。

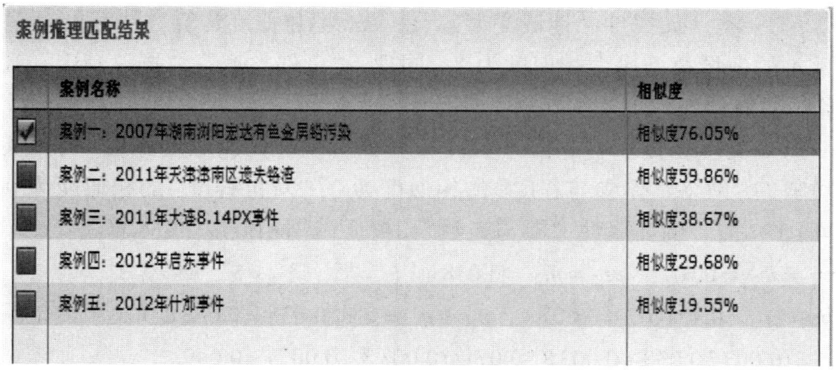

案例推理匹配结果

	案例名称	相似度
✓	案例一：2007年湖南浏阳宏达有色金属铅污染	相似度76.05%
	案例二：2011年天津津南区遗失铬渣	相似度59.86%
	案例三：2011年大连8.14PX事件	相似度38.67%
	案例四：2012年启东事件	相似度29.68%
	案例五：2012年什邡事件	相似度19.55%

图 8.8 案例匹配结果

用鼠标对其中相似度最高案例进行选择，可进入如图 8.9 所示的详细处置方案页面。

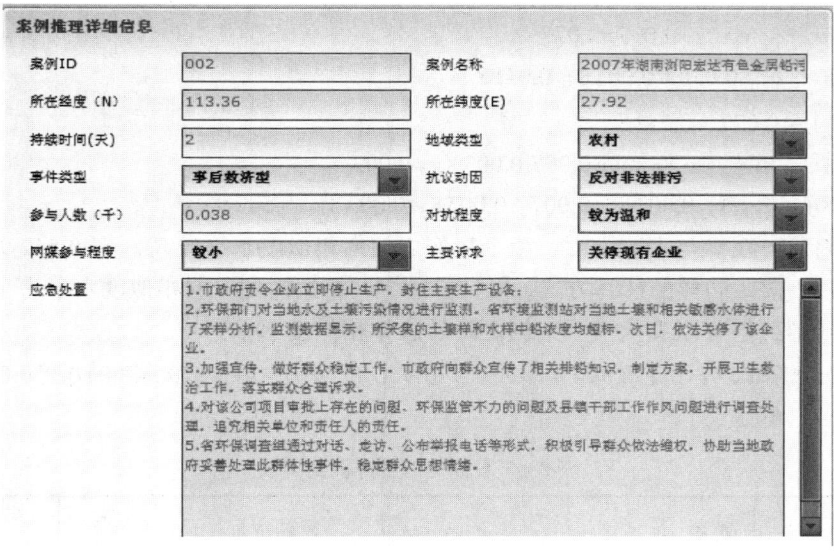

案例推理详细信息

案例ID	002	案例名称	2007年湖南浏阳宏达有色金属铅污
所在经度（N）	113.36	所在纬度(E)	27.92
持续时间(天)	2	地域类型	农村
事件类型	事后救济型	抗议动因	反对非法排污
参与人数（千）	0.038	对抗程度	较为温和
网媒参与程度	较小	主要诉求	关停现有企业

应急处置

1.市政府责令企业立即停止生产，封住主要生产设备；
2.环保部门对当地水及土壤污染情况进行监测。省环境监测站对当地土壤和相关敏感水体进行了采样分析，监测数据显示，所采集的土壤样和水样中铅浓度均超标。次日，依法关停了该企业。
3.加强宣传，做好群众稳定工作。市政府向群众宣传了相关排铅知识，制定方案，开展卫生救治工作。落实群众合理诉求。
4.对该公司项目审批上存在的问题、环保监管不力的问题及县镇干部工作作风问题进行调查处理，追究相关单位和责任人的责任。
5.省环保调查组通过对话、走访、公布举报电话等形式，积极引导群众依法维权，协助当地政府妥善处理此群体性事件，稳定群众思想情绪。

图 8.9 相似案例详细信息

案例相似度计算结果如表 8.1 所示：

（1）CN 类。如“所在经度”，东经的取值范围为[0-180]，根据 CN 属性的相似度计算公式，计算案例 A 和案例 Y 经度的相似度为：1-|114.37-113.36|/180=0.994 4；同样可以计算纬度的相似度为 0.970 9。

（2）CS 类。如属性“地域类型”。由 CS 类相似度计算方法可知，案例 Y 和案例 A 的地域类型属性相似度为 1。同理，“事件类型”、“抗议动因”和“主要诉求”的属性相似度均为 1。

（3）FL 类。本书参考文献①中关于模糊概念属性的相似度算法，可得案例 A 和案例 Y 的“网络媒体参与程度”的相似度为 0；“对抗程度”的相似度为 0.097。

（4）FN 类。例如属性“参与人数”，根据模糊相似度 FSM 算法：

$m_{x_i} = \bar{m}_{x_i} = 0.07, \quad m_{y_i} = \bar{m}_{y_i} = 0.038$

$p_{x_i} = q_{x_i} = 0.1 * 0.07 = 0.007, \quad p_{y_i} = q_{y_i} = 0.1 * 0.038 = 0.0038$

$x' = (0.007 * 0.038 + 0.0038 * 0.07) / (0.0038 + 0.007) = 0.049,$

$y' = 1 - (0.049 - 0.07) / 0.007 = 4$

因为 $y' > 1 > 0$

所以 $A(x_i) = (2 * 0.07 + 0.007 - 2 * 0.007 + 0.007) / 2 = 0.007$

$A(y_i) = (2 * 0.038 + 0.0038 - 2 * 0.038 + 0.0038) / 2 = 0.0038$

$\bar{m}_{x_i} + q_{x_i} = 0.07 + 0.007 = 0.077$

$\bar{m}_{y_i} + q_{y_i} = 0.038 + 0.0038 = 0.0418$

因为 $0.077 > 0.0418$

所以 $A(x_i \cap y_i) = \min(0.007, 0.0038) = 0.0038$

$\mathrm{Sim}(x_i, y_i) = 0.0038 / (0.007 + 0.0038 - 0.0038) = 0.5429$

因此，在参与人数方面，两个案例之间的相似度水平较高，为 0.542 9（见表 8.1）。按照同样的计算方式，可计算得到“持续时间”的相似度水平为 1。以此为基础我们可以算出两个案例之间的总体相似度水平为：

0.1*1+0.1*1+0.1*0.994 4+0.1*0.970 9+0.1*1+0.1*1+0.1*0.542 9+0.1*0.097+0.1*1=0.760 5

表 8.1　案例相似度计算结果表

属性名称	类别	权重	案例 A	案例 Y	属性相似度	案例相似度
案例 ID	CS	0	001	002		
案例名称	CS	0	A	湖南浏阳宏达有色金属铅污染		

① 路云，吴应宇，达庆利. 基于案例推理技术的企业经营决策支持模型设计[J]. 中国管理科学，2005，13（2）：81-86.

续表

属性名称	类别	权重	案例 A	案例 Y	属性相似度	案例相似度
状态 ID	CS	0	a	Y		
持续时间（天）	FN	0.1	2	2	1	
地域类型	CS	0.1	农村	农村	1	
所在经度（E）	CN	0.1	114.37	113.36	0.994 4	
所在纬度（N）	CN	0.1	30.54	27.92	0.970 9	
事件类型	CS	0.1	事后救济型	事后救济型	1	0.760 5
抗议动因	CS	0.1	反对非法排污	反对非法排污	1	
参与人数（千人）	FN	0.1	0.07	0.038	0.542 9	
对抗程度	FL	0.1	一般	较为温和	0.097	
网络媒体参与程度	FL	0.1	较大	较小	0	
主要诉求	CS	0.1	关停现有企业	关停现有企业	1	

备注：本书为简化计算，将属性权重做等值处理，即根据参加匹配计算的属性个数，每个属性权重均设为 0.1。实际运用时是领域专家通过权重接口设置权重。

8.5.2 案例修正与辅助决策

如上文中所介绍的，在参考相关案例的过程中，决策人必须结合本次应急事件的实际情况对历史案例的处置方案进行修改和调整。由于模拟案例与相似案例的最大不同之处在于，网络媒体的参与程度，所以尤其是要重点关注网络舆论的控制和引导方案的修改和完善。包括及时召开记者会，通报实时情况等，都是保障广大人民群众知情权的有效途径，对于政府公信力的提升有着重要的积极作用。

同时，本系统也同样具有一定的学习能力，如果将学习阈值设定为 0.6 的话，当案例库与待求案例中任一案例的相似度小于 0.6，系统即默认所有案例均和当前应急事件相似度为 0。当系统中待求案例与案例库中记录的所有案件都不存在相似性，则可以将该案件添加到数据库中，进行自我学习。而上文中所研究的两个案例之间的总体相似度为 0.7605，因此无需存储。

8.6 政策建议

诚然，本书设计的基于案例推理的突发环境事件应急辅助决策模型能够极大地辅助提高决策人员现场的应急决策水平，快速做出决策，节约宝贵的时间，降低突发环境事件造成的各种损失。但是，该模型在实践中的广泛应用得益于有丰富的历史环境案例，以及在对相似案例修正时需要相对比较完善的环境应急法律、法规作为参考，在方案执行时需要有充分的应急物资作为支撑的应急预案为保障。而这些从国家层面上来看还有很多不够完善的地方。比如，在各地发生了突发环境事件后并没有形成一个有效的案例采集、总结分析及共享机制；我国的环境应急管理法律法规还比较粗放，需要进一步精细化；环境应急物资储备体系尚不完善，应急预案还需要提高其实用性和可操作性等。对此，本书提出如下对策建议：

（1）加快推进全国环境应急案例数据库建设，建立案例共享机制。

① 加快推进全国环境应急案例数据库建设。从信息来源上，全国环境应急案例库的信息来源要准确、权威，渠道要广泛。因为渠道的广泛性决定了案例的数量，渠道的权威性决定了案例的质量。从案例内容上讲，应当将突发事件的整个过程包括事发前、事发时、事发中以及事发后的维护工作完完整整地记录下来，并且要对当时的背景还有民众对此突发环境事件的看法等进行描述。从案例结构化程度上，案例内容的结构化程度决定了案例中重要信息的检索效率，作为案例评估的重要标准，它包含了两个层次的内容：案例库的结构化程度、具体案例的结构化程度。从案例的实用性上，突发环境事件案例库主要有两大作用：第一个是作为提供案例教材的宝库，有利于学习吸取经验教训，以免重复发生类似事件；第二个就是作为突发环境事件案例推理和应急辅助决策的基础。

② 构建环境应急案例共享机制。由于我国突发事件是分门别类进行管理的，不同行业的突发事件，不同地方和企业的案例都由不同的监管系统管理，并以记录和报告的形式放置在相关监管部门以及各地方的应急管理相关部门之内，案例描述的表达形式都存在差异，彼此之间无法便捷地分享案例，客观上形成了部门分割、信息分离的局面。首先，政府相关监管部门要加强协调和沟通，

提高案例共享能力。建立常态化的案例信息沟通与分享渠道，定期互通环境案例应急经验与教训，打破阻碍，为信息的流通和共享提供一条方便快捷的方法。然后，利用政府各部门的应急管理平台，统一制定案例信息搜集工作和共享标准规则，使不同的部门甚至不同的地方政府之间也能进行案例信息的分享，借助技术来实现信息资源最大化利用。例如，美国开发了一款事故教训学习信息分享系统（Lessons Learned Information Sharing，LLIS.gov），该系统面向全国，方便在线学习，里面内容丰富，涵盖了全国各地案例总结的经验教训，各个地区和部门的应对事故的措施，这款系统对于帮助事故案件应急有非常大的指导作用。

（2）完善环境应急管理相关法律法规，提高立法精细化水平。

① 转变环境应急管理立法理念。

在顶层设计及意识形态方面，要转变“重应对，轻预防”、政府“大包大揽”的思想，在整个事故过程中都不能松懈，要加强管理，风险意识要严格树立，同时人民群众、企业、国家三者要相互配合，相互协作，共同治理，并以此指导环境应急法律制度的完善。

② 加强和完善地方性环境应急管理法律法规的配套建设。

当前，我国缺乏环境应急管理地方性法规或规章，使得法律执行力和效力较低。各地方应根据本地突发环境事件客观情况制定环境应急管理地方性法规或规章，与此同时，明确风险评估、检测、预警等方面的操作准则，建立地方环境应急管理法律体系，要求层次条理清晰。同时，将环境应急管理规范和有关环境保护和治污的基本法协调好，有效连接环境应急管理立法体系中各个规章。企业做好事先评估风险的准备，随时观察环境变化，做好预警对策，及早扼杀事故隐患，减少事故发生的风险；健全环境风险信息公开制度，特别是规范从事危险物质生产、运输、储存等相关企业信息公开义务；健全公众参与制度，发挥社会公众对政府、企业的环境风险监督作用，弥补政府环境应急管理缺乏的弊端；健全保障制度，通过国家救助，推行环境污染责任保险，有利于在环境事故造成严重后果后及时得到救助。

（3）完善环境应急物资储备体系建设，提高环境应急预案的可操作性。

对于应急预案或者一项决策好的处置方案，有没有配套的应急资源作为保障是预案或者方案能否被顺利执行、达成预期目标的关键所在。正如有专家指出，没有应急资源支撑的应急预案（方案）就是一纸空文[①]。如果没有充足、合

① 王宏伟. 公共危机与应急管理——原理与案例[M]. 北京：中国人民大学出版社，2015.

理配置、管控严格、保障到位的突发环境应急物资储备，环境应急预案的实施就是“无米之炊”，很难将突发环境事件妥善处理并控制在一定范围之内。当前，我国环境物资储备体系尚不完善，存在储备主体单一、储备种类不标准、储备管理不规范等问题。所以，要加快推进我国各级环境建立健全应急物资储备体系，物资的生产、存储、监管、调动和输送等方面都要加紧准备就绪，完善各级环境应急预案的可执行性。

① 储备主体多样化。一是依托省级、重点地区级应急物资储备库，实现区域间的快速联动，支援、救济及调剂。二是依托安监、消防、卫生等专业部门应急物资储备库，采用专业物资储备方式，并制定合同进行协议，以这些形式进行资源共享。三是依托重点工业企业应急物资储备。建立健全相关的法律法规并出台相关的企业补偿与激励政策，充分利用协议企业的规模和专业优势进行应急物资实物储备或生产能力储备。四是鼓励非政府组织尤其是各类慈善机构进行环境应急物资储备①。

② 储备种类合理化。在和省级、重点地区级和专业部门、重点工业企业应急物资储备库互为补充的前提下，各地方的环境应急物资不需要大而全，需要针对本地的实际情况进行储备。为此要广泛深入地开展本地调研，对本地可能面临的环境风险类型进行科学评估，研究适合本地城乡差别、产业特征、地质特征、潜在风险类型及强度等因素的应急物资储备基本标准，实现本地环境应急物资规范化、科学化及标准化管理。

8.7 本章小结

本章首先分析了突发环境事件应急决策的特征，包括如果处置不及时容易造成重大经济损失及无法挽回的环境破坏，专业性要求高以及处置具有一定的规律性。上文中强调过，本书所研究的环境突发事件要求我们在短时间内完成决策行为，并可参照历史环境案例做出决策，因此在环境突发事件的应急决策过程中，如何快速、准确地找到高相似度的历史案例来辅助决策，就成为摆在我们眼前的一个重要问题。案例推理方法是人工智能领域一种新兴的推理方法，在实际的应用过程中可有效规避传统推理方法在专家经验利用时的知识获取、知识表示等难题而基于案例实现对专家经验知识的存储和检索，而这一特点的

① 张永领. 我国应急物资储备体系完善研究[J]. 管理学刊，2010，(6).

客观存在，正是本书在解决历史相似案例检索中应用案例推理（CBR）技术的直接原因。

本章中，设计了基于案例推理的突发环境事件应急辅助决策模型，包括设计了基于概念树—本体模型—元模型三层架构的应急案例表示模式、设计了基于属性相似度和结构相似度双层结构的环境应急案例相似度检索算法，最后开发了原型系统并利用环境群体性事件的具体算例对模型的实用性进行了验证。结果表明，可以辅助决策者对突发环境事件进行快速科学决策。最后，为了使得该模型推广应用，提出了几点政策性建议。一要加快推进全国环境应急案例数据库建设，建立案例共享机制；二要完善环境应急管理相关法律法规，提高立法精细化水平；三要完善环境应急物资储备体系建设，提高环境应急预案的可操作性。

9 建立基于改进灰色多层次评价方法的应急预案实施效果评价模型

9.1 应急预案评价研究现状

随着我国各类各级应急预案体系的逐渐建立，我国的应急预案从“有没有”的建立阶段转变为“有没有效”的全面评估优化阶段。但是，如何对应急预案做出正确的评估仍然是一个很大的难点。现阶段，我们所做的评估一般为事前评估，或者不做评估仅在事后关注是否采取了应急预案，然后对具体的实施效果关注得不够。这样就造成了预案的盲目使用，不管预案适不适合，效果好不好。我们可以看到，有效评价预案实施效果，不仅能够避免那些效果欠佳的预案反复应用所带来的不利影响，而且也能够有针对性地改进现有预案，为其整体针对性和可操作性的提升提供必要的支持。因此，对突发事件应急预案实施效果进行评价，至关重要，而且意义深远，既能在理论基础上做出贡献，在实践方面也存在价值。

现阶段，专家学者针对应急预案的效果评估主要有下列几点：

第一，对应急预案的文本进行多方面的研究，这类研究通常以专项预案评价标准和通用预案的评价标准为主要内容。其中，通用预案主要是以具有较强指导性的一般标准（standard）和实施方针（guideline）为考察对象，对预案文本进行评价。其中较为具有代表意义的研究成果如 Perry（2003）[①]探讨了应急预案编制（emergency planning）并对该预案的价值进行了评定，证明其可行性。而在于瑛英（2008）[②]的研究成果中，则重点分析了应急预案编制过程中的相关文本要素，以此为基础对应急预案的事前评价相关问题进行了研究。

第二，是对应急预案可操作性评价的研究，如张盼娟（2008）[③]在其发表的

① Perry R W, Michael K L, et al. Preparedness for Emergency Response: Guidelines for the Emergency Planning Process[J]. Disasters, 2003, 27(4): 336-350.

② 于瑛英. 应急预案制定中的评估问题研究[D]. 北京：中国科学技术大学，2008.

③ 张盼娟，陈晋，刘吉夫. 我国自然灾害类应急预案评价方法研究（Ⅲ）：可操作性评价[J]. 中国安全科学学报，2008（10）.

论文中，提炼了应急预案执行中的重要信息，根据不同要素的相互关系，绘制了结构控制图，以内部结构复杂性来对预案的可行性进行评估。

第三，对应急预案有效性评价的研究，例如于瑛英（2007）[①]在相关文章中突破常规思路，首次提出借助项目管理来对应急预案的有效性评价进行了分析和讨论。覃燕红（2010）[②]的研究更为深入和细致，其根据应急预案中各个组成部分与突发情况之间的相关性来分析应急预案是否能发挥作用，再全面系统地评价应急预案的可行性。在禹竹蕊（2011）[③]发表的论文中，同样深入研究了具体的评价方法，并给出了具体的动态综合评估模型，为相关研究的开展提供了全新的思路。在郭子雪等人（2008）[④]的研究成果中，将直觉模糊集方法应用于环境应急预案的评价体系中来，其研究成果具有一定的代表性和先进性。唐玮等人（2013）[⑤]发表的论文中，系统分析了预案生命周期内的关键环节并对预案体系的优化设计进行了深入探索。以体系完善作为突破口，认为最好的提高应急预案有效性的方法就是建立一个完备的预案管理体系，将各种预案先分类再存档，并对不同类型的预案制定不同的评价、管理和演练标准，在管理工作进行的过程中还要加强监督，不断完善体系中的不足之处。

基于上文内容可以得出，对应急预案的评价按照不同的标准可以被分为很多种。从评估进行的时段来看，包括事前、事中和事后评估三种；根据评估选取的方法的不同，可以分为定量和定性评估两种。通过分析预案完善的各种途径，发现事后定量评估的效果更明显，而且更具有研究的价值，因此此次研究就选择了该种途径，在具体的研究过程中主要借助 AHP 群决策-熵权法组合赋权的改进灰色多层次评价模型。以上关于应急预案事后有效性评价的文献，他们的一个共同不足之处在于：并没有结合具体的突发事件的应对情况，对比分析和评价应急预案的实施效果。

针对这一问题，美国兰德公司的专家学者曾一针见血地指出，应急预案在突发事件中的实际指导效果是我们评价其有效性最为直接的依据，不过这些信

① 于瑛英，池宏．基于网络计划的应急预案的可操作性研究[J]．公共管理学报，2007（2）．

② 覃燕红．突发事件应急预案有效性评价[J]．科技管理研究，2010（24）．

③ 禹竹蕊．论应急预案的动态综合评估[J]．人民论坛．学术前沿，2011（14）．

④ 郭子雪，张强．基于直觉模糊集的突发事件应急预案评估[J]．数学的实践与认识，2008（22）．

⑤ 唐玮，姜传胜，佘廉．提高突发事件应急预案有效性的关键问题分析[J]．中国行政管理，2013（9）．

息的获取相对困难。在本研究中，同样从这一思想出发，认为一个应急预案有效性的大小必须要在其对现实生活中的突发事件产生一定的指导效果后才能确定，抑或是要根据实施效果来评价预案，通过建立起一定的评价标准及模型，深入调研和访问当时参与突发事件应对的相关人员，根据他们当时在应对突发事件时对应急预案实际应用的感知，结合查看事故调查报告和事故救援的原始资料，对应急预案所发挥的作用进行评价和总结。也就是说，本书所开展的研究从本质上来说是一种基于最终的应急结果对应急预案本身的效果进行评价，而应急预案的实际执行以及执行者并不在这套体系的评价范围之内。灰色评价方法可以很好地解决应急预案效果评价中由于信息获得途径有限、评估者不能做到绝对客观等不可避免的缺陷而出现的灰色性问题。

9.2 应急预案效果评价的特点

（1）诚如上文中所介绍的，由于突发事件具有多样性，并且其预案体系具有较强的复杂性，因此一个具有普适性的预案评价体系显然是不存在的。基于上述情况，我们需要为不同的突发事件类型设定不同的评价指标。开展相应研究之前，首先要明确突发事件所属的类型。

（2）应急预案效果评价的主体多样化。对应急预案的效果进行评价的主体可以是应急预案的编制者、执行者、政府相关应急管理人员等参与突发事件应急响应过程的相关专业人士。影响应急预案实施结果的因素多是灰色、模糊、难以量化的，这些评价大多超过了预案评价者的知识水平、认知能力，在主观感知方面也未能达到要求，所以难免一些评价中可能不准确，存在偏差，或者说是带有一定的灰色性。

（3）定性和定量相结合的评价方式，能够帮助我们更为全面、准确地评价突发公共事件应急预案。事实上，部分指标是无法进行量化处理的，这时候我们就要采用定性预测的方法，将专家的集体知识体现在预案评价之中。而为了有效地规避定性预测的主观性，我们在评价研究中仍然需要以定量研究为基础。

9.3 指标体系构建

评价指标的选取始终是我们构建应急预案评价体系的重点和难点工作。由于应急预案体系按照不同的标准有多种不同的分类方法，仅从事件类型来看，就分为四大类，即自然灾害、社会安全、公共卫生及事故灾难。每一类中又包括很多的小类。如，事故灾难又分为火灾、危化品爆炸、危化品泄漏等多个种类。不同种类的突发事件基于结果的应急预案实施效果评价的内容是不同的。因此，一个具有普适性的预案评价体系显然是不存在的。随着我国石化工业的快速发展，石化企业在提振当地经济、促进当地就业等方面发挥着越来越重要的作用，不过也同样带来了不容忽视的安全问题。相对于其他事故来说，石化工业品事故所带来的危害更为巨大、社会影响范围更为广泛，对构建社会主义和谐社会所起到的负面影响更为明显。更为重要的是，一旦发生了危化品事故，极易对环境造成重大危害。所以，本书将以危化品事故为例，探讨应急预案的实施效果评估。国内这方面的指标研究较少，本书借鉴 Faisa H 等人（1994）[①]对美国埃克森石油泄漏事故评价研究中所总结出的应急预案实施效果影响因素，并与 10 位危化品管理方面的专家进行访谈（安监局危化处专家 5 位，危化品企业管理人员 5 名）得到危化品泄漏事故应急预案实施情况评价的最后指标体系，如图 9.1、表 9.1 所示。

9.4 基于 AHP-熵权法的组合赋权

本书采用 AHP 群决策的主观赋权和熵权法客观赋权的综合赋权方法。在 AHP 群决策中，由于各位专家的知识水平、对问题和方案的熟悉程度以及判断的真实度和可信度存在差异，每个专家的看法对最后的综合判断是不同的。所以，本书考虑到专家权重的存在，并且采用基于内容权重和逻辑权重确定专家权重的方法[②]，可以避免主观赋权的片面性。

① Abordaif F H. The Development of an Oil Spill Contingency Planning Evaluation Model[D]. Washington D C: The Washington University, 1994.

② 张英菊. 基于改进的灰色多层次评价的应急预案实施效果评价模型[J]. 湘潭大学学报（自然科学版），2017（1）.

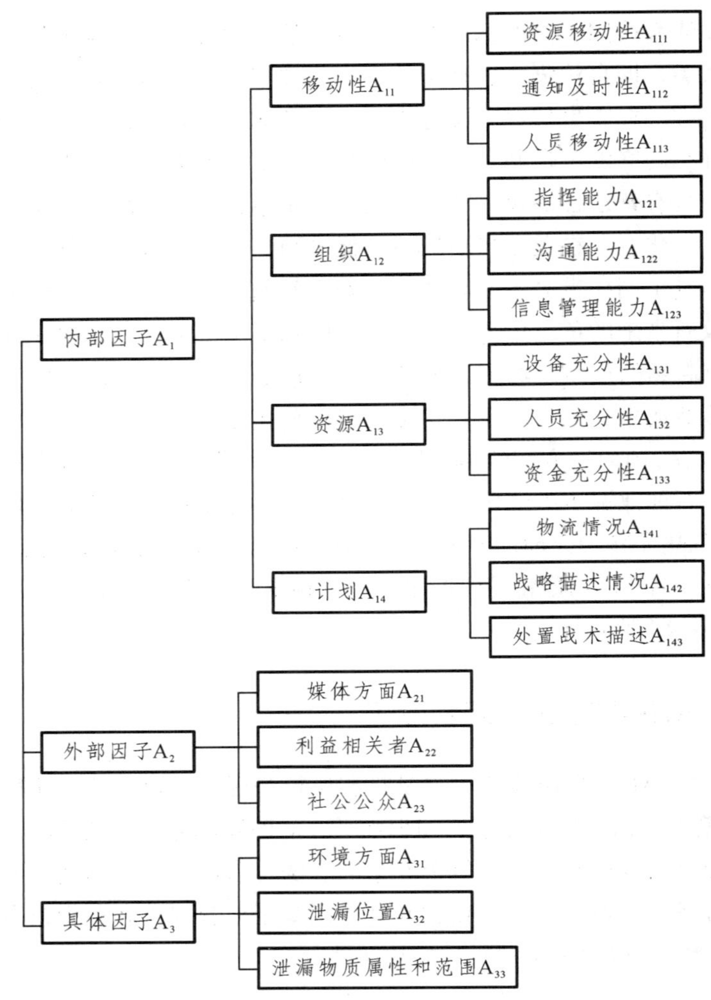

图 9.1　危化品泄漏事故应急预案实施情况评价指标体系

表 9.1　指标说明

因子	说明
内部因子 A_1	影响组织应急预案实施效果并且可以被组织控制的因素
资源移动性因子 A_{111}	根据应急预案中对资源的描述,在应对突发事件时组织的资源移动性情况
通知及时性因子 A_{112}	根据应急预案中预警等方面的描述,在应对突发事件时组织发布预警通知的及时性情况

续表

因子	说明
人员移动性因子 A_{113}	根据应急预案中对组织机构、人员的安排及描述情况，在应对突发事件时组织的人员移动性情况
指挥能力因子 A_{121}	根据最终的突发事件处理情况分析应急预案中对组织指挥能力的描述情况
沟通能力因子 A_{122}	根据最终的突发事件处理情况分析应急预案中对组织应该在沟通方面所采取的措施的描述情况
信息能力因子 A_{123}	应急预案对组织在应对突发事件中所应采取的信息管理措施的描述
设备充分性因子 A_{131}	根据最终的突发事件处理情况分析应急预案中对设备的准备情况
人员充分性因子 A_{132}	根据最终的突发事件处理情况分析应急预案对人员的准备情况
资金充分性因子 A_{133}	根据最终的突发事件处理情况分析应急预案对资金准备方面的描述
物流情况因子 A_{141}	根据最终的突发事件处理情况分析应急预案中规定的调度应急响应资源的物流情况
战略描述因子 A_{142}	根据最终的突发事件处理情况分析应急预案对危化品泄漏处置战略方面的描述情况
处置战术描述因子 A_{143}	根据最终的突发事件处理情况分析应急预案对危化品泄漏处置战术方面的描述情况
外部因子 A_2	影响组织应急预案实施效果但无法被组织控制的因素
媒体方面因子 A_{21}	媒体对事故的反应会影响事故救援的效果。事故信息必须准确而及时地与媒体沟通
利益相关者因子 A_{22}	利益相关者包括土地拥有者、股东、被漏油事故影响的群体
政府方面因子 A_{23}	媒体、公众以及利益相关者对漏油事故的关注会引起政局对事故的关注，因而会影响事故的应急救援结果
具体因子 A_3	与具体事故相关的并且影响应急预案实施情况的因素
环境方面因子 A_{31}	危化品泄漏时的具体环境情况，包括风向、风速、海洋潮流等因素
泄漏位置因子 A_{32}	泄漏的位置
泄漏物质属性和范围因子 A_{33}	泄漏物质的属性，例如扩散性，蒸发性，乳化性，分解性，氧化性等不同特性

9.4.1 基于专家权重的 AHP 群决策法计算主观权重

层次分析法（Analytic Hierarchy Process，AHP）在部分文献资料中也被简称为 AHP，是 T.L.S.atty 在 1977 年提出的一种定量和定性相结合的辅助决策分析方法。该方法在实际的操作中，将复杂问题进一步分解为若干构成要素，通过对不同要素的两两对比来确定该要素的重要程度，然后通过对要素重要程度的排序为决策提供支持。作为一种解决定量分析无法完全发挥作用的问题的方法，层次分析法在包括经济学、管理学等多个领域都有着广泛的应用。

具体来说，本书采用了 AHP 群决策的方法，具体步骤如下：

a. 每一位专家构造各自的判断矩阵，并需要分别通过一致性检验

b. 计算专家权重

c. 用专家权重修正每个专家分别得出的权重

1. 构造判断矩阵并进行一致性检验

根据判断矩阵用最大特征根法计算权向量 T 和最大特征根 $\lambda_{\max}$，其具体步骤如下：

（1）计算判断矩阵 A 每一行元素的乘积

$$M_i = \prod_{j=1}^{n} a_{ij} \qquad (i = 1, 2, \cdots, n) \tag{9.1}$$

（2）计算 M_i 的 n 次方根

$$\overline{W_i} = \sqrt[n]{M_i} \qquad (i = 1, 2, \cdots, n) \tag{9.2}$$

（3）对 $\overline{W_i}$ 标准化

$$W_i = \frac{\overline{W_i}}{\sum_{j=1}^{n} \overline{W_i}} \qquad (i = 1, 2, \cdots, n) \tag{9.3}$$

（4）计算判断矩阵 A 的最大特征根

$$\lambda_{\max} = \frac{1}{n} \sum_{j=1}^{n} \frac{\sum_{j=1}^{n} a_{ij} W_j}{W_i} \tag{9.4}$$

（5）一致性检验

计算判断矩阵 A 的“一致性指标”CI：

$$CI = \frac{\lambda_{\max} - n}{n - 1} \tag{9.5}$$

其中 $\lambda_{\max}$ 为判断矩阵 A 的最大特征根，n 为 A 的阶数，它是衡量不一致程度的数量标准。

计算判断矩阵 A 的“随机一致性指标”RI：

对于 1 ~ 9 阶判断矩阵，RI 值如表 9.2 所示。

表 9.2　RI 值

n	1	2	3	4	5	6	7	8	9
RI	0	0	0.58	0.94	1.12	1.24	1.32	1.14	1.45

计算“随机一致性比率”CR：

$$CR = \frac{CI}{RI} \tag{9.6}$$

在 $CR<0.1$ 状态下，界定该矩阵一致性达到预期水平；反之，则需要通过两两对比来对相关元素进行调整，直到矩阵的满意度符合预期要求。

2. 基于内容权重和逻辑权重的专家权重判定法

（1）计算内容权重。

本书研究中所引用的内容权重的一般性概念，主要是指按照专家所提供的矩阵判断值，进行特征向量的计算，并以此为基础为相应专家赋予的权重比例。而之所以将其称之为内容权重，正是因为我们在判断专家权重比例的过程中，所涉及的矩阵判断值以及特征向量实际上都是从内容角度出发的。不过我们也同样应该认识到，虽然这两项数据在某种程度上也同样决定了 CR 的具体数值，但是由于我们采用聚类分析的方式来获取专家内容权重比例，所以无法对同一类别中专家意见信息的质量进行进一步的甄别和判断，因此在最终的计算结果上仍然有一定的误差，所以我们需要引入专家逻辑权重这一概念来为以上问题的有效解决提供支持。

$$\lambda_i = \frac{\phi_p}{\sum_{q=1}^{t} \phi_q^2} \tag{9.7}$$

式中，ϕ_p 为个体排序向量 U_i 所在的 Ω_p 类容量，λ_i λ_i 为专家 i 的权重。聚类方法采用距离公式，其公式为：

$$d_{ij}(2)=\sqrt{\sum_{k=1}^{n}(u_{ki}-u_{kj})^2} \qquad (9.8)$$

式中 u_{ki} 和 u_{kj} 分别为个体排序向量。聚类分析可用 SPSS 统计软件实现。

（2）逻辑权重。

所谓逻辑权重是指依据判断矩阵的一致性比例 CR 值来确定专家的权重。之所以称为逻辑权重，是因为 CR 值是从逻辑上检测专家提供的判断信息的质量的，即评判专家提供的判断信息是否存在逻辑上的矛盾，而不会考虑内容上的准确性，即 CR 值相同的矩阵可能有着不同的特征向量以及矩阵评判值。

计算公式[①]：

$$\lambda_k=\frac{1}{1+aCR_K},\quad a\geqslant 1,k=1,2,\cdots,m \qquad (9.9)$$

然后，将计算得到的权重进行归一化，即可得到专家的逻辑权重，a 的值取 10。

（3）计算内容权重和逻辑权重的几何平均值。

计算公式为：

$$w_i=\frac{w_{i(内)}w_{i(逻)}}{\sum_{i=1}^{k}w_{i(内)}w_{i(逻)}} \quad k=1,2,3,\cdots,m \qquad (9.10)$$

9.4.2 熵权法计算客观赋权

熵权法是近年来使用较多、较为新颖的一种客观赋权方法，根据信息熵原理确定权重。该方法不依赖人的主观判断，单纯依据原始数据间的关系，确保了评价结果具有较强的客观性。

在信息论中，熵是对不确定性的一种定量化的度量，可以通过计算熵值来考量一个事件的随机性及无序程度，也可以判定某个指标的离散程度。

假设系统可能处于多种不同状态，而每种状态会出现的概率为

$p_i(p_i=1,2,\cdots,m)$，则该系统的熵定义为：

$$E=-\sum_{i=1}^{m}p_i\ln p_i \qquad (9.11)$$

---

① 李远远，刘光前. 基于 AHP-熵权法的煤矿生产物流安全评价[J]. 安全与环境学报，2015（3）.

只有当 $p_i = 1/m(p_i = 1,2,\cdots,m)$ ，熵权取得最大值为 $E_{\max} = \ln m$ 。其中，$p_i = 1/m$ 代表每种状态出现的概率相等，这是一种系统最无序的状态。熵权理论认为，事件越有序或者指标的离散程度越小，说明该指标所能提供的信息量越少，它在系统中就越不重要，因此对他赋的权重就应该越小。本课题选用熵权来衡量指标的离散程度就是基于该原理，即根据各项指标得分值的变异程度，利用熵来计算出各指标的熵权，再利用各指标的熵权对所有指标进行加权，从而得到客观权重值。

熵权法的步骤：

（1）原始数据矩阵归一化

设已选定 m 个评价对象，n 项评价指标，其原始数据矩阵为 $A=(a_{ij})_{m\times n}$ ，对其进行归一化，得到 $R=(r_{ij})_{m\times n}$ ，对于效益型指标而言，归一化公式为：

$$r_{ij}=\frac{a_{ij}-\min\limits_{j}(a_{ij})}{\max\limits_{j}(a_{ij})-\min\limits_{j}(a_{ij})} \tag{9.12}$$

对于成本型指标而言，归一化公式为：

$$r_{ij}=\frac{\max\limits_{j}(a_{ij})-a_{ij}}{\max\limits_{j}(a_{ij})-\min\limits_{j}(a_{ij})} \tag{9.13}$$

（2）定义熵。

第 i 个评价指标的熵定义为：

$$H_i=-k\sum_{j=1}^{n} f_i \ln f_{ij},\ i=1,2,\cdots,m \tag{9.14}$$

式中 $f_{ij}=r_{ij}/\sum\limits_{j=1}^{n} r_{ij}, k=1/\ln n$ 。并假定当 $f_{ij}=0$ 时，$f_{ij}\ln f_{ij}=0$ ，则有 $0\leqslant H_i\leqslant 0$ 。

（3）定义熵权。

定义了第 i 个指标后，可以得到第 i 个指标的熵权。

$$\omega_i=\frac{1-H_i}{m-\sum\limits_{i=1}^{m} H_i},(0\leqslant\omega_i\leqslant 1,\sum_{i=1}^{m}\omega_i=1) \tag{9.15}$$

熵权 ω_i 越大，表示该指标代表的信息量越大，该指标对综合评价的作用就越大。具体熵权计算过程和结果需要结合后面的关于预案的评价矩阵数据进行。本书利用 Matlab 软件中的熵权法计算程序进行计算，详细过程见后文。

9.4.3 组合赋权

采用基于AHP-熵权法的组合赋权，充分发挥了两种赋权方法的优越性，减少了以往确定权重时采用单一方法的局限性。假设 ω_i 为AHP法和熵权法组合后第 i 个指标的最终权重。将 ω_i 表示为 $\omega_i^{(a)}$ 和 $\omega_i^{(e)}$ 的线性组合（i=1，2，…，m），即令：

$$\omega_i=\alpha\omega_i^{(e)}+(1-\alpha)\omega_i^{(e)} \tag{9.16}$$

式中，α 为主观偏好系数，即AHP权重占组合权重的比例，$\alpha\in[0,1];1-\alpha$ 表示客观偏好系数，即熵权权重占组合权重的比例。

郭亚军（2002）[①]和林正奎（2012）[②]在研究组合权重时，采用以组合权重和AHP权重之间的偏差，与组合权重与熵权权重之间的偏差的平方和最小为目标，建立目标函数，

$$\mathrm{Min}()=\sum_{i=1}^{m}[(\omega_i-\omega_i^{(a)})^2+(\omega_i-\omega_i^{(e)})^2] \tag{9.17}$$

求一阶导数并令其为0，算出 $\alpha=0.5$，得出：

$$\omega_i=0.5\omega_i^{(a)}+0.5\omega_i^{(e)} \tag{9.18}$$

结果表明，在偏差的平方和最小的约束下，最佳的组合权重结果是主观AHP和客观熵权权重各占一半，最终求得的组合权重为：

$$\omega=[\omega_1+\omega_2,\cdots,\omega_m]^T \tag{9.19}$$

9.5 灰色多层次评价模型构建

1. 确定评价样本矩阵

组织预案实施情况评审专家（参与事故应急预案实施过程的相关人员）k，（$k=1$，2，3，…，n，即有 n 位评价专家）对在某危化品泄漏事故中启动的第 x 个应急预案的实施情况指标 A_{ij} 打分记为 $d_{ijn}^{(x)}$，并填写评价专家评分表，据此表得第 x 个项目的评价样本矩阵 $D^{(x)}$：

① 郭亚军. 综合评价理论、方法及应用[M]. 北京：科学出版社，2002.

② 林正奎. 基于熵权——AHP组合的城市保险业社会责任评价研究[J]. 科研管理，2012(3).

$$D^{(x)}=\begin{bmatrix} d_{111}^{(x)} & d_{112}^{(x)} & d_{113}^{(x)} & \cdots & d_{11n}^{(x)} \\ d_{121}^{(x)} & d_{122}^{(x)} & d_{123}^{(x)} & \cdots & d_{12n}^{(x)} \\ d_{131}^{(x)} & d_{132}^{(x)} & d_{133}^{(x)} & \cdots & d_{13n}^{(x)} \\ \vdots & \vdots & \vdots & \vdots & \vdots \\ d_{ij1}^{(x)} & d_{ij2}^{(x)} & d_{ij3}^{(x)} & \cdots & d_{ijn}^{(x)} \end{bmatrix}$$

2. 确定评价灰类

由于专家水平的限制及认识上的差异，只能给出一个灰数的白化值。为了真正反映属于某类的程度，需要确定评价灰类就是确定评价灰类的等级、灰类的灰数及灰数的白化权函数。设评价灰类序号 e，$e=1$，2，3，…，m，即有 m 个评价灰类。根据具体的研究内容将评价灰类取为不同的级别，比如取为五级（优，良，中，差，很差），即 $m=5$。为了描述上述灰类，需要确定评价灰类的白化权函数。

第 1 灰类 很差（$e=1$），设定灰数 $\otimes_1\in[0，1，2]$，白化权函数为 f_1：

$$f_1(d_{ijk}^{(x)})=\begin{cases} 1 & d_{ijk}^{(x)}\in[0,1] \\ (2-d_{ijk}^{(x)})/1 & d_{ijk}^{(x)}\in[1,2] \\ 0 & d_{ijk}^{(x)}\notin[0,2] \end{cases} \quad (9.20)$$

第 2 灰类 差（$e=2$），设定灰数 $\otimes_1\in[0，2，4]$，白化权函数为 f_2：

$$f_2(d_{ijk}^{(x)})=\begin{cases} d_{ijk}^{(x)}/2 & d_{ijk}^{(x)}\in[0,2] \\ (4-d_{ijk}^{(x)})/2 & d_{ijk}^{(x)}\in[2,4] \\ 0 & d_{ijk}^{(x)}\notin[0,4] \end{cases} \quad (9.21)$$

第 3 灰类 中（$e=3$），设定灰数 $\otimes_1\in[0，3，6]$，白化权函数为 f_3：

$$f_3(d_{ijk}^{(x)})=\begin{cases} d_{ijk}^{(x)}/3 & d_{ijk}^{(x)}\in[0,3] \\ (6-d_{ijk}^{(x)})/3 & d_{ijk}^{(x)}\in[3,6] \\ 0 & d_{ijk}^{(x)}\notin[0,6] \end{cases} \quad (9.22)$$

第 4 灰类 良（$e=4$），设定灰数 $\otimes_1\in[0，4，8]$，白化权函数为 f_4：

$$f_4(d_{ijk}^{(x)})=\begin{cases} d_{ijk}^{(x)}/4 & d_{ijk}^{(x)}\in[0,4] \\ (8-d_{ijk}^{(x)})/4 & d_{ijk}^{(x)}\in[4,8] \\ 0 & d_{ijk}^{(x)}\notin[0,8] \end{cases} \quad (9.23)$$

第 5 灰类 优（$e=5$），设定灰数$\otimes_1 \in[0，5，10]$，白化权函数为 f_5：

$$f_5(d_{ijk}^{(x)})=\begin{cases} d_{ijk}^{(x)}/5 & d_{ijk}^{(x)}\in[0,5] \\ (10-d_{ijk}^{(x)})/5 & d_{ijk}^{(x)}\in[5,10] \\ 0 & d_{ijk}^{(x)}\notin[0,10] \end{cases} \tag{9.24}$$

3. 计算灰色评价系数

对于评价指标 A_{ij}，第 x 个应急预案属于第 e 个评价灰类的灰色评价系数记为 $M_{ije}^{(x)}$，则有

$$M_{ije}^{(x)}=\sum_{k=1}^{n} f_e(d_{ijk}^{(x)}) \tag{9.25}$$

对于评价指标 A_{ij},第 x 个应急预案属于各个评价灰类的灰色系数记为 $M_{ij}^{(x)}$，则有

$$M_{ij}^{(x)}=\sum_{k=1}^{n} M_{ije}^{(x)} \tag{9.26}$$

4. 计算灰色评价权向量

所有评价专家就评价指标 A_{ij}，对第 x 个应急预案第 e 个灰类的灰色评价权记为 $r_{ije}^{(x)}$，则

$$r_{ije}^{(x)}=M_{ije}^{(x)}/M_{ij}^{(x)} \tag{9.27}$$

考虑到灰类有 5 个，即 $e=1，2，3，4，5$，便有第 x 个受评预案的评价指标 A_{ij} 对于各灰类的灰色评价权向量 $r_{ij}^{(x)}$：

$$r_{ij}^{(x)}=(r_{ij1}^{(x)},r_{ij2}^{(x)},\cdots,r_{ije}^{(x)}) \tag{9.28}$$

从而得到第 x 个受评预案的指标 A_i 所属指标 A_{ij} 对于各评价灰类的灰色评价权矩阵 $R_i^{(x)}$，则有：

$$R_i^{(x)}=\begin{bmatrix} r_{i1}^{(x)} \\ r_{i1}^{(x)} \\ \cdots \\ \cdots \\ r_{ij}^{(x)} \end{bmatrix}=\begin{bmatrix} r_{i11}^{(x)} & r_{i12}^{(x)} & r_{i13}^{(x)} & r_{i14}^{(x)} & r_{i15}^{(x)} \\ r_{i21}^{(x)} & r_{i22}^{(x)} & r_{i23}^{(x)} & r_{i24}^{(x)} & r_{i25}^{(x)} \\ \cdots & \cdots & \cdots & \cdots & \cdots \\ \cdots & \cdots & \cdots & \cdots & \cdots \\ r_{ij1}^{(x)} & r_{ij2}^{(x)} & r_{ij3}^{(x)} & r_{ij4}^{(x)} & r_{ij5}^{(x)} \end{bmatrix}$$

5. 多层次综合评价

对于第 x 个应急预案的评价指标 A_{ij},做综合评价,其综合评价结果记为 $B_i^{(x)}$,则有:

$$B_i^{(x)} = A_i \cdot R_i^{(x)} = (b_{i1}^{(x)}, b_{i2}^{(x)}, b_{i3}^{(x)}, b_{i4}^{(x)}, b_{i5}^{(x)}) \tag{9.29}$$

由 A_{ij} 的综合评价结果 $B_i^{(x)}$ 得第 x 个受评预案的 A_i 指标对各评价灰类的灰色评价权系数矩阵 $R^{(x)}$:

$$R^{(x)} = \begin{bmatrix} B_1^{(x)} \\ B_2^{(x)} \\ B_3^{(x)} \\ \vdots \\ B_5^{(x)} \end{bmatrix} = \begin{bmatrix} b_{11}^{(x)} & b_{12}^{(x)} & b_{13}^{(x)} & b_{14}^{(x)} & b_{15}^{(x)} \\ b_{21}^{(x)} & b_{22}^{(x)} & b_{23}^{(x)} & b_{24}^{(x)} & b_{25}^{(x)} \\ b_{31}^{(x)} & b_{32}^{(x)} & b_{33}^{(x)} & b_{34}^{(x)} & b_{35}^{(x)} \\ \vdots & \vdots & \vdots & \vdots & \vdots \\ b_{51}^{(x)} & b_{52}^{(x)} & b_{53}^{(x)} & b_{54}^{(x)} & b_{55}^{(x)} \end{bmatrix}$$

于是，对于第 x 个受评预案的指标 U_i 做综合评价，其综合评价结果记为 $B^{(x)}$ ，则有:

$$B^{(x)} = A \cdot R^{(x)} = (b_1^{(x)}, b_2^{(x)}, b_3^{(x)}, b_4^{(x)}, b_5^{(x)}) \tag{9.30}$$

设将各评价灰类等级按“灰水平”赋值,则各评价灰类等级值化向量 C =(1，2，3，4，5)。于是，第 x 个受评预案的综合评价值 $Z^{(x)}$ 按下式计算:

$$Z^{(x)} = B^{(x)} \cdot C^T \tag{9.31}$$

9.6 具体算例实证研究——以危化品泄漏事故为例

本书采用实证研究方法进行分析，以 A 市某次较大危化品泄漏事件作为案例开展进一步的分析。本次事故中，分别采用应急预案 1、应急预案 2 对事故进行处理，并用上文中所研究的基于改进灰色多层次评价的评价模型对两个应急预案的实施效果加以评价。预案 1:《A 市危险化学品泄漏事故应急预案》; 预案 2:《企业 B 危线化学品泄漏事故应急预案》。

为了完成以上对比分析，我们在研究过程中邀请了五名在本次事故中有所参与的专家对两个预案进行评价，并对评价结果进行处理就能够得到相应的评价矩阵:

$$R^{(1)}=\begin{bmatrix}4&4&5&5&5\\3&3.5&4&4&3\\5&4&3&3&4\\5&5&4&4.5&4\\4&4.5&3&4&4\\2&3&2.5&4&3\\2&2&2&2&2\\2&3&2.5&4&3\\4&4&4.5&3&4\\2&2&3&3&2\\2&1&2&2&2\\1&1&1.5&2&2\\1&2&2.5&2&1\\1&1&2&1&1.5\\1&2&1&2&2\\1&1&1&1&1\\2&2&1&2&1.5\\2&2&1&1&1\end{bmatrix}$$

$$R^{(2)}=\begin{bmatrix}4&3&3&2&2.5\\5&5&4&3&4\\5&4&2&4&4\\3&2&2&2.5&3\\3&3&2.5&3&2\\3&3.5&3&3&2\\2&1&1.5&2&1\\2&1&1&1.5&1\\1&2&2&3&1\\3&2&3&2&3\\2&2&2&1&2\\4&3.5&4&4&4\\1&1&1&1.5&2\\1&2&1.5&2&1\\1&1&1.5&2&1\\3&3.5&2&2&2\\3&4&3&2&3\\3&4&3&2&3\end{bmatrix}$$

9.6.1 AHP 计算主观权重

1. 群决策判断矩阵构造

本书课题组邀请了 6 位专家参与 AHP 决策，判定指标权重。下面，分别计算 6 位专家的判断矩阵及进行一致性检验。

第一位专家（表 9.3 ~ 表 9.10）：

表 9.3　判断矩阵 A

	A_1	A_2	A_3	归一化
A_1	1	7	5	0.730 6
A_2	1/7	1	1/3	0.081
A_3	1/5	3	1	0.188 4

$\lambda_{\max 1} = 3.0649$ $CI_1 = 0.03244$ $CR_1 = 0.05593 < 0.1$，所以有比较满意的一致性。

表 9.4　判断矩阵 A_1

	A_{11}	A_{12}	A_{13}	A_{14}	归一化
A_{11}	1	3	5	7	0.563 8
A_{12}	1/3	1	3	5	0.263 4
A_{13}	1/5	1/3	1	3	0.117 8
A_{14}	1/7	1/5	1/3	1	0.055

$\lambda_{\max 2} = 4.1169$ $CI_2 = 0.03898$ $CR_2 = 0.0415 < 0.1$，所以有比较满意的一致性。

9.5　判断矩阵 A_2

	A_{21}	A_{22}	A_{23}	归一化
A_{21}	1	3	5	0.637
A_{22}	1/3	1	3	0.258 3
A_{23}	1/5	1/3	1	0.104 7

$\lambda_{\max 3} = 3.0385$ $CI_3 = 0.01926$ $CR_3 = 0.03320 < 0.1$，所以有比较满意的一致性。

表 9.6　判断矩阵 A_3

	A_{31}	A_{32}	A_{33}	归一化
A_{31}	1	3	7	0.649 1
A_{32}	1/3	1	5	0.279
A_{33}	1/7	1/5	1	0.071 9

$\lambda_{max4} = 3.0649$　$CI_4 = 0.03244$　$CR_4 = 0.05593 < 0.1$，所以有比较满意的一致性。

表 9.7　判断矩阵 A_{11}

	A_{111}	A_{112}	A_{113}	归一化
A_{111}	1	3	5	0.637
A_{112}	1/3	1	3	0.258 3
A_{113}	1/5	1/3	1	0.104 7

$\lambda_{max5} = 3.0385$　$CI_5 = 0.01926$　$CR_5 = 0.03319 < 0.1$，所以有比较满意的一致性。

表 9.8　判断矩阵 A_{12}

	A_{121}	A_{122}	A_{123}	归一化
A_{121}	1	3	7	0.669 4
A_{122}	1/3	1	3	0.242 6
A_{123}	1/7	1/3	1	0.088

$\lambda_{max6} = 3.007$　$CI_6 = 0.00351$　$CR_6 = 0.00605 < 0.1$，所以有比较满意的一致性。

表 9.9　判断矩阵 A_{13}

	A_{131}	A_{132}	A_{133}	归一化
A_{131}	1	1	5	0.480 6
A_{132}	1	1	3	0.405 4
A_{133}	1/5	1/3	1	0.114

$\lambda_{max7} = 3.0291$　$CI_7 = 0.01453$　$CR_7 = 0.02505 < 0.1$，所以有比较满意的一致性。

表 9.10　判断矩阵 A_{14}

	A_{141}	A_{142}	A_{143}	归一化
A_{141}	1	3	7	0.730 6
A_{142}	1/3	1	5	0.188 4
A_{143}	1/7	1/5	1	0.081

$\lambda_{\max 8}=3.064\,5\;\; CI_8=0.032\,44\;\; CR_8=0.055\,93<0.1$，所以有比较满意的一致性。

检验公式如下所示：

$$CR=\frac{\sum_{j=1}^{m}a_jCI_j}{\sum_{j=1}^{m}a_jRI_j} \tag{9.32}$$

$$CR=\frac{0.730\,6\times0.038\,98+0.081\times0.019\,26+0.188\,4\times0.032\,44}{0.730\,6\times0.94+0.081\times0.58+0.188\,4\times0.58}$$

$$=\frac{0.036\,15}{0.843\,02}=0.042\,9<0.1$$

第二位专家（表 9.11 ~ 表 9.18）：

表 9.11　判断矩阵 A

	A_1	A_2	A_3	归一化
A_1	1	3	2	0.539 6
A_2	1/3	1	1/2	0.163 4
A_3	1/2	2	1	0.297

$\lambda_{\max 1}=3.009\,2\;\; CI_1=0.004\,6\;\; CR_1=0.007\,9<0.1$，所以有比较满意的一致性。

表 9.12　判断矩阵 A_1

	A_{11}	A_{12}	A_{13}	A_{14}	归一化
A_{11}	1	2	3	5	0.46
A_{12}	1/2	1	3	5	0.324 8
A_{13}	1/3	1/3	1	3	0.148 6
A_{14}	1/5	1/5	1/3	1	0.066 5

$\lambda_{\max 2}=4.104\,2\;\; CI_2=0.034\,7\;\; CR_2=0.036\,9<0.1$，所以有比较满意的一致性。

表 9.13　判断矩阵 A_2

	A_{21}	A_{22}	A_{23}	归一化
A_{21}	1	3	6	0.654 8
A_{22}	1/3	1	3	0.249 9
A_{23}	1/6	1/3	1	0.095 3

$\lambda_{\max 3}=3.0183$　$CI_3=0.00915$　$CR_3=0.0158<0.1$，所以有比较满意的一致性。

表 9.14　判断矩阵 A_3

	A_{31}	A_{32}	A_{33}	归一化
A_{31}	1	3	5	0.648 3
A_{32}	1 月 3 日	1	2	0.229 7
A_{33}	1 月 5 日	1 月 2 日	1	0.122

$\lambda_{\max 4}=3.0037$　$CI_4=0.00185$　$CR_4=0.0032<0.1$，所以有比较满意的一致性。

表 9.15　判断矩阵 A_{11}

	A_{111}	A_{112}	A_{113}	归一化
A_{111}	1	5	8	0.741 8
A_{112}	1/5	1	3	0.183
A_{113}	1/8	1/3	1	0.075 2

$\lambda_{\max 5}=3.0441$　$CI_5=0.02205$　$CR_5=0.03801<0.1$，所以有比较满意的一致性。

表 9.16　判断矩阵 A_{12}

	A_{121}	A_{122}	A_{123}	归一化
A_{121}	1	2	5	0.580 6
A_{122}	1/2	1	3	0.309
A_{123}	1/5	1/3	1	0.109 5

$\lambda_{\max 6}=3.0037$　$CI_6=0.00185$　$CR_6=0.00319<0.1$，所以有比较满意的一致性。

表 9.17　判断矩阵 A_{13}

	A_{131}	A_{132}	A_{133}	归一化
A_{131}	1	1	6	0.499 1
A_{132}	1	1	3	0.396 1
A_{133}	1/6	1/3	1	0.104 8

$\lambda_{\max 7}=3.0536$ $CI_7=0.0268$ $CR_7=0.0462<0.1$，所以有比较满意的一致性。

表 9.18　判断矩阵 A_{14}

	A_{141}	A_{142}	A_{143}	归一化
A_{141}	1	2	5	0.595 4
A_{142}	1/2	1	2	0.276 4
A_{143}	1/5	1/2	1	0.128 3

$\lambda_{\max 8}=3.0055$ $CI_8=0.00275$ $CR_8=0.0047<0.1$，所以有比较满意的一致性。

检验如下所示：

$$CR=\frac{\sum_{j=1}^{m}a_jCI_j}{\sum_{j=1}^{m}a_jRI_j} \tag{9.33}$$

$$CR=\frac{0.5396\times0.0347+0.1634\times0.0095+0.2970\times0.00185}{0.5396\times0.94+0.1634\times0.58+0.2970\times0.58}$$

$$=\frac{0.0208}{0.77426}=0.02686<0.1$$

第三位专家（表 9.19 ~ 表 9.26）：

表 9.19　判断矩阵 A

	A_1	A_2	A_3	归一化
A_1	1	6	2	0.587 6
A_2	1/6	1	1/4	0.089
A_3	1/2	4	1	0.323 4

$\lambda_{\max 1}=3.0092$ $CI_1=0.0046$ $CR_1=0.00793<0.1$，所以有比较满意的一致性。

表 9.20　判断矩阵 A_1

	A_{11}	A_{12}	A_{13}	A_{14}	归一化
A_{11}	1	3	4	5	0.526 6
A_{12}	1/3	1	3	5	0.278 6
A_{13}	1/4	1/3	1	3	0.130 7
A_{14}	1/5	1/5	1/3	1	0.064 2

$\lambda_{\max 2}=4.189\,4$　$CI_2=0.063\,1$　$CR_2=0.067\,16<0.1$，所以有比较满意的一致性。

表 9.21　判断矩阵 A_2

	A_{21}	A_{22}	A_{23}	归一化
A_{21}	1	3	8	0.681 7
A_{22}	1/3	1	3	0.236 3
A_{23}	1/8	1/3	1	0.081 9

$\lambda_{\max 3}=3.001\,5$　$CI_3=0.000\,75$　$CR_3=0.012\,9<0.1$，所以有比较满意的一致性。

表 9.22　判断矩阵 A_3

	A_{31}	A_{32}	A_{33}	归一化
A_{31}	1	4	6	0.701
A_{32}	1/4	1	2	0.192 9
A_{33}	1/6	1/2	1	0.106 1

$\lambda_{\max 4}=3.009\,2$　$CI_4=0.004\,6$　$CR_4=0.007\,93<0.1$，所以有比较满意的一致性。

表 9.23　判断矩阵 A_{11}

	A_{111}	A_{112}	A_{113}	归一化
A_{111}	1	5	8	0.733 4
A_{112}	1/5	1	4	0.199 1
A_{113}	1/8	1/4	1	0.067 5

$\lambda_{\max 5}=3.094\,0$　$CI_5=0.047$　$CR_5=0.081\,03<0.1$，所以有比较满意的一致性。

表 9.24　判断矩阵 A_{12}

	A_{121}	A_{122}	A_{123}	归一化
A_{121}	1	4	8	0.716 7
A_{122}	1/4	1	3	0.205 1
A_{123}	1/8	1/3	1	0.078 3

$\lambda_{\max 6}=3.018\,3$　$CI_6=0.009\,15$　$CR_6=0.015\,78<0.1$，所以有比较满意的一致性。

表 9.25　判断矩阵 A_{13}

	A_{131}	A_{132}	A_{133}	归一化
A_{131}	1	2	4	0.558 4
A_{132}	1/2	1	3	0.319 6
A_{133}	1/4	1/3	1	0.122

$\lambda_{\max 7}=3.018\,3$　$CI_7=0.009\,15$　$CR_7=0.015\,78<0.1$，所以有比较满意的一致性。

表 9.26　判断矩阵 A_{14}

	A_{141}	A_{142}	A_{143}	归一化
A_{141}	1	2	5	0.569 5
A_{142}	1/2	1	4	0.333 1
A_{143}	1/5	1/4	1	0.097 4

$\lambda_{\max 8}=3.024\,6$　$CI_8=0.012\,3$　$CR_8=0.021\,21<0.1$，所以有比较满意的一致性。

$$CR=\frac{0.587\,6\times0.063\,1+0.089\times0.000\,75+0.323\,4\times0.004\,6}{0.587\,6\times0.94+0.089\times0.58+0.323\,4\times0.58}=\frac{0.038\,6}{0.791\,5}=0.048\,8<0.1$$

第四位专家（表 9.27～表 9.34）：

表 9.27　判断矩阵 A

	A_1	A_2	A_3	归一化
A_1	1	8	4	0.707 1
A_2	1/8	1	1/4	0.070 2
A_3	1/4	4	1	0.222 7

$\lambda_{\max 1}=3.053\,6$　$CI_1=0.026\,8$　$CR_1=0.046\,2<0.1$，所以有比较满意的一致性。

表 9.28　判断矩阵 A_1

	A_{11}	A_{12}	A_{13}	A_{14}	归一化
A_{11}	1	2	3	6	0.471 5
A_{12}	1/2	1	3	5	0.32
A_{13}	1/3	1/3	1	3	0.146 3
A_{14}	1/6	1/5	1/3	1	0.062 2

$\lambda_{\max 2}=4.0788$　$CI_2=0.02626$　$CR_2=0.0279<0.1$，所以有比较满意的一致性。

表 9.29　判断矩阵 A_2

	A_{21}	A_{22}	A_{23}	归一化
A_{21}	1	3	7	0.681 7
A_{22}	1/3	1	2	0.215 8
A_{23}	1/7	1/2	1	0.102 5

$\lambda_{\max 3}=3.0026$　$CI_3=0.0013$　$CR_3=0.00224<0.1$，所以有比较满意的一致性。

表 9.30　判断矩阵 A_3

	A_{31}	A_{32}	A_{33}	归一化
A_{31}	1	3	8	0.694 2
A_{32}	1/3	1	2	0.210 3
A_{33}	1/8	1/2	1	0.095 5

$\lambda_{\max 4}=3.0092$　$CI_4=0.0046$　$CR_4=0.00793<0.1$，所以有比较满意的一致性。

表 9.31　判断矩阵 A_{11}

	A_{111}	A_{112}	A_{113}	归一化
A_{111}	1	6	9	0.762 6
A_{112}	1/6	1	4	0.176 3
A_{113}	1/9	1/4	1	0.061 1

$\lambda_{\max 5}=3.1078$　$CI_5=0.0539$　$CR_5=0.0929<0.1$，所以有比较满意的一致性。

表 9.32　判断矩阵 A_{12}

	A_{121}	A_{122}	A_{123}	归一化
A_{121}	1	4	9	0.737 5
A_{122}	1/4	1	2	0.177 3
A_{123}	1/9	1/2	1	0.085 2

$\lambda_{\max 6} = 3.001\,5\ \ CI_6 = 0.000\,75\ \ CR_6 = 0.001\,29 < 0.1$，所以有比较满意的一致性。

表 9.33　判断矩阵 A_{13}

	A_{131}	A_{132}	A_{133}	归一化
A_{131}	1	3	4	0.625
A_{132}	1/3	1	2	0.238 5
A_{133}	1/4	1/2	1	0.136 5

$\lambda_{\max 7} = 3.018\,3\ \ CI_7 = 0.009\,15\ \ CR_7 = 0.015\,78 < 0.1$，所以有比较满意的一致性。

表 9.34　判断矩阵 A_{14}

	A_{141}	A_{142}	A_{143}	归一化
A_{141}	1	4	9	0.726 7
A_{142}	1/4	1	3	0.2
A_{143}	1/9	1/3	1	0.073 4

$\lambda_{\max 8} = 3.009\,2\ \ CI_8 = 0.004\,6\ \ CR_8 = 0.007\,93 < 0.1$，所以有比较满意的一致性。

$$CR = \frac{0.707\,1 \times 0.026\,26 + 0.070\,2 \times 0.001\,3 + 0.222\,7 \times 0.004\,6}{0.707\,1 \times 0.94 + 0.070\,2 \times 0.58 + 0.222\,7 \times 0.58} = \frac{0.019\,7}{0.834\,6} = 0.023\,6 < 0.1$$

第五位专家（表 9.35 ~ 表 9.42）:

表 9.35　判断矩阵 A

	A_1	A_2	A_3	归一化
A_1	1	7	2	0.602 6
A_2	1/7	1	1/4	0.082 3
A_3	1/2	4	1	0.315

$\lambda_{\max 1} = 3.002\,0\ \ CI_1 = 0.001\ \ CR_1 = 0.001\,7 < 0.1$，所以有比较满意的一致性。

表 9.36　判断矩阵 A_1

	A_{11}	A_{12}	A_{13}	A_{14}	归一化
A_{11}	1	2	5	7	0.535 9
A_{12}	1/2	1	2	5	0.276 5
A_{13}	1/5	1/2	1	2	0.123 6
A_{14}	1/7	1/5	1/2	1	0.064 1

$\lambda_{\max 2}=4.022\,2$ $CI_2=0.007\,4$ $CR_2=0.007\,87<0.1$，所以有比较满意的一致性。

表 9.37　判断矩阵 A_2

	A_{21}	A_{22}	A_{23}	归一化
A_{21}	1	4	5	0.683 3
A_{22}	1/4	1	2	0.199 8
A_{23}	1/5	1/2	1	0.116 8

$\lambda_{\max 3}=3.024\,6$ $CI_3=0.012\,3$ $CR_3=0.021\,2<0.1$，所以有比较满意的一致性。

表 9.38　判断矩阵 A_3

	A_{31}	A_{32}	A_{33}	归一化
A_{31}	1	3	6	0.644 2
A_{32}	1/3	1	4	0.270 6
A_{33}	1/6	1/4	1	0.085 2

$\lambda_{\max 4}=3.053\,6$ $CI_4=0.026\,8$ $CR_4=0.046\,21<0.1$，所以有比较满意的一致性。

表 9.39　判断矩阵 A_{11}

	A_{111}	A_{112}	A_{113}	归一化
A_{111}	1	5	8	0.733 4
A_{112}	1/5	1	4	0.199 1
A_{113}	1/8	1/4	1	0.067 5

$\lambda_{\max 5}=3.094$ $CI_5=0.047$ $CR_5=0.081\,0<0.1$，所以有比较满意的一致性。

表 9.40　判断矩阵 A_{12}

	A_{121}	A_{122}	A_{123}	归一化
A_{121}	1	7	9	0.785 4
A_{122}	1/7	1	3	0.148 8
A_{123}	1/9	1/3	1	0.065 8

$\lambda_{\max 6}=3.083\ \ CI_6=0.041\,5\ \ CR_6=0.071\,55<0.1$，所以有比较满意的一致性。

表 9.41　判断矩阵 A_{13}

	A_{131}	A_{132}	A_{133}	归一化
A_{131}	1	4	7	0.715 3
A_{132}	1/4	1	2	0.187
A_{133}	1/7	1/2	1	0.097 7

$\lambda_{\max 7}=3.002\ \ CI_7=0.001\ \ CR_7=0.001\,72<0.1$，所以有比较满意的一致性。

表 9.42　判断矩阵 A_{14}

	A_{141}	A_{142}	A_{143}	归一化
A_{141}	1	6	9	0.762 6
A_{142}	1/6	1	4	0.176 3
A_{143}	1/9	1/4	1	0.061 1

$\lambda_{\max 8}=3.107\,8\ \ CI_8=0.053\,9\ \ CR_8=0.092\,9<0.1$，所以有比较满意的一致性。

$$CR=\frac{0.602\,6\times0.001\,012+0.082\,3\times0.012\,3+0.315\,0\times0.026\,8}{0.602\,6\times0.94+0.082\,3\times0.58+0.315\,0\times0.58}=\frac{0.013\,9}{0.796\,9}=0.017\,5<0.1$$

第六位专家（表 9.43 ~ 表 9.50）:

表 9.43　判断矩阵 A

	A_1	A_2	A_3	归一化
A_1	1	6	2	0.587 6
A_2	1/6	1	1/4	0.089
A_3	1/2	4	1	0.323 4

$\lambda_{\max 1}=3.009\,2\ \ CI_1=0.004\,6\ \ CR_1=0.007\,93<0.1$，所以有比较满意的一致性。

表 9.44　判断矩阵 A_1

	A_{11}	A_{12}	A_{13}	A_{14}	归一化
A_{11}	1	2	4	8	0.526 9
A_{12}	1/2	1	2	5	0.279
A_{13}	1/4	1/2	1	2	0.131 7
A_{14}	1/8	1/5	1/2	1	0.062 4

$\lambda_{\max 2}=4.006\,2\ \ CI_2=0.002\,07\ \ CR_2=0.002\,19<0.1$，具有满意的一致性

表 9.45　判断矩阵 A_2

	A_{21}	A_{22}	A_{23}	归一化
A_{21}	1	2	6	0.614 4
A_{22}	1/2	1	2	0.268 4
A_{23}	1/6	1/2	1	0.117 2

$\lambda_{\max 3}=3.018\,3\ \ CI_3=0.009\,15\ \ CR_3=0.015\,8<0.1$，所以有比较满意的一致性。

表 9.46　判断矩阵 A_3

	A_{31}	A_{32}	A_{33}	归一化
A_{31}	1	2	9	0.639 4
A_{32}	1/2	1	3	0.279 3
A_{33}	1/9	1/3	1	0.081 3

$\lambda_{\max 4}=3.018\,3\ \ CI_4=0.009\,15\ \ CR_4=0.015\,8<0.1$，所以有比较满意的一致性。

表 9.47　判断矩阵 A_{11}

	A_{111}	A_{112}	A_{113}	归一化
A_{111}	1	4	7	0.695 5
A_{112}	1/4	1	4	0.229 0
A_{113}	1/7	1/4	1	0.075 4

$\lambda_{\max 5}=3.076\,4\ \ CI_5=0.038\,2\ \ CR_5=0.065\,86<0.1$，所以有比较满意的一致性。

表 9.48 判断矩阵 A_{12}

	A_{121}	A_{122}	A_{123}	归一化
A_{121}	1	7	8	0.783 8
A_{122}	1/7	1	2	0.134 9
A_{123}	1/8	1/2	1	0.081 3

$\lambda_{\max 6}=3.0349\ \ CI_6=0.01745\ \ CR_6=0.03<0.1$，所以有比较满意的一致性。

表 9.49 判断矩阵 A_{13}

	A_{131}	A_{132}	A_{133}	归一化
A_{131}	1	2	8	0.604 4
A_{132}	1/2	1	5	0.325 5
A_{133}	1/8	1/5	1	0.070 1

$\lambda_{\max 7}=3.0055\ \ CI_7=0.00275\ \ CR_7=0.00474<0.1$，所以有比较满意的一致性。

表 9.50 判断矩阵 A_{14}

	A_{141}	A_{142}	A_{143}	归一化
A_{141}	1	3	9	0.705
A_{142}	1/3	1	2	0.205 3
A_{143}	1/9	1/2	1	0.089 7

$\lambda_{\max 8}=3.0183\ \ CI_8=0.00915\ \ CR_8=0.0158<0.1$，所以有比较满意的一致性。

$$CR=\frac{0.5876\times0.00207+0.089\times0.00915+0.3234\times0.00915}{0.5876\times0.94+0.089\times0.58+0.3234\times0.58}=\frac{0.00499}{0.7915}=0.0063<0.1$$

下表 9.51 为专家指标总排序与一致性检验结果。

表 9.51 各专家指标总排序及一致性检验

	卖家 1	专家 2	专家 3	专家 4	专家 5	专家 6
指标 1	0.263	0.184	0.227	0.254	0.237	0.216
指标 2	0.106	0.045	0.061	0.058	0.064	0.071
指标 3	0.043	0.019	0.021	0.021	0.022	0.023
指标 4	0.129	0.102	0.117	0.166 7	0.131	0.129
指标 5	0.046	0.054	0.034	0.04	0.025	0.022

续表

	卖家 1	专家 2	专家 3	专家 4	专家 5	专家 6
指标 6	0.017	0.019	0.013	0.019	0.011	0.013
指标 7	0.041	0.04	0.042	0.064	0.053	0.047
指标 8	0.035	0.032	0.025	0.025	0.014	0.025
指标 9	0.01	0.008	0.01	0.014	0.007	0.005
指标 10	0.029	0.021	0.022	0.032	0.03	0.026
指标 11	0.008	0.01	0.013	0.009	0.007	0.008
指标 12	0.003	0.005	0.003	0.003	0.002	0.003
指标 13	0.052	0.107	0.061	0.048	0.056	0.005
指标 14	0.021	0.041	0.021	0.015	0.016	0.024
指标 15	0.008	0.016	0.007	0.007	0.01	0.001
指标 16	0.122	0.193	0.227	0.155	0.203	0.207
指标 17	0.052	0.068	0.062	0.047	0.085	0.09
指标 18	0.014	0.036	0.034	0.021	0.027	0.026
CI	0.036	0.021	0.039	0.02	0.014	0.005
RI	0.843	0.774	0.792	0.835	0.797	0.792
CR	0.043	0.027	0.049	0.024	0.018	0.006

2. 计算专家权重

（1）内容权重。

利用统计软件包 SPSS16.0 分析这六位专家对 18 个指标的总排序向量得到相应的聚类分析结果，详见表 9.53。

表 9.52　专家变量的均值及标准差一般描述

变量	均值	标准差
专家 1	0.091 5	0.182 2
专家 2	0.086 8	0.166 1
专家 3	0.089 5	0.172 8
专家 4	0.089 4	0.182 2
专家 5	0.087 1	0.174 9
专家 6	0.083	0.174 3

表 9.53　聚类分析

3 个聚类	变量	自己的聚类（R 方）	下一个最靠近的（R 方）	1-R 方比
Cluster 1	专家 3	0.996 8	0.988 4	0.278 7
	专家 5	0.998 8	0.986 9	0.088 1
	专家 6	0.996 8	0.980 2	0.163 2
Cluster 2	专家 1	0.997 4	0.977 4	0.112 9
	专家 4	0.997 4	0.987 9	0.211 7
Cluster 3	专家 2	1	0.985 4	0

根据上述分析结果将专家分成以下三类，如图 9.2 所示。

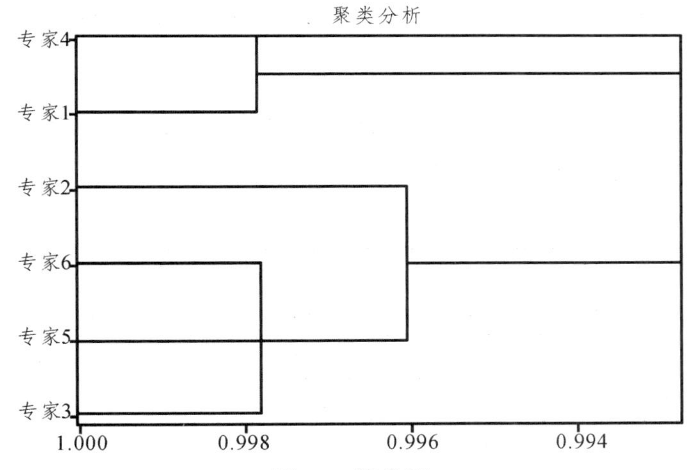

图 9.2　聚类图

第一类：第三位、第五位以及第六位专家；

第二类：第一位和第四位专家；

第三类：第二位专家。

然后按照公式（9.7）进行计算可以得到如下所示的各位专家相应的内容权重：

$$\lambda_1 = \frac{2}{3^2+2^2+1^2} = 0.143, \quad \lambda_2 = \frac{1}{3^2+2^2+1^2} = 0.071$$

$$\lambda_3 = \frac{3}{3^2+2^2+1^2} = 0.214, \quad \lambda_4 = \frac{2}{3^2+2^2+1^2} = 0.143$$

$$\lambda_5 = \frac{3}{3^2+2^2+1^2} = 0.214\text{，}\quad \lambda_6 = \frac{3}{3^2+2^2+1^2} = 0.214$$

（2）计算逻辑权重。

然后按照公式（9.9）对上述内容进行计算，结果如下所示：

$$\lambda_1 = \frac{1}{1+10\times0.0429} = 0.06998\text{，}\quad \lambda_2 = \frac{1}{1+10\times0.0269} = 0.7880$$

$$\lambda_3 = \frac{1}{1+10\times0.0488} = 0.6720\text{，}\quad \lambda_4 = \frac{1}{1+10\times0.0236} = 0.8091$$

$$\lambda_5 = \frac{1}{1+10\times0.0175} = 0.8511\text{，}\quad \lambda_6 = \frac{1}{1+10\times0.0063} = 0.9407$$

对上述计算结果进行归一化处理就可以得到相应的逻辑权重，如下所示

$$[\lambda_1,\lambda_2,\lambda_3,\lambda_4,\lambda_5,\lambda_6] = [0.147,0.166,0.141,0.170,0.178,0.198]$$

3. 计算内容权重和逻辑权重的几何平均值

然后按照上述公式（9.10）对逻辑权重和内容权重进行计算和处理，就可以得到如表 9.54 所示的几何平均值：

表 9.54　几何平均值

	专家 1	专家 2	专家 3	专家 4	专家 5	专家 6
内容权重	0.143	0.071	0.214	0.143	0.214	0.214
逻辑权重	0.147	0.166	0.141	0.17	0.178	0.198
几何平均权值	0.125	0.07	0.18	0.145	0.227	0.253

4. 基于专家权重的指标加权权重

根据以上分析可以得到以专家权重为基础的加权指标权重，详见表 9.55。

表 9.55　基于专家权重的加权指标权重

	卖家 1	专家 2	专家 3	专家 4	专家 5	专家 6	指标加权权重
指标 1	0.263	0.184	0.227	0.254	0.237	0.216	0.232
指标 2	0.106	0.045	0.061	0.058	0.064	0.071	0.068
指标 3	0.043	0.019	0.021	0.021	0.022	0.023	0.024
指标 4	0.129	0.102	0.117	0.1667	0.131	0.129	0.131
指标 5	0.046	0.054	0.034	0.04	0.025	0.022	0.033

续表

	卖家 1	专家 2	专家 3	专家 4	专家 5	专家 6	指标加权权重
指标 6	0.017	0.019	0.013	0.019	0.011	0.013	0.014
指标 7	0.041	0.04	0.042	0.064	0.053	0.047	0.049
指标 8	0.035	0.032	0.025	0.025	0.014	0.025	0.024
指标 9	0.01	0.008	0.01	0.014	0.007	0.005	0.009
指标 10	0.029	0.021	0.022	0.032	0.03	0.026	0.027
指标 11	0.008	0.01	0.013	0.009	0.007	0.008	0.009
指标 12	0.003	0.005	0.003	0.003	0.002	0.003	0.003
指标 13	0.052	0.107	0.061	0.048	0.056	0.005	0.046
指标 14	0.021	0.041	0.021	0.015	0.016	0.024	0.021
指标 15	0.008	0.016	0.007	0.007	0.01	0.001	0.007
指标 16	0.122	0.193	0.227	0.155	0.203	0.207	0.191
指标 17	0.052	0.068	0.062	0.047	0.085	0.09	0.071
指标 18	0.014	0.036	0.034	0.021	0.027	0.026	0.026
专家权重	0.125	0.07	0.18	0.145	0.227	0.253	1.066

9.6.2 基于 AHP-熵权法的组合赋权

由于对于同一套指标体系，不同的数据会得出不同的熵权。所以，针对两个评价对象预案 1 和预案 2 来说，使用的权重是不同的。将数据标准化后，首先，根据评价矩阵 $R^{(1)}$，利用 Matlab 软件中的熵权计算程序进行实现，计算得出预案 1 中 18 个指标的熵权及最终根据公式（9.18）得出的组合权重如表 9.56 所示。

表 9.56 预案 1 组合权重

指标	AHP 权重 $\omega_i^{(a)}$	熵权权重 $\omega_i^{(e)}$	组合权重 ω
资源移动性	0.232	0.011	0.122
通知及时性	0.068	0.018	0.043
人员移动性	0.024	0.042	0.033
指挥能力	0.131	0.011	0.142
沟通能力	0.033	0.018	0.026

续表

指标	AHP 权重 $\omega_i^{(a)}$	熵权权重 $\omega_i^{(e)}$	组合权重 ω
信息管理能力	0.014	0.058	0.036
设备充分性	0.049	0.034	0.042
人员充分性	0.024	0.058	0.041
资金充分性	0.009	0.018	0.014
物流情况	0.027	0.045	0.036
战略描述情况	0.009	0.063	0.036
处置战术描述	0.003	0.101	0.052
媒体方面	0.046	0.145	0.096
利益相关者	0.021	0.099	0.060
社会稳定方面	0.007	0.111	0.059
环境方面	0.191	0.108	0.150
泄漏位置	0.071	0.067	0.069
泄漏物质属性和范围	0.026	0.013	0.020

对上述数据进行归一化处理就可以得到相应的权重 A_1、A_2、A_3、A_4、A_5 以及 A_6，结果如下所示：

A_1=[0.616，0.217，0.167]　　A_4=[0.290，0.290，0.419]

A_2=[0.696，0.128，0.177]　　A_5=[0.447，0.279，0.274]

A_3=[0.433，0.423，0.144]　　A_6=[0.628，0.289，0.084]

A=[0.198，0.204，0.097，0.124，0.215，0.239]

按照同样的方法对预案 2 的数据进行计算，利用熵权计算程序与对应的评价矩阵 $R^{(2)}$得到相应的熵权，然后按照公式（9.18）得到相应的组合权重，详见表 9.57。

表 9.57　预案 2 组合权重

指标	AHP 权重 $\omega_i^{(a)}$	熵权权重 $\omega_i^{(e)}$	组合权重 ω
资源移动性	0.232	0.047	0.140
通知及时性	0.068	0.029	0.049
人员移动性	0.024	0.067	0.046
指挥能力	0.131	0.029	0.080

续表

指标	AHP 权重 $\omega_i^{(a)}$	熵权权重 $\omega_i^{(e)}$	组合权重 ω
沟通能力	0.033	0.021	0.027
信息管理能力	0.014	0.027	0.021
设备充分性	0.049	0.081	0.065
人员充分性	0.024	0.08	0.052
资金充分性	0.009	0.155	0.123
物流情况	0.027	0.032	0.030
战略描述情况	0.009	0.051	0.030
处置战术描述	0.003	0.002	0.025
媒体方面	0.046	0.081	0.064
利益相关者	0.021	0.081	0.051
社会稳定方面	0.007	0.08	0.044
环境方面	0.191	0.055	0.123
泄漏位置	0.071	0.041	0.056
泄漏物质属性和范围	0.026	0.041	0.034

对上述数据进行归一化处理就可以得到相应的权重 A_1、A_2、A_3、A_4、A_5 以及 A_6，结果如下所示：

A_1=[0.596，0.209，0.196]　　A_4=[0.353，0.353，0.294]

A_2=[0.625，0.211，0.164]　　A_5=[0.403，0.321，0.277]

A_3=[0.271，0.217，0.513]　　A_6=[0.578，0.263，0.160]

A=[0.235，0.128，0.24，0.085，0.159，0.213]

9.6.3 应急预案实施效果的灰色多层次综合评价

1. 计算应急预案 1 实施效果整体得分

由于矩阵计算量比较大，本书借助于 MATLAB 2010 进行辅助计算，可以方便得到计算结果。

首先计算 $R^{(1)}$的灰色评价权矩阵：

$$F_1^{(1)}=\begin{bmatrix} 0 & 0 & 0.2050 & 0.3910 & 0.4042 \\ 0 & 0.0940 & 0.3135 & 0.3291 & 0.2633 \\ 0 & 0.0787 & 0.2885 & 0.3343 & 0.2990 \end{bmatrix}$$

$$F_2^{(1)} = \begin{bmatrix} 0 & 0 & 0.2198 & 0.3796 & 0.3956 \\ 0 & 0.0399 & 0.2794 & 0.3693 & 0.3114 \\ 0 & 0.2046 & 0.3100 & 0.2697 & 0.2157 \end{bmatrix}$$

$$F_3^{(1)} = \begin{bmatrix} 0 & 0.3896 & 0.2597 & 0.1948 & 0.1558 \\ 0 & 0.1844 & 0.3196 & 0.2748 & 0.2213 \\ 0 & 0.0399 & 0.2794 & 0.3693 & 0.3114 \end{bmatrix}$$

$$F_4^{(1)} = \begin{bmatrix} 0 & 0.2985 & 0.2985 & 0.2239 & 0.1791 \\ 0.0823 & 0.3704 & 0.2469 & 0.1851 & 0.1152 \\ 0.2062 & 0.3093 & 0.2062 & 0.1546 & 0.1237 \end{bmatrix}$$

$$F_5^{(1)} = \begin{bmatrix} 0.1612 & 0.3022 & 0.2283 & 0.1713 & 0.1370 \\ 0.2956 & 0.2744 & 0.1830 & 0.1372 & 0.1098 \\ 0.1630 & 0.3261 & 0.2174 & 0.1630 & 0.1304 \end{bmatrix}$$

$$F_6^{(1)} = \begin{bmatrix} 0.4379 & 0.2190 & 0.1460 & 0.1095 & 0.0876 \\ 0.1249 & 0.3539 & 0.2539 & 0.1770 & 0.1083 \\ 0.2504 & 0.2921 & 0.1947 & 0.1460 & 0.1168 \end{bmatrix}$$

根据上述分析和计算可以得到如下所示的结果：

$$A_1 = [0.616 \quad 0.217 \quad 0.167]$$
$$A_2 = [0.696 \quad 0.128 \quad 0.177]$$
$$A_3 = [0.433 \quad 0.423 \quad 0.144]$$
$$A_4 = [0.290 \quad 0.290 \quad 0.419]$$
$$A_5 = [0.447 \quad 0.279 \quad 0.274]$$
$$A_6 = [0.628 \quad 0.289 \quad 0.084]$$

$$F^{(1)} = \begin{bmatrix} A_1 \cdot F_1^{(1)} \\ A_2 \cdot F_2^{(1)} \\ A_3 \cdot F_3^{(1)} \\ A_4 \cdot F_4^{(1)} \\ A_5 \cdot F_5^{(1)} \\ A_6 \cdot F_6^{(1)} \end{bmatrix} = \begin{bmatrix} 0 & 0.0152 & 0.2425 & 0.3681 & 0.3561 \\ 0 & 0.0413 & 0.2436 & 0.3592 & 0.3534 \\ 0 & 0.2524 & 0.2879 & 0.2538 & 0.2059 \\ 0.1103 & 0.3236 & 0.2446 & 0.1834 & 0.1372 \\ 0.1992 & 0.3010 & 0.2127 & 0.1595 & 0.1276 \\ 0.3321 & 0.2643 & 0.1843 & 0.1322 & 0.0961 \end{bmatrix}$$

所以：$A = [0.198 \quad 0.204 \quad 0.097 \quad 0.124 \quad 0.215 \quad 0.239]$

$$B^{(1)} = A \cdot F = [0.198 \quad 0.204 \quad 0.097 \quad 0.124 \quad 0.215 \quad 0.239] \cdot \begin{bmatrix} 0 & 0.0152 & 0.2425 & 0.3681 & 0.3561 \\ 0 & 0.0413 & 0.2436 & 0.3592 & 0.3534 \\ 0 & 0.2524 & 0.2879 & 0.2538 & 0.2059 \\ 0.1103 & 0.3236 & 0.2446 & 0.1834 & 0.1372 \\ 0.1992 & 0.3010 & 0.2127 & 0.1595 & 0.1276 \\ 0.3321 & 0.2643 & 0.1843 & 0.1322 & 0.0961 \end{bmatrix}$$

$$= [0.1359 \quad 0.2039 \quad 0.2547 \quad 0.2594 \quad 0.23]$$

各个评价灰类等值化向量 C=（1 2 3 4 5），应急预案 1 综合评价值 $Z^{(1)}$为：

$$B^{(1)} \cdot C^T = [0.1359 \quad 0.2039 \quad 0.2547 \quad 0.2594 \quad 0.23] \cdot \begin{bmatrix} 1 \\ 2 \\ 3 \\ 4 \\ 5 \end{bmatrix} = 3.4685$$

2. 计算预案 2 实施效果整体得分

按照同样的计算方法可以得到 R^2 的灰色评价权矩阵，如下所示：

$$F_1^{(2)} = \begin{bmatrix} 0 & 0.2046 & 0.3100 & 0.2697 & 0.2157 \\ 0 & 0.0418 & 0.2510 & 0.3556 & 0.3515 \\ 0 & 0.0830 & 0.2490 & 0.3527 & 0.3154 \end{bmatrix}$$

$$F_2^{(2)} = \begin{bmatrix} 0 & 0.2769 & 0.3077 & 0.2308 & 0.1846 \\ 0 & 0.2351 & 0.3255 & 0.2441 & 0.1953 \\ 0 & 0.2277 & 0.3152 & 0.2539 & 0.2032 \end{bmatrix}$$

$$F_3^{(2)} = \begin{bmatrix} 0.1905 & 0.2857 & 0.1905 & 0.1429 & 0.1905 \\ 0.2956 & 0.2744 & 0.1830 & 0.1372 & 0.1098 \\ 0.1717 & 0.2575 & 0.2575 & 0.1931 & 0.1202 \end{bmatrix}$$

$$F_4^{(2)} = \begin{bmatrix} 0 & 0.2558 & 0.3165 & 0.2376 & 0.1901 \\ 0.0823 & 0.3703 & 0.2469 & 0.1852 & 0.1152 \\ 0 & 0.0200 & 0.2794 & 0.3892 & 0.3114 \end{bmatrix}$$

$$F_5^{(2)} = \begin{bmatrix} 0.2956 & 0.2744 & 0.1830 & 0.1372 & 0.1098 \\ 0.2173 & 0.2826 & 0.2174 & 0.1522 & 0.1304 \\ 0.3504 & 0.2531 & 0.1687 & 0.1265 & 0.1012 \end{bmatrix}$$

$$F_6^{(2)} = \begin{bmatrix} 0 & 0.284 & 0.2900 & 0.2367 & 0.1893 \\ 0 & 0.1845 & 0.3173 & 0.2768 & 0.2214 \\ 0 & 0.1845 & 0.3173 & 0.2768 & 0.2214 \end{bmatrix}$$

$$A_1 = [0.596 \quad 0.209 \quad 0.196]$$
$$A_2 = [0.625 \quad 0.211 \quad 0.164]$$
$$A_3 = [0.271 \quad 0.217 \quad 0.513]$$
$$A_4 = [0.353 \quad 0.353 \quad 0.294]$$
$$A_5 = [0.403 \quad 0.321 \quad 0.160]$$
$$A_6 = [0.578 \quad 0.263 \quad 0.160]$$

$$F^{(2)} = \begin{bmatrix} A_1 \cdot F_1^{(2)} \\ A_2 \cdot F_2^{(2)} \\ A_3 \cdot F_3^{(2)} \\ A_4 \cdot F_4^{(2)} \\ A_5 \cdot F_5^{(2)} \\ A_6 \cdot F_6^{(2)} \end{bmatrix} = \begin{bmatrix} 0 & 0.1469 & 0.286 & 0.3042 & 0.2638 \\ 0 & 0.2600 & 0.3127 & 0.2374 & 0.1899 \\ 0.2039 & 0.2691 & 0.2234 & 0.1676 & 0.1371 \\ 0.0291 & 0.2269 & 0.2810 & 0.2637 & 0.1993 \\ 0.2859 & 0.2714 & 0.1903 & 0.1392 & 0.1141 \\ 0 & 0.2422 & 0.3018 & 0.2539 & 0.2031 \end{bmatrix}$$

所以，$A = [0.235 \quad 0.128 \quad 0.240 \quad 0.085 \quad 0.159 \quad 0.213]$

$$B^{(2)} = A \cdot F^{(2)} = [0.235 \quad 0.128 \quad 0.240 \quad 0.085 \quad 0.159 \quad 0.213] \cdot \begin{bmatrix} 0 & 0.1469 & 0.286 & 0.3042 & 0.2638 \\ 0 & 0.2600 & 0.3127 & 0.2374 & 0.1899 \\ 0.2039 & 0.2691 & 0.2234 & 0.1676 & 0.1371 \\ 0.0291 & 0.2269 & 0.2810 & 0.2637 & 0.1993 \\ 0.2859 & 0.2714 & 0.1903 & 0.1392 & 0.1141 \\ 0 & 0.2422 & 0.3018 & 0.2539 & 0.2031 \end{bmatrix}$$
$$= [0.0969 \quad 0.2464 \quad 0.2793 \quad 0.2407 \quad 0.1975]$$

根据以上分析可以得到预案 2 对应的综合评价值 $Z^{(2)}$，如下所示：

$$B^{(2)} \cdot C^T = [0.0969 \quad 0.2464 \quad 0.2793 \quad 0.2407 \quad 0.1975] \cdot \begin{bmatrix} 1 \\ 2 \\ 3 \\ 4 \\ 5 \end{bmatrix} = 3.3782$$

9.6.4 计算各个预案指标的具体得分

在对两个预案进行分析和讨论的过程中，不仅需要对总体评价结果进行分析，还需要综合考虑各个因素的分值、权重以及影响程度等具体信息，这样才能对预案的情况有足够的了解。所以，当利用上述计算方法得到相应的灰色评价权向量以及权矩阵之后还需要计算最后一级指标的评价得分，即将等级值化向量与最后一级指标的灰色评价权矩阵相乘，最后一级指标的评价得分用 $V_{R_i}^{(W)}$ 表示，公式如下所示：

$$V_{R_i}^{(W)} = R_i^{(W)} \cdot C^T \tag{9.34}$$

在此基础上利用相应二级指标的权重计算出上一级指标的评价得分。上一级指标的评价得分用 V_{C_i} 表示，公式如下所示：

$$V_{C_i} = A_i \cdot V_{R_i}^{(W)} \tag{9.35}$$

然后将上述一级指标的评价结果以向量的形式表示，得到 $V_C = (V_{C1}, V_{C2}, \cdots, V_{Cm})^T$，用 V 表示总评价结果，计算公式如下：

$$V = A \cdot V_C \tag{9.36}$$

第一步是对三级指标的各分项的得分进行计算，结果如下所示（表 9.58）。

预案 1 的各个分项的得分：

$$F_1^{(1)} = \begin{bmatrix} 0 & 0 & 0.2050 & 0.3910 & 0.4042 \\ 0 & 0.0940 & 0.3135 & 0.3291 & 0.2633 \\ 0 & 0.0787 & 0.2885 & 0.3343 & 0.2990 \end{bmatrix} \cdot \begin{bmatrix} 1 \\ 2 \\ 3 \\ 4 \\ 5 \end{bmatrix} = \begin{bmatrix} 4.2 \\ 3.5922 \\ 3.8551 \end{bmatrix}$$

$$F_2^{(1)} = \begin{bmatrix} 0 & 0 & 0.2198 & 0.3796 & 0.3956 \\ 0 & 0.0399 & 0.2794 & 0.3693 & 0.3114 \\ 0 & 0.2046 & 0.3100 & 0.2697 & 0.2157 \end{bmatrix} \cdot \begin{bmatrix} 1 \\ 2 \\ 3 \\ 4 \\ 5 \end{bmatrix} = \begin{bmatrix} 4.1558 \\ 3.9552 \\ 3.4965 \end{bmatrix}$$

$$F_3^{(1)} = \begin{bmatrix} 0 & 0.3896 & 0.2597 & 0.1948 & 0.1558 \\ 0 & 0.1844 & 0.3196 & 0.2748 & 0.2213 \\ 0 & 0.0399 & 0.2794 & 0.3693 & 0.3114 \end{bmatrix} \cdot \begin{bmatrix} 1 \\ 2 \\ 3 \\ 4 \\ 5 \end{bmatrix} = \begin{bmatrix} 3.1165 \\ 3.5333 \\ 3.9522 \end{bmatrix}$$

$$F_4^{(1)}=\begin{bmatrix}0 & 0.2985 & 0.2985 & 0.2239 & 0.1791\\0.0823 & 0.3704 & 0.2469 & 0.1851 & 0.1152\\0.2062 & 0.3093 & 0.2062 & 0.1546 & 0.1237\end{bmatrix}\cdot\begin{bmatrix}1\\2\\3\\4\\5\end{bmatrix}=\begin{bmatrix}3.2836\\2.8802\\2.6803\end{bmatrix}$$

$$F_5^{(1)}=\begin{bmatrix}0.1612 & 0.3022 & 0.2283 & 0.1713 & 0.1370\\0.2956 & 0.2744 & 0.1830 & 0.1372 & 0.1098\\0.1630 & 0.3261 & 0.2174 & 0.1630 & 0.1304\end{bmatrix}\cdot\begin{bmatrix}1\\2\\3\\4\\5\end{bmatrix}=\begin{bmatrix}2.8207\\2.4912\\2.7714\end{bmatrix}$$

$$F_6^{(1)}=\begin{bmatrix}0.4379 & 0.2190 & 0.1460 & 0.1095 & 0.0876\\0.1249 & 0.3539 & 0.2539 & 0.1770 & 0.1083\\0.2504 & 0.2921 & 0.1947 & 0.1460 & 0.1168\end{bmatrix}\cdot\begin{bmatrix}1\\2\\3\\4\\5\end{bmatrix}=\begin{bmatrix}2.1899\\2.8739\\2.5867\end{bmatrix}$$

预案 2 分指标得分如下：

$$F_1^{(2)}=\begin{bmatrix}0 & 0.2046 & 0.3100 & 0.2697 & 0.2157\\0 & 0.0418 & 0.2510 & 0.3556 & 0.3515\\0 & 0.0830 & 0.2490 & 0.3527 & 0.3154\end{bmatrix}\cdot\begin{bmatrix}1\\2\\3\\4\\5\end{bmatrix}=\begin{bmatrix}3.4965\\4.0165\\3.9008\end{bmatrix}$$

$$F_2^{(2)}=\begin{bmatrix}0 & 0.2769 & 0.3077 & 0.2308 & 0.1846\\0 & 0.2351 & 0.3255 & 0.2441 & 0.1953\\0 & 0.2277 & 0.3152 & 0.2539 & 0.2032\end{bmatrix}\cdot\begin{bmatrix}1\\2\\3\\4\\5\end{bmatrix}=\begin{bmatrix}3.3231\\3.3996\\3.4326\end{bmatrix}$$

$$F_3^{(2)}=\begin{bmatrix}0.1905 & 0.2857 & 0.1905 & 0.1429 & 0.1905\\0.2956 & 0.2744 & 0.1830 & 0.1372 & 0.1098\\0.1717 & 0.2575 & 0.2575 & 0.1931 & 0.1202\end{bmatrix}\cdot\begin{bmatrix}1\\2\\3\\4\\5\end{bmatrix}=\begin{bmatrix}2.8575\\2.4912\\2.8326\end{bmatrix}$$

$$F_4^{(2)}=\begin{bmatrix}0 & 0.2558 & 0.3165 & 0.2376 & 0.1901\\ 0.0823 & 0.3703 & 0.2469 & 0.1852 & 0.1152\\ 0 & 0.0200 & 0.2794 & 0.3892 & 0.3114\end{bmatrix}\cdot\begin{bmatrix}1\\2\\3\\4\\5\end{bmatrix}=\begin{bmatrix}3.3620\\2.8804\\3.9920\end{bmatrix}$$

$$F_5^{(2)}=\begin{bmatrix}0.2956 & 0.2744 & 0.1830 & 0.1372 & 0.1098\\ 0.2173 & 0.2826 & 0.2174 & 0.1522 & 0.1304\\ 0.3504 & 0.2531 & 0.1687 & 0.1265 & 0.1012\end{bmatrix}\cdot\begin{bmatrix}1\\2\\3\\4\\5\end{bmatrix}=\begin{bmatrix}2.4912\\2.6955\\2.3747\end{bmatrix}$$

$$F_6^{(2)}=\begin{bmatrix}0 & 0.284 & 0.2900 & 0.2367 & 0.1893\\ 0 & 0.1845 & 0.3173 & 0.2768 & 0.2214\\ 0 & 0.1845 & 0.3173 & 0.2768 & 0.2214\end{bmatrix}\cdot\begin{bmatrix}1\\2\\3\\4\\5\end{bmatrix}=\begin{bmatrix}3.3313\\3.5351\\3.5351\end{bmatrix}$$

表 9.58 预案三级指标得分

指标	预案 1 得分	预案 2 得分
资源移动性	4.2	3.496 5
通知及时性	3.592 2	4.016 5
人员移动性	3.855 1	3.900 8
指挥能力	4.155 8	3.323 1
沟通能力	3.952 2	3.399 6
信息管理能力	3.496 5	3.432 6
设备充分性	3.116 5	2.857 5
人员充分性	3.533 3	2.491 2
资金充分性	3.952 2	2.832 6
物流情况	3.283 6	3.362
战略描述情况	2.880 2	2.880 4
处置战术描述	2.680 3	3.992

按照上述分析中的指标权重进行计算可以得到如表 9.59 所示的预案的各分项的指标得分。

表 9.59 预案二级指标得分

二级指标	预案 1 得分	预案 2 得分
移动性	4.010 5	3.687 9
组织	4.017 2	3.357 2
资源	3.413 1	2.768 1
计划	2.910 5	3.377 2
媒体方面	2.820 7	2.491 2
利益相关者	2.491 2	2.695 5
社会稳定方面	2.771 4	2.374 7
环境方面	2.189 9	3.331 3
泄漏位置	2.873 9	3.535 1
泄漏物质属性和范围	2.586 7	3.535 1

在此基础上按照上述分析的指标权重进行计算可以得到如表 9.60 所示的预案的一级指标得分。

表 9.60 预案一级指标得分

一级指标	预案 1 得分	预案 2 得分
内部因子	3.468 5	3.267
外部因子	2.715 3	2.527
具体因子	2.423 1	3.420 8

9.6.5 案例结果分析及对策建议

利用上文中所给出的模型对相关数据进行计算，可以对某次事故中的各个预案分别进行评价并得出其具体的得分，以便于进行横向对比。例如，本例中，计算得出预案 1 的得分为 3.468 5，而预案 2 的得分为 3.378 2。根据灰色等值化向量的含义，两个预案的实施效果等级均为中。预案 1 整体的实施效果稍好于预案 2。

除此之外，还可以针对具体的指标进行横向对比。例如，预案 2 的通知及时性的得分远高于预案 1。这是因为，对于企业自身来说，发生突发事件以后第一时间首先要启动的是企业级的应急预案，如果企业自身无法控制事态，才启动城市应急预案。所以，从通知的及时性上企业级预案的实施效果肯定要比城市级预案好，这是符合现实情况的。人员充分性，设备充分性和资金充分性这三个指标来看，预案 1 的得分明显高于预案 2 的得分。因为，本例中 A 城市某企业发生的此次危化品泄漏事故最终事故等级被认定为较大事故，对事故报告进行更为深入的分析之后我们可以发现，该企业在本次事故中，对于事故的危害性和危害范围的预估存在严重错误，应急准备不足，应对不力，最终调动全市范围内的应急队伍和物资，才完成对本次事故的处置。

在具体因子方面，无论是预案 1 还是预案 2，其得分都相对较低，说明预案场景设计以及具体的应急方案制定仍然存在一定的问题，需要进一步改进和完善，这也是两份预案可执行性不高的主要原因。具体因子得分方面，预案 2 作为企业内部危化品泄漏事故专项应急预案，相对于预案 1 来说得分稍高，但是由于预案 1 更为强调宏观层面的控制，所以在外部因子的得分上较预案 2 略高。

两个预案在外部因子方面的分数普遍较低。具体来说，是媒体方面、利益相关者方面和社会稳定方面。首先，说明应急预案在编制时忽略了应对媒体方面的考虑。根据对此次事故的调研发现，当时在事故发生现场，聚集了国内外几十家媒体，但由于事先并没有很好的媒体应对策略，所以没有很好地对现场的媒体进行管理，以至于出现了一些混乱情况，有的记者甚至冒充救援人员冲进救援核心区域进行采访和偷拍，不但不利于现场救援，还夸大了泄漏的危害，造成一定的民众恐慌。利益相关者方面，应急预案中没有考虑到漏油发生后如何应对和处置对利益受损者的安抚措施。此次漏油发生后，直接受影响的就是海上承包水产养殖的渔民，直接导致水产品受污染，经济利益受到损害，所以在现场很多承包户聚集在一起，表达不满，要求政府赔偿，也在一定程度上影响了救援。社会稳定方面，应急预案并没有对漏油后可能引发的社会问题做出明确的应对方案。漏油发生后使得 A 城市大面积水域遭到污染，海洋环境遭到破坏，影响到市民的亲海活动以及对水产品的食用，所以引发了市民的集体不满，出现一定的社会稳定方面的问题。

所以，为了提升应急预案的可操作性和实施效果，两个预案需要结合此次事故的处置情况，有针对性地进行改进。首先，在外部因子方面，完善对媒体管理、利益相关者及社会稳定方面的应对措施。比如，对于社会公众稳定方面，预案修订时要充分考虑以上潜在的隐患和风险。第一，预案修订人员要对城市水域周边的养殖户有一个全面的调查研究，摸清底数，例如，养殖户数以及水产品养殖的种类等基本情况。第二，针对可能发生的损害，可以考虑由政府推动企业设立海洋环境与生态保护基金，以赔偿因事故导致的损害。另外，参考发达国家的经验可以考虑指定有资质的第三方索赔机构公开透明负责受理索赔和赔偿具体事宜。最后，针对可能产生的因影响市民食品安全及亲海活动等产生的社会不稳定问题，需要分情况联合食品安全监督管理部门、公安部门、媒体等多个部门共同制定预案，本着公开透明理性的原则，合理引导公众情绪，通过媒体向市民广泛宣传水域污染后降低各种负面影响和伤害的应对措施，并尽快向市民公布环境修复方案和期限，以得到市民的谅解。

其次，在具体因子方面，必须对应急预案在具体事故场景方面加强针对性的设计，从实际情况出发，对其风险进行更为深入的分析和探索，并以分析结果为基础，快速制定具有较强针对性的具体应急处理程序。例如，我们应对风向、洋流等要素加以重点考虑，并以此为基础进行针对性的设计，明确划分影响区域的同时，做好针对性的应对工作。两个预案在战略描述指标上得分都较低，需要加强对危化品泄漏事故应急处置的长期战略方面的考虑和完善。没有足够的资源支撑的应急预案只是一纸空文①。所以，预案 2 中应增加对企业应急设备、应急处理资金储备等方面的要求。另外，要加强对应急人员进行日常培训、演练，提高人员移动性程度；在企业对泄漏事故的应急指挥和沟通能力方面有待于进一步完善。预案 1 在危化品泄漏的战术处置上应该更加细化和完善。

9.7 本章小结

本章重点解决了第 4 章提出的第三个问题，应急预案的实施效果评价方法问题。首先回顾了当前学术界对于应急预案评估中存在重文本评估轻实施效果评估尤其是缺乏基于最终的应对结果对应急预案的实施效果进行定量化评估的现状，建立了基于改进灰色多层次评价的危化品泄漏事故应急预案实施效果评价模型。本书对灰色多层次评价方法的改进主要体现在对权重算法的重新设计上，包括在 AHP 群决策中引入专家权重，体现不同专家的重要性；同时又引入熵权法，来对主观赋权的结果进行修正以避免评价结果过于主观，使得权重的计算比传统的灰色多层次评价方法计算权重的方法更加合理。改进后的方法更加严谨，考虑得更为全面，方法体系本身更加完善。

---

① 王宏伟. 公共危机与应急管理原理与案例[M]. 北京：中国人民大学出版社，2015.

其次，很好地解决了应急预案效果评价中由于信息不充分、不确定等要素影响之下而客观存在的灰色性问题。除了得出评价对象的综合得分外还计算了单个因素的得分，直接发现应急预案实施效果不好及需要改进的因素，为提升应急预案的实施效果并在此基础上进行优化指明了方向。当然，本书只是构建了目前我国发生次数比较多、危害程度比较大的危化品泄漏事故应急预案实施效果的评价模型，该评价模型还需要在实际的具体应用过程中不断地完善，此外还需要对其他类型的突发事件的应急预案实施效果评价模型进行进一步研究。

10 结论与展望

10.1 主要结论

突发环境事件不仅造成重大人员伤亡、财产损失以及环境破坏，在应急救援过程中还浪费大量的社会资源，这对于“节约资源，保护环境”的生态文明建设的基本要求来说是把“双刃剑”。结合十八大以来党中央提出的生态文明建设的重大战略部署要求以及十九大、二十大提出的最新要求，本书以生态文明为视角对突发环境事件应急管理问题展开了深入研究，旨在通过全面提升突发环境事件应急管理能力来助推生态文明建设。生态文明视角下应急管理要求将生态文明建设的理念融入应急管理生命周期的全过程中。生态文明对突发环境事件的应急管理从风险防范与准备、监测与预警、应急处置与救援以及事后恢复与评估都提出了具体要求：高度重视预防工作是降低损失、节约应急成本的前提；科学合理的应急准备工作是提高应急救援效率、降低资源浪费的根本保证；提高智能化监测与预警水平是及时发现环境风险、避免事故发生、降低损失的重要支撑；科学应急辅助决策是减少损失和环境破坏的关键；重视事后评估总结工作是避免造成重复损失的重要手段。在此基础上审视了当前突发环境事件应急管理工作存在的五个主要问题：忽视环境风险防范和系统治理；应急准备工作规范化、科学化水平较低；智能化监测预警技术支撑不足；缺乏智能化应急辅助决策和处置的方法以及缺乏对应急预案实施效果进行定量化评估的方法。

本书的核心内容概括起来，主要针对以上五个问题进行对策研究。

第一，开展生态文明视角下环境风险治理对策研究。在生态文明视角下审视生态文明建设对环境风险治理提出的新要求，基于此分析当前我国环境风险治理存在的主要问题，并从政府、企业、公众三个主体在理念、制度、实践三个方面探究问题的内在原因；最后，从生态文明角度出发，对我国环境风险治理相关问题提出了一些具有较强针对性的对策和建议。

第二，提出基于“应对灾种—储备单位—资源目录”三级架构的城市应急物资储备标准指引的方法，为应急物资准备工作提供科学指引。应急物资储备资源目录指引、储备单位指引和应对灾种指引，系统地从不同角度回答了应急物资“储什么、储多少、谁来储、怎么储”等问题，初步解决了应急物资储备工作缺乏科学化依据的问题，该标准指引已经在深圳市、区试点应用，取得良好指导效果，提升了应急物资储备工作的科学性，最大程度降低资源储备不合理而造成的资源浪费。

第三，研发基于云计算的自动化环境风险监测预警系统，自动化实时监测环境风险，避免或降低环境突发事件发生造成的各种损失。

依托大数据、云计算和物联网等新一代信息技术，开发的预警监测系统通过高精度现场数据采集、可靠传输、大数据分析、云计算等过程，实现对监测对象全方位监测，及时掌握环境风险变化并进行预警，从而为防止或者减轻灾害影响提供有效的技术手段。通过深圳某街道弃土点挡土坝边坡监测的应用案例证明该系统的实用性。

第四，开发基于案例推理的应急辅助决策系统提高决策者科学决策及处置能力，最大程度地减少环境事故带来的各种损失。将人工智能领域中的案例推理方法（Case-based Reasoning，CBR）引入到环境应急辅助决策中，设计基于概念树—本体模型—元模型三层架构的应急案例存储模式，建立应急案例库，将历史环境事故案例按照统一的模式存储到案例库中，并设计案例的相似度检索算法，通过相似度检索，将与当前的环境事件相似度最高的历史案例的处置方案提供给决策者，辅助其对当前的环境事件进行科学决策。通过对一个具体环境群体性事件案例的运用，证明系统可以起到良好的辅助决策作用。

第五，建立基于改进灰色多层次评价方法的应急预案实施效果评价模型，在突发事件发生后评估应急预案的实施效果并进行总结和改进。本书在应急预案实施效果评价中引入灰色多层次评价法，结合前文研究成果构建了一套基于改进灰色多层次评价法的应急预案实施效果评价模型，并通过实例来验证评价模型的实用性。运用该评价模型可以对环境突发事件应急预案的实施效果进行定量化评估，并且找出影响实施效果的关键因素并根据模型计算得分情况有针对性地提出改进建议。基于危化品泄漏事故案例说明该方法的实用性。

10.2 不足与展望

（1）本书本着“节约资源，保护环境”这一生态文明建设的最基本原则，从生态文明建设的视角对突发环境事件应急管理问题进行了探索性的研究，既为生态文明建设提供了一个可以实际操作的切入点和抓手，又为突发环境事件应急管理提供了新的研究视角。诚然，当前我国生态文明建设的时间还不长，理论上，研究成果有限；实践上，制度建设还在摸索建立中，加之研究水平有限，本书对生态文明的认识难免还有些粗浅，对生态文明建设的内涵还缺乏深层次的挖掘，尤其是生态文明的制度建设如何影响突发环境事件环境风险治理的绩效等方面的认识还不够深入。随着我国生态文明建设的不断推进，理论和实践不断完善，生态文明建设制度设计对环境风险的系统化治理绩效的影响等方面还需要进一步深入研究。

（2）本书基于应急物资储备工作缺乏规范化指引的现状，提出了基于“应对灾种—储备单位—资源目录”三级架构的城市应急物资储备标准指引的方法，基于该方法建立的标准指引从不同角度回答了应急物资“储什么、储多少、谁来储、怎么储”等问题，初步解决了城市应急物资储备工作缺乏科学化依据的问题。但是，应急物资涉及面广、品种繁多，对于新形势下突发事件的应急物资需求是一个不断深化的认识过程，需要在后续工作实践中不断完善，尤其是需要持续跟踪应用情况，要依据部门应用情况及新的需求对标准指引进行滚动修订，以更好地适应新形势的发展，满足实际应急工作需要。

（3）案例推理系统中案例检索的基础是丰富的案例库，因此需要进一步丰富基于案例推理系统的应急辅助决策系统的应急案例，尤其是加大广泛搜集国外案例的力度；要进一步注重考虑系统运行的效率与速度问题，使该方法与实际结合方面更加具有实用性；算法设计方面为了满足突发环境事件高效响应的要求，还需要进一步研究改进高效的检索算法，并进一步研究与完善适合于应急案例学习的案例修正算法。

（4）评价模型方面，本书只是以目前我国发生比较多、危害比较大的危化品泄漏事故为例进行了应急预案实施效果评价模型构建，该评价模型还需要在实际的具体应用过程中不断加以完善，此外还需要对其他类型的突发环境事件的应急预案实施效果评价模型进行进一步研究。

参考文献

[1] 习近平. 之江新语[M]. 杭州：浙江人民出版社，2013.

[2] 中共中央宣传部. 习近平总书记系列重要讲话读本[M]. 北京：学习出版社，2016.

[3] 习近平. 习近平谈治国理政[M]. 北京：外文出版社，2014.

[4] 中共中央国务院关于加快推进生态文明建设的意见[M]. 北京：人民出版社，2015.

[5] 中共中央国务院印发《生态文明体制改革总体方案》[M]. 北京：人民出版社，2015.

[6] 中共中央关于全面推进依法治国若干重大问题的决定——辅导读本[M]. 北京：人民出版社，2014.

[7] 国家发展和改革委员会. 中华人民共和国国民经济和社会发展第十三个五年规划纲要辅导[M]. 北京：人民出版社，2016.

[8] 中共中央文献研究室. 习近平关于全面深化改革论述摘编[M]. 北京：中央文献出版社，2014.

[9] 中共中央文献研究室. 十八大以来重要文献选编：上[M]. 北京：中央文献出版社，2014.

[10] 常纪文. 生态文明的前沿政策和法律问题——一个改革参与者的亲历与思索[M]. 北京：中国政法大学出版社，2016.

[11] 鄂英杰. 我国突发环境事件应急机制法治研究[D]. 哈尔滨：东北林业大学，2009.

[12] 麽述凯，黄琼. 对突发环境事件应急立法的思考[J]. 工业安全与环保，2005（11）：1-3.

[13] 张润昊，毕书广. 论突发环境事件的几个理论问题[J]. 郑州航空工业管理学院学报（社会科学版），2007，26（1）：80-83.

[14] 李艳岩. 环境突发事件立法研究[J]. 黑龙江社会科学，2004（3）：122-124.

[15] 常纪文. 我突发环保事件应急立法存在的问题及对策（之一）[J]. 宁波职业技术学院学报，2004，8（4）：1-6.

[16] 李瑶. 突发环境事件应急处置法律问题研究[D]. 青岛：中国海洋大学，2012.
[17] 于召阳. 突发海洋环境污染事件应：急机制法律问题研究[D]. 青岛：中国海洋大学，2009.
[18] 南方周末：墨西哥湾事件，没有吸取教训的悲剧[EB/OL][2010-7-23] http:// www.infzm. com/content/46970
[19]《青岛中石化石油管道爆炸事故调查报告》，2013.
[20]《天津港 8.12 瑞海公司危险品仓库特别重大火灾爆炸事故调查报告》，2015.
[21] 李文重. 环境绿皮书：环境污染导致的群体性事件开始凸显[EB/OL] [2008-03-21]http: //www. ssap. com. cn /zgpsw/ pszt/psgd/shehui/200803/3053. html
[22] 潘岳. 和谐社会目标下的环境友好型社会[J]. 资源与人居环境，2008（7）：60-63.
[23] 林广伦. 我国突发环境事件应急法律制度研究[D]. 重庆：西南政法大学，2010.
[24] 王雨辰. 后发国家生态文明理论的价值诉求与基本特点[N]光明日报. 2016-11-3.
[25] 仲素梅. 国内外生态马克思主义研究综述[J]. 山西高等学校社会科学学报，2016，28（7）：3-7.
[26] 巩永丹. 新世纪以来国内生态马克思主义研究综述[J]. 高校社科动态，2015（1）：33-40.
[27] 曾德华. 生态马克思主义与我国生态文明理论的重构[J]. 湖南师范大学社会科学学报，2013，42（1）：28-35.
[28] 辛格. 动物解放[M]. 北京：光明日报出版社，1999.
[29] [法]史怀泽. 敬畏生命[M]. 上海：上海社会科学出版社，1996.
[30] [美]奥尔多・利奥波德. 沙乡的沉思[M]. 北京：经济出版社，1992.
[31] Birch J. New factors in crisis Planning and response[J]. Public Relations Quarterly, 1994, 39.
[32] Guth D W. Organizational crisis experience and Public relations roles[J]. Public Relations Review, 1995, 21(2).
[33] Mitroff I I. Crisis management and environmentalism: a natural conflict[J]. Califomia Management Review, 1994, 36(2).
[34] 诺曼・奥古斯丁. 危机管理[M]. 北京：中国人民大学出版社，2001.
[35] Igor Linkov. Comparative Risk Assessment and Environmental Decision

Making[C]Proceedings of the NATO Advanced Research Workshop on Comparative Risk Assessment and Envirionmental Decision Making Rome (Anzio), Italy. 2002.

[36] Lia Duarte, Ana Cláudia Teododo. An easy, accurate and efficient procedure to create forest fire risk maps using the SEXTANTE plugin Modeler. [J]Journal of Forestry Research, 2016, 27(6).

[37] Gordana Petkovic. Environmental Security in South-Eastern Europe. [M] Springer Netherlands 2011.

[38] Liao Z, Maoa X, Hannamb P M. Adaptation methodology of CBR for environmental emergency preparedness system based on an Improved Genetic Algorithm. [J]Expert Systems with Applications. 2012, 39(8), Issue 8.

[39] Establishing a national environmental emergency response mechanism, environmental emergencies section, 2001.

[40] Zhang D, Zhou L. Nunamaker J F, et al. A Knowledge Management Framework for the Support of Decision Making in Humanitarian Assistance/Disaster Relief[J]. Knowledge and Information Systems, 2002(4).

[41] Borell J, Eriksson K. Improving emergency response capability: an approach for strengthening learning from emergency response evaluation[J]. International Journal of Emergency Management, 2008(5).

[42] Jin W, An W. Research on Evaluation of Emergency Response Capacity of Oil Spill Emergency Vessels . Aquatic Procedia 3 (2015) 66-73.

[43] 刘国新，宋华忠，高国卫. 美丽中国——中国生态文明建设政策解读[M]. 天津出版传媒集团，2014

[44]《毛泽东文集》第 7 卷[M]. 北京：人民出版社，1999.

[45] 国家环保总局，中央文献研究室. 新时期环境保护重要文献选编[M]. 北京：中央文献出版社，2001.

[46] 吴大华. 制度建设是生态文明的重中之重[N]. 人民日报，2016-10-14.

[47] 刘於清. 党的十八大以来习近平同志生态文明思想研究综述[J]. 毛泽东思想研究，2016，33（3）：74-78.

[48] 李长莎，苏小明. 近十年关于生态文明正式制度和非正式制度建设研究综述[J]. 中共珠海市委党校、珠海市行政学院学报，2016（1）：58-63.

[49] 宋宇晶，苏小明，芦玉超. 生态文明制度建设研究综述[J]. 中共山西省委党

校学报，2014（1）：30-34.
[50] 陈旭. 论我国生态文明建设的制度设计创新[J]. 四川行政学院学报，2013（2）：5-7.
[51] 刘登娟，黄勤，邓玲. 中国生态文明制度体系的构建与创新——从“制度陷阱”到“制度红利”[J]. 贵州社会科学，2014（2）：17-21.
[52] 张春华. 中国生态文明制度建设的路径分析——基于马克思主义生态思想的制度维度[J]. 当代世界与社会主义，2013（2）：28-31.
[53] 沈满洪. 生态文明制度建设：一个研究框架[J]. 中共浙江省委党校学报，2016，32（1）：81-86.
[54] 严耕. 生态文明评价的现状与发展方向探析[J]. 中国党政干部论坛，2013（1）：14-17.
[55] 刘洋. 如何加强生态文明制度建设——访北京林业大学人文社会科学学院院长严耕[J]. 环境保护与循环经济，2012（12）：14-17.
[56] 沈满洪. 建设生态文明必须依靠制度[N]. 浙江日报，2012-12-31.
[57] 邓翠华. 关于生态文明参与制度的思考[J]. 毛泽东邓小平理论研究，2013（10）：48-52.
[58] 尹洧，周小凡，李文洁. 突发环境事件应急预案的编写[J]. 安全，2016（2）：9-11.
[59] 喻阳华. 突发环境事件应急预案编制方法初探[J]. 环保科技，2015，21（6）：39-42.
[60] 陈斌华，顾瑛杰. 水源地突发环境事件应急演练组织与实施[J]. 污染防治技术，2016（1）：58-60.
[61] 杜婷婷. 突发性环境污染事件应急管理体系研究[D]. 南京：南京大学，2011.
[62] 张建伟. 论突发环境事件中的政府环境应急责任[J]. 河南社会科学，2007（6）：24-26.
[63] 吕建华，曲风风. 完善我国海洋突发环境事件应急联动机制的对策建议[J]. 行政与法，2010（9）：17-19.
[64] 王丽媛. 美国突发环境事件应急管理立法及其启示[J]. 中国环境管理干部学院学报，2016，26（4）：7-10.
[65] 李瑶. 突发环境事件应急处置法律问题研究[D]. 青岛：中国海洋大学，2012.
[66] 郭益峰. 构建突发环境事件应急管理与决策指挥平台的研究[J]. 污染防治技术，2016（3）：90-92.

[67] 周旭武，庄红．基于案例库的突发环境事件应急指挥系统设计[J]．工业控制计算机，2016，29（2）：126-128.

[68] 王波．风险沟通在环境性突发事件应急管理中的作用[J]．黑龙江纺织，2015（1）：42-45.

[69] 李高升．突发环境事件中公众参与法律问题研究[D]．济南：山东师范大学，2014.

[70] 张艳萍，程川．突发环境事件应急监测风险点分析和应对研究[J]．环境科学与管理，2014，39（12）：151-154.

[71] 鲁蕴甜．浅谈突发环境污染事故应急监测的质量管理[J]．科技信息，2014（4）：261-262.

[72] 李超雅．公共治理理论的研究综述[J]．南京财经大学学报，2015（2）：89-94.

[73] 曾伟，周剑岚，王红卫．应急决策的理论与方法探讨．[J]中国安全科学学报，2009，19（3）：172-176.

[74] Wang Ji-yu, Wang Jin-tao. A study of emergency decision based on crisis information [A]. Proc. of the 46th annual conf. of the international society for the system sciences[C], 2002.

[75] 汪季玉，王金桃．基于案例推理的应急决策支持系统研究[J]．管理科学，2003，16（6）：46-51.

[76] 童星，等．中国应急管理：理论、实践、政策[M]．北京：社会科学文献出版社，2012.

[77] 中石油爆炸污染松花江 国家治理 5 年耗资 78 亿[EB/OL][2011-6-2]http://money. 163. com/11/0602/08/75HHL5OQ00253B0H. html#from=relevant

[78] 人民日报社理论部．深入学习习近平同志重要论述[M]．北京：人民出版社，2013.

[79] 王宏伟．公共危机与应急管理原理与案例[M]．中国人民大学出版社，2015.

[80] 王祯军，张英菊，李宏，等．领导干部应急管理能力提升——问题与对策[M]．北京：国家行政学院出版社，2016.

[81] 钟开斌．从灾难中学习：教训比经验更宝贵．[J]中国应急管理．2013（6）：35-39.

[82] 刘卫东．探询“9.11”调查报告的足迹[J]．世界知识，2004（16）：38-39.

[83] 张涵．日本最大火车事故六年问责[N]．21 世纪经济报道，2011-08-01.

[84] 曹海峰．建立完整的应急管理评估体系[J]．学习时报，2014-2-24.

[85] [美]戴维·奥斯本，特德·盖布勒. 改革政府[M]. 周敦仁，等译. 上海：上海译文出版社，2006.

[86] 张英菊. 城市危机管理粗放化现状及精细化转型研究[J]. 广西社会科学，2016（7）：154-157.

[87] 张兵. 城市规划实效论[M]. 北京：中国人民大学出版社，1998.

[88] 孙施文，周宇. 城市规划实施评价的理论与方法[J]. 城市规划汇刊，2003（2）：15-20.

[89] Seasons M. Monitoring and Evaluation in Municipal Planning[J]. Journal of the American Planning Association Research Library, 2003, 69(4): 430.

[90] Alexander E R. If planning isn't everything, maybe it's something[J]. Town Planning Review Quarterly, 1981, 52(2): 135-139.

[91] 文雯. 环境风险管理应进入政府视野[N]. 中国环境报，2011-02-24.

[92] 张英菊，全传军. 提高地方政府的环境风险治理能力[J]. 领导决策，2014（2）.

[93] 王枫云. 美国城市政府的环境风险评估原则、内容与流程[J]. 城市观察. 2013，25（3）：173-177.

[94] 卢少军，余晓龙. 环境风险防范的法律界定和制度建构[J]. 理论学刊，2012（10）：80-84

[95] 黄庆桥. 以科学的态度认识风险[N]. 文汇报，2005-11-11.

[96] Benn S, et al. Governance of environmental risk: New approaches to managing stakeholder involvement[J]. Journal of Environmental Management, 2009(90).

[97] 张乐，童星. "邻避" 行动的社会生成机制[J]. 江苏行政学院学报，2013（1）：64-70.

[98] 张英菊. 大连市应急文化建设现状及对策——基于调查问卷的实证研究[J]. 大连干部学刊，2015（12）：60-64.

[99] 薛澜，董秀海. 基于委托代理模型的环境治理公众参与研究[J]. 中国人口·资源与环境，2010，20（10）：48-54.

[100] 张英菊. 提升我国公众危机意识及应急能力[N]. 学习时报，2015-10-8.

[101] 史忠植. 高级人工智能[M]. 北京：科学出版社，1998.

[102] Schank R. Dynamic Memory: a Theory of Reminding and Learning in Computers and People[M]. Cambridge. Cambridge University press, 1982.

[103] 张英菊，仲秋雁等. CBR 的应急案例通用表示与存储模式[J]. 计算机工程，

2009，35（17）：28-30.

[104] Amodt A, Plaza E. Case-based reasoning: foundational issues, methodological variations, and system approaches[C]. Artificial Intelligence Communications 7, 1994: 39-59.

[105] Dvir G, Langholz G, Schneider M. Matching Attributes in a Fuzzy Case Based Reasoning[C]. IEEE, 1999: 33-36.

[106] 张英菊．案例推理技术在环境群体性事件中的应用研究[J]．安全与环境工程，2016，23（1）：94-99.

[107] 路云，吴应宇，达庆利．基于案例推理技术的企业经营决策支持模型设计[J]．中国管理科学，2005，13（2）：81-87.

[108] 张本生，于永利．CBR 系统案例搜索中的混合相似度方法[J]．系统工程理论与实践，2002，22（3）：131-136.

[109] 近年来中国环境群体性事件高发，年均递增 29%[N]．新京报，2012-10-27.

[110] 张英菊．我国环境风险治理的主体，原因及对策[J]．人民论坛，2014（26）：75-77.

[111] 张英菊．美国如何提升环境风险治理能力[N]．学习时报，2016-10-20.

[112] Perry R W, Michael K L, et al. Preparedness for Emergency Response: Guidelines for the Emergency Planning Process[J]. Disasters, 2003, 27(4): 336-350.

[113] Alexander D. Towards the development of a standard in emergency planning[J]. Disaster Prevention and Management, 2005, 14(2): 158-175.

[114] CRS Report for Congress. Pandemic Influenza: An Analysis of State Preparedness and Response Plans[R]. September 24, 2007.

[115] 于瑛英．应急预案制定中的评估问题研究[D]．北京：中国科学技术大学，2008.

[116] 张盼娟，陈晋，刘吉夫．我国自然灾害类应急预案评价方法研究（Ⅲ）：可操作性评价[J]．中国安全科学学报，2008，18（10）：16-25.

[117] 于瑛英，池宏．基于网络计划的应急预案的可操作性研究[J]．公共管理学报，2007，4（2）：100-107.

[118] 覃燕红．突发事件应急预案有效性评价[J]．科技管理研究，2010，30（24）：56-59.

[119] 禹竹蕊．论应急预案的动态综合评估[J]．人民论坛．学术前沿，2011（14）：

140-141.

[120] 郭子雪，张强. 基于直觉模糊集的突发事件应急预案评估[J]. 数学的实践与认识，2008，38（22）：64-69.

[121] 樊自甫，魏晶莹，万晓榆. 基于层次分析法与模糊综合评价的突发事件应急预案有效性评估[J]. 数字通信，2012（1）：15-19.

[122] 张虎. 基于灰色理论的应急预案实施效果评价研究[D]. 保定：河北大学，2014.

[123] 唐玮，姜传胜，佘廉. 提高突发事件应急预案有效性的关键问题分析[J]. 中国行政管理，2013（9）.

[124] 张英菊. 基于弹性视角的应急预案有效性评价研究[J]. 理论与改革，2015（4）：107-109.

[125] Abordaif F H. The Development of an Oil Spill Contingency Planning Evaluation Model[D]. Washington D C, : The Washington University, 1994.

[126] 立远远，刘光前等. 基于 AHP-熵权法的煤矿生产物流安全评价[J]. 安全与环境学报，2015，15（3）：29-33.

[127] 郭亚军. 综合评价理论、方法及应用[M]. 北京：科学出版社，2002.

[128] 张英菊. 基于改进的灰色多层次评价的应急预案实施效果评价模型[J]. 湘潭大学学报（自然科学版），2017（1）.

[129] 林正奎. 基于熵权——AHP组合的城市保险业社会责任评价研究[J]. 科研管理，2012，33（3）：142-147.

[130] 张英菊，闵庆飞，曲晓飞. 突发公共事件应急预案评价中的关键问题探究[J]华中科技大学学报，2008，22（6）：41-48.

[131] 李佐军. 生态文明建设评价考核的基本思路. [J]经济纵横，2014（9）：18-23.

[132] 冯志峰，黄师贤. 生态文明考核评价制度建设现状，体系与路径——以江西省生态文明建设为研究个案. [J]兰州商学院学报，2013，29（4）：98-105.

[133] 陈学明. “生态马克思主义”对于我们建设生态文明的启示[J]. 复旦学报，2008（4）：8-17.

[134] 李晓明. 生态马克思主义之生态观探论[J]. 前沿，2011（8）：183-187.

[135] 张永领. 我国应急物资储备体系完善研究[J]. 管理学刊，2010，23（6）：54-57.

[136] 习近平. 推进我国生态文明建设迈上新台阶[J]. 求是，2019（3）.

[137] 住建部：2019 年起全国地级及以上城市要全面启动生活垃圾分类工作

[EB/OL][2019-2-23]http://huanbao. bjx. com. cn/news/20190223/964627. shtml
[138] 2025年退役动力蓄电池将达78万吨，我国正在加快建立其回收利用体系[N]. 经济日报，2019-2-27.
[139] 钮先钟. 战略研究[M]. 桂林：广西师范大学出版社，2003.
[140] 江田汉，邓云峰，李湖生，等. 基于风险的突发事件应急准备能力评估方法[J]. 中国安全生产科学技术，2011（7）.
[141] Clark L. Mission improbable：Using fantasy documents to tame disaster[D]. Chicago Press，1999.
[142] 杨佳，罗云. 安全生产事故应急响应成本研究[D]. 北京：中国地质大学（北京），2017.
[143] 史丽萍，王影. 安全生产应急成本与应急水平关系分析[J]. 统计与决策，2011（19）.
[144] 宋英华. 应急管理蓝皮书——中国应急管理报告[M]. 北京：社会科学文献出版社，2016.
[145] 闪淳昌，薛澜. 应急管理概论——理论与实践[M]. 北京：高等教育出版社，2012.
[146] 范维澄，刘奕，翁文国. 公共安全科技的“三角形”框架与“4+1”方法学[J]. 科学导报. 2009（6）.
[147] 范维澄. 关于城市公共安全的一点思考[J]. 中国建设信息. 2012（21）.
[148] 史培军，黄崇福，叶涛. 建立中国综合风险管理体系. [J]中国减灾，2005（2）.
[149] 史培军. 四论灾害系统研究的理论与实践[J]. 自然灾害学报，2008（12）.
[150] 史培军，孔峰，叶谦. 灾害风险科学发展与科技减灾[J]. 地球科学进展，2014（29）.
[151] 张成福，唐钧，谢一帆. 公共危机管理理论与实务[M]. 北京：中国人民大学出版社，2009.
[152] 黄崇福. 综合风险管理的梯形架构[J]. 自然灾害学报，2005（6）.
[153] 夏保成. 西方国家公共安全管理概念辨析[J]. 中国安全生产科学技术，2006（3）.
[154] 宋英华. 突发事件应急管理导论[M]. 北京：中国经济出版社，2009.
[155] Yang Q, Ma H. “Constructing China’s Total Emergency Management Model

of Earthquake Disater. Proceeding of 2008 International Conference on Innovation and Management." Wuhan University of Technology Press, 2008.

[156] 戴汝为，李耀东，李秋丹. 社会职能与综合集成系统[M]. 北京：人民邮电出版社，2013.

[157] 王飞跃. 人工社会、计算实验、平行系统——关于复杂社会经济系统计算研究的讨论[J]. 复杂系统与复杂性科学，2004（4）.

[158] 王飞跃，邱晓刚，曾大军，等. 基于平行系统的非常规突发事件计算实验平台研究[J]. 复杂系统与复杂性科学，2010（4）.

[159] 孟荣清，邱晓刚，张烙兵，等. 面向平行应急管理的计算实验框架[J]. 系统工程理论与实践，2015（10）.

[160] 范维澄，刘奕，翁文国. 公共安全科技的"三角形"框架与"4+1"方法学[J]. 科学导报，2009（6）.

[161] 张晔. 提升科技支撑能力，创建安全保障型城市——访中国工程院院士范维澄[J]. 上海安全事故年产，2011（6）.

[162] 范维澄. 关于城市公共安全的一点思考[J]. 中国建设信息，2012（21）.

[163] 范维澄，霍红，杨列勋，等. "非常规突发事件应急管理研究"重大研究计划结题综述[J]. 中国科学基金，2018（3）.

[164] Morrison R S. Ecological democracy [M]. Boston: South End Press, 1995: 281.

[165] Morrison R S. Building an ecological civilization [J]. Social Anarchism: A Journal of Theory & Practice, 2007(38): 1-18.

[166] Gare A. Toward an ecological civilization [J]. Process Studies, 2010, 39(1): 5-38.

[167] Magdoff F. Harmony and ecological civilization: Beyond the capitalist alienation of nature [J]. Monthly Review, 2012, 64(2): 1-9.

[168] Schroeder P. Assessing effectiveness of governance approaches for sustainable consumption and production in China [J]. Journal of Cleaner Production, 2014, 63(2): 64-73.

[169] Fritz M, Koch M. Economic development and prosperity patterns around the world: Structural challenges for a global steady-state economy [J]. Global Environmental Change, 2016, 38: 41-48.

[170] Baranenko S P, Dudin M N, Ljasnikov N V, et al. Use of environmental

approach to innovation-oriented development of industrial enterprises [J]. American Journal of Applied Sciences, 2014, 11(2): 189-194.

[171] Aldashev G, Limardi M, Verdier T. Watchdogs of the invisible hand: Ngo monitoring and industry equilibrium [J]. Journal of Development Economics, 2015, 116: 28-42.

[172] Sarkar A N. Promoting eco-innovations to leverage sustainable development of eco-industry and green growth [J]. European Journal of Sustainable Development, 2013, 2(1): 171-224.

[173] Sáez-Martínez F J, Díaz-García C, Gonzalez-Moreno A. Firm technological trajectory as a driver of eco-innovation in young small and medium-sized enterprises [J]. Journal of Cleaner Production, 2016, 138: 28-37.

[174] Lorek S, Spangenberg J H. Sustainable consumption within a sustainable economy - beyond green growth and green economies [J]. Journal of Cleaner Production, 2014, 63(2): 33-44.

[175] Maniatis P. Investigating factors influencing consumer decision-making while choosing green products [J]. Journal of Cleaner Production, 2016, 132: 1-14.

[176] Dryzek J S, Stevenson H. Global democracy and earth system governance [J]. Ecological Economics, 2011, 70(11): 1865-1874.

[177] Russell-Smith J, Lindenmayer D, Kubiszewski I, et al. Moving beyond evidence-free environmental policy [J]. Frontiers in Ecology and the Environment, 2015, 13(8): 441-448.

[178] 王骚，李如霞. 面向公共危机与突发事件的政府应急管理[M]. 天津：天津大学出版社，2013.

[179] Steven Fink. Crisis Management: Planning for the Inevitable, Black in print. com, April 2000.

[180] (美)罗伯特・希斯. 危机管理[M]. 王成,等译. 2版. 北京：中信出版社，2004.

[181] Robert T. Stafford disaster Relief and Emergency Assistance Act, as amended by Public Law, 2000.

[182] Birch J. New factors in crisis Planning and response[J]. Public Relations Quarterly, 1994, 39.

[183] Guth D W. Organizational crisis experience and Public relations roles[J].

Public Relations Review, 1995, 21(2).

[184] McLoughlin D. A Framework for Integrated Emergency Management. Publc Administration Revies, 1985(2).

[185] Fink S. Crisis Mangement : Planning for the Invisible. New York: American Management Association, 1986.

[186] 罗伯特·希斯. [M]. 王成，等译. 北京：中信出版社，2001.

[187] Mitroff I I, Pearson C M, Harrington L K. The Essential Guide to Managing Corporate Crises. New York: Oxford University Press, 1996.

[188] Health R. Dealing with the Complete Crisis: the Crisis Management Shell Structure. Safe Science, 1998(30).

[189] 诺曼·奥古斯丁. 危机管理[M]. 北京：中国人民大学出版社，2001.

[190] Kahneman D, Klein G. Condition for Intuitive Expertise: A failure to Disagree [J]. American Psychologist, 2009, (64): 515-526.

[191] Sayegh L, Anthony W P, Perrewe P L. Managrial Decision-Making Under Crisis: The Role of Emotion In the Intuitive Decision Process[J]. Human Resource Management Review, 2004, 14(2): 179-199.

[192] 薛文军，鹏宗超. 西方危机决策理论研究与启示：基于技术，制度与认知的视角[J]. 国家行政学院学报，2014（6）.

附件 1

A 市危险化学品泄漏事故应急预案

1 总则

1.1 编制目的

1.2 编制依据

1.3 工作原则

1.4 事故的分类及分级

1.4.1 危险化学品泄漏事故定义

危险化学品泄漏事故：主要指气体或液体危险化学品发生了一定规模的泄漏，造成了严重的财产损失或环境污染等后果的危化品事故。危险化学品泄漏事故容易造成重大火灾、爆炸或中毒事故。

1.4.2 危险化学品泄漏事故分级

根据事故的性质、危害程度、涉及范围，将危化品泄漏事故划分为四级：特别重大（Ⅰ级）、重大（Ⅱ级）、较大（Ⅲ级）和一般（Ⅳ级）。

（1）特别重大危化品泄漏事故（Ⅰ级）

造成30人以上死亡（含失踪），或者100人以上中毒（重伤），或1亿元以上直接经济损失，或需要紧急转移安置10万人以上的危化品泄漏事故。

（2）重大危化品泄漏事故（Ⅱ级）

造成10人以上、30人以下死亡（含失踪），或者50人以上、100人以下中毒（重伤），或者5 000万元以上、1亿元以下直接经济损失的危化品泄漏事故。

（3）较大危化品泄漏事故（Ⅲ级）

造成3人以上、10人以下死亡（含失踪），或者10人以上、50人以下中毒（重伤），或者1 000万元以上、5 000万元以下直接经济损失的危化品泄漏事故。

（4）一般危化品泄漏事故（Ⅳ级）

造成3人以下死亡，或者10人以下中毒（重伤），或者1 000万元以下直接经济损失的危化品泄漏事故。

本预案所称“以上”含本数，“以下”不含本数。

1.5 适用范围

本预案适用于A市危险化学品（储存、装卸危险化学品的港口经营企业除外）生产、经营、储存、使用过程中发生的，需要由市危化品泄漏事故应急指挥部负责处置的较大危化品泄漏事故，参与处置的重大、特别重大危化品泄漏事故，或者超出事发区政府（新区管委会）处置能力需要协调处置的一般危化品泄漏事故。

一般危化品泄漏事故的应急救援工作由各区政府（新区管委会）负责处置；重大、特别重大危化品泄漏事故的应急救援工作按照省、国家相关预案执行，本预案适用于重大、特别重大危化品泄漏事故的前期应急处置有关工作。

1.6 现状及风险分析

略

2 组织机构和职责

A 市突发事件应急委员会（以下简称市应急委）是全市突发事件应急领导机构。市应急委下设市危化品泄漏事故应急指挥部（以下简称应急指挥部），负责统一组织领导、指挥协调全市较大以上危险化学品生产、经营、储存、使用突发事件的防范和应对工作。

2.1 应急指挥部及职责

2.1.1 应急指挥部组织领导

应急指挥部总指挥由市分管安全生产工作的副市长担任，副总指挥分别由协助分管安全生产工作的市政府副秘书长、协助分管应急工作的市政府副秘书长、市应急办主任以及深圳警备区参谋长担任。执行总指挥由市安全监管局局长担任，同时兼任现场指挥部现场指挥官。应急指挥部组织设置见附件2。

2.1.2 应急指挥部职责

（1）贯彻执行预防和应对有关危化品泄漏事故的法律、法规、规章和政策；

（2）统筹危险化学品救援抢险应急物资及装备的储备、调用；

（3）确定较大以上有关危化品泄漏事故的等级及响应级别，按本预案规定的程序启动和结束应急响应，统筹有关力量和资源参与事故的应急处置工作；

（4）指挥、协调各区（新区）开展有关危化品泄漏事故预防和应急救援工作；

（5）指挥、协调应急指挥部成员单位和市级应急救援力量参与应急救援工作；

（6）决定和批准抢险救援工作的重大事项；

（7）落实上级领导批示（指示）相关事项。

2.2 应急指挥部办公室及职责

2.2.1 应急指挥部办公室组成

应急指挥部下设办公室，设在市安全监管局，具体承担应急指挥部的日常工作，办公室主任由市安全监管局分管副局长担任，应急指挥部办公室实行24小时值班（值班电话略）。

2.2.2 应急指挥部办公室职责

（1）组织开展应急指挥部应急值守相关工作；

（2）组织落实应急指挥部决定，协调、调动成员单位开展危化品泄漏事故应急救援相关工作；

（3）组织收集、分析有关工作信息，及时上报危化品泄漏事故重要信息；

（4）组织发布危化品泄漏事故预警信息；

（5）配合有关部门承担危化品泄漏事故新闻发布工作；

（6）建设和完善危化品泄漏事故应急指挥平台，纳入全市应急平台体系；

（7）组织开展本市危化品泄漏事故应急演练、培训、宣传工作；

（8）组织、协调有关应急队伍的建设、管理和应急演练，负责危化品泄漏事故应急救援专家组的管理工作；

（9）组织开展市危化品泄漏事故应急预案编制、修订和评审工作，督促指导和抽查各区（新区）安全监管部门开展危化品泄漏事故预防与应急准备工作；

（10）承担应急指挥部日常工作。

2.3 应急指挥部成员单位及职责

2.4 现场指挥部及职责

略

2.4.1 现场指挥部

我市发生较大（Ⅲ级）危化品泄漏事故时，根据应急处置工作实际需要，由应急指挥部牵头，市应急办、市委宣传部（市政府新闻办）和事发区政府（新区管委会）配合，成立现场指挥部，统一指挥和协调现场应急处置工作。现场指挥部实行现场指挥官负责制，现场指挥官负责现场决策和指挥工作，指挥调度现场应急救援队伍和应急资源，依职权调拨或申请调拨应急资金。

现场指挥官由应急指挥部执行总指挥（市安全监管局局长）兼任。负责应急处置现场的指挥、协调。依法指挥各成员单位按照各自职责分工开展应急处置工作。现场副指挥官分别由市安全监管局副局长、市应急办副主任、市委宣传部外宣办主任、广东陆军预备役防化团团长、事发区政府（新区管委会）分管负责人担任。其中，市安全监管局分管副局长协助现场指挥官开展应急救援工作；市应急办副主任协调场外有关应急力量和应急资源，配合现场指挥官开展应急处置工作；市委宣传部外宣办主任组织协调新闻发布工作；广东陆军预备役防化团团长组织广东陆军预备役防化团进行危化品泄漏事故的应急救援和处置工作；事发区政府（新区管委会）分管负责人组织本辖区有关应急资源参与应急处置工作。

现场指挥部下设综合协调组、技术专家组、抢险救灾组、治安疏导组、医疗卫生保障组、舆情新闻信息组、军地联动协调组、后勤保障组、环境气象监测组、涉外（港澳台）联络组、调查评估组、善后工作组共12个工作组，各工作组组长由现场指挥官指定参与抢险救援部门（单位）的现场负责人担任。现场指挥部可根据应急救援需要增减相关应急工作组。现场指挥部设置见附件3，各应急工作组职责分工见附件4。

2.4.2 现场指挥部的职责

现场指挥部根据应急指挥部的指令，指挥协调以下具体工作：

（1）根据现场救援工作需要，成立应急工作组，指挥各部门参与事故救援；

（2）组织制订应急救援和防止事故引发次生、衍生事故的方案，向各应急工作组下达工作任务；

（3）督促各应急工作组按照工作任务制订工作方案并实施，接受各工作组的工作汇报；

（4）负责现场处置沟通协调、督查督办、信息报送，材料汇总等综合工作；

（5）针对事故引发或可能引发的次生、衍生事故（如环境污染），适时通知相邻地区人民政府有关部门；

（6）根据处置需要，决定依法征用有关单位和个人的设备、设施、场地、交通工具和其他物资；

（7）及时向市应急委、应急指挥部报告应急救援处置、事态评估情况和工作建议，落实市政府有关决定事项和市领导批示、指示；

（8）必要时，提请应急指挥部按报批程序请求驻深部队参加应急救援行动；

（9）组织现场指挥部的会晤、政务活动等。

2.5 应急救援专家组及职责

2.5.1 应急救援专家组组成

应急指挥部办公室根据应急工作需要组建危险化学品应急救援专家组，由消防、危险化学品、机械电气、应急处置、环境保护、医疗救护等专业专家组成。应急指挥部专家组名单见附件5。

2.5.2 应急救援专家组职责

（1）对事故的发展趋势、抢险救援方案、处置办法等提出意见和建议，为应急抢险救援行动的决策、指挥提供技术支持；

（2）对事故可能造成的危害进行预测、评估；

（3）根据行政主管部门的安排，参与应急演练及事故调查。

2.6 应急救援队伍及职责

2.6.1 应急救援队伍组成

危化品泄漏事故应急救援队伍主要包括综合应急救援队伍、专业应急救援队伍、企业应急救援队伍、志愿者应急救援队伍。综合应急救援队伍依托A市公安消防支队建立，是危化品泄漏事故应急救援的主力。专业应急救援队伍由市各应急指挥部组织建立，危险化学品专业应急救援队伍由A市各级安全监管部门牵头组建，是危化品泄漏事故应急救援的骨干。企业应急救援队伍由危险化学品企业依法组建，是危化品泄漏事故应急救援的基础力量。志愿者应急救援队伍由有相关知识、经验和资质的志愿者组成，是危化品泄漏事故应急救援的补充。危险化学品应急救援队伍信息详见附件6。

2.6.2 应急救援队伍职责

（1）综合应急救援队伍

负责危险化学品应急处置、火灾扑救、人员搜救和事故现场清理，控制危险源，防止事故扩大及次生灾害发生，承担危化品泄漏事故综合应急救援任务。

（2）专业应急救援队伍

危险化学品专业应急救援队伍负责危化品泄漏事故现场检测、危险化学品泄漏控制，与其他应急救援队伍协同，参与处置危化品泄漏事故应急救援工作，并提供专业技术支持；参与应急演练，不断提高队伍的实战能力；加强应急救援装备、器材和物资的储备和管理，保持其性能和状态良好。其他专业应急救援队伍按照各自的职责开展环境污染、交通、卫生、燃气、建筑工程、通信保障、电力、给排水等专业救援任务。

（3）企业应急救援队伍

负责本单位危化品泄漏事故的先期处置和应急救援工作，配合综合应急救援队伍、专业应急救援队伍开展抢险救援；建立预防检查责任制，定期进行预防性检查，消除事故隐患，并建立预防检查档案；按照编制的危化品泄漏事故应急预案，定期组织演练；严格执行24小时执勤制度，执勤人员应坚守岗位，不得擅离职守。

（4）志愿者应急救援队伍

参与防灾避险、疏散安置、急救技能等应急知识的宣传、教育和普及工作，参与危化品泄漏事故的信息报告、抢险救援、卫生防疫、群众安置、设施抢修和心理疏导等工作。

3　运行机制

3.1　预防、监测与预警

3.1.1　预防

（1）规范危险化学品行业布局，产业主管部门进行危险化学品产业布局时应当落实城市总体规划对城市用地安全布局及重大危险源灾害防治的要求，根据本市的实际情况，充分考虑土地、人口、资源、环境等因素，统筹加强城市规划与危险化学品产业发展的衔接，科学规避危化品泄漏事故风险，努力提高城市安全水平。

（2）各部门、各单位应坚持“预防为主、预防与应急相结合”的原则，重点排查危险化学品生产、经营、储存、使用等环节的风险点和危险源，建立完善危险化学品风险点和危险源数据库，构建安全监管部门与各行业主管部门之间危险化学品重大危险源信息共享机制。

（3）危险化学品生产、经营、储存、使用单位应按照有关规定制定本单位危化品泄漏事故应急预案，确保企业应急预案与各级政府及主管部门相关预案衔接畅通，提高应急预案的科学性、针对性、实用性和可操作性；对生产经营场所及周边环境开展隐患排查，及时采取有效措施消除事故隐患，防止事故发生；开展本单位从业人员、安全管理人员和主要负责人的安全生产培训教育工作，加强应急救援力量建设，配备应急救援装备和器材，并定期组织开展应急演练。

3.1.2　监测

（1）市安全监管局以安全管理综合信息系统为基础，逐步建立危险化学品生产、经营、储存、使用等环节相关数据库，形成政府监督管理、企业申报信息、数据共建共享、部门分工监管的安全管理综合信息平台。通过平台获取企业基本信息、企业危险化学品存销量、重大危险源信息，建立风险识别、风险评估、风险监测、风险控制、风险预警的动态监控，实现对危化品泄漏事故风险的有效控制和应对。

（2）依托信息化系统，根据危险化学品风险点和危险源数据库，绘制风险点和危险源电子图，建立危险化学品重大危险源安全监测监控体系，实现对重大危险源的实时监控，督促企业结合自动检测、计算机仿真、计算机通信等现代高新技术，及时发现可能使重大危险源由安全状态向事故临界状态转化的各种参数变化趋势，给出预警信息或应急控制指令，做到早发现、早报告、早处置。

（3）危险化学品生产、经营、储存企业及涉及使用环节重点企业应当建立危化品泄漏事故隐患排查治理、报告和建档等监控制度，严格落实企业的隐患排查治理主体责任，定期组织安全生产管理人员、工程技术人员和其他相关人员开展隐患排查治理工作。对于排查发现的事故隐患，应当按照事故隐患的等级进行登记，建立事故隐患信息档案，并按照职责分工实施监控治理，并向所在区安全监管部门和其他有关行业监管部门报告。

3.1.3 预警

3.1.3.1 预警级别

根据危化品泄漏事故可能造成的危害程度、紧急程度和发展态势，预警级别分为Ⅰ级、Ⅱ级、Ⅲ级和Ⅳ级，Ⅰ级为最高级别，分别用红色、橙色、黄色、蓝色标示，预警级别划分标准如下：

（1）蓝色等级（Ⅳ级）：预计可能发生一般（Ⅳ级）以上危化品泄漏事故，事故即将临近，事态可能会扩大；

（2）黄色等级（Ⅲ级）：预计可能发生较大（Ⅲ级）以上危化品泄漏事故，事故已经临近，事态有扩大的趋势；

（3）橙色等级（Ⅱ级）：预计可能发生重大（Ⅱ级）以上危化品泄漏事故，事故即将发生，事态正在逐步扩大；

（4）红色等级（Ⅰ级）：预计可能发生特别重大（Ⅰ级）以上危化品泄漏事故，事故会随时发生，事态正在不断蔓延。

危化品泄漏事故即将发生或发生的可能性增大时，应急指挥部对危化品泄漏事故信息进行评估，预测危化品泄漏事故发生可能性的大小、影响范围和强度以及可能发生的危化品泄漏事故级别。

3.1.3.2 预警信息发布

对于可预警的危化品泄漏事故，市、区政府（新区管委会）根据《A市突发事件预警信息发布管理暂行办法》规定的权限和程序，通过A市突发事件预警信息发布中心、职能部门网站和市应急办网站发布。同时充分利用广播、电视、报刊、互联网、手机短信、微博、博客、网上社区、电子显示屏、有线广播、宣传车等通信手段和传播媒介、基层信息员发布预警信息；对特殊人群以及特殊场所和警报盲区，应当采取指定专人负责预警信息传递工作。

预警信息内容包括：发布机关、发布时间、事件类别、预警级别、起始时间、可能影响范围、警示事项、相关措施和咨询电话等。

（1）Ⅱ级以上危化品泄漏事故预警信息，由应急指挥部向上级部门提出发布建议，上级主管部门根据省人民政府授权负责发布。特殊情况下，省人民政府认为有必要发布的预警信息，可不受预警级别限制。

（2）Ⅲ级危化品泄漏事故预警信息由应急指挥部办公室予以发布，并同时通报市应急办。特殊情况需报市政府审定的，由应急指挥部办公室及时报送市应急办。市应急办核定意见后报市政府相关领导签发。特殊紧急情况下，市政府认为有必要发布的预警信息，可不受预警级别限制。

（3）Ⅳ级危化品泄漏事故预警信息由各区政府（新区管委会）按照区级预警信息发布办法执行，并及时报送市应急办及应急指挥部办公室。

3.1.3.3 预警响应

（1）蓝色等级（Ⅳ级）预警响应：进入蓝色预警期后，相关成员单位、预计事发地的区政府（新区管委会）、危险化学品企业应做好应急响应准备，执行24小时值班制度，及时收集、报告有关信息，加强事态发展情况的监测、预报和预警工作；预计事发地的区政府（新区管委会）组织专业技术人员、有关专家对事态进行分析评估，预测发生事故的可能性大小、影响范围和强度，并做好事故应急救援准备；专业应急救援队伍随时待命，接到命令后迅速出发，视情况采取防止事故发生或事态进一步扩大的相应措施。

（2）黄色等级（Ⅲ级）预警响应：在蓝色预警响应的基础上，应急指挥部办公室及时进行研判，如果达到黄色预警，按程序申请启动本预案Ⅲ级预警响应，并部署相关预警响应工作；专业应急救援队伍及相关应急人员赶赴现场，组织对预警危险区域进行应急处置；应急救援专家组进驻应急指挥部办公室或现场，对事态发展做出判断，并提供决策建议。应急指挥部及相关成员单位根据实际情况和分级负责的原则，依法采取以下一项或多项措施：公布信息接报和咨询电话，及时收集和上报有关信息，向社会公告采取的有关特定措施、避免和减轻危害的建议和劝告；组织有关部门和机构、专业技术人员、有关专家，随时对事故信息进行分析评估，预测发生事故的可能性大小、影响范围和级别，定时向社会公布与公众有关的事故预测信息和分析评估结果；组织应急救援队伍和负有特定职责的人员进入待命状态，动员后备人员做好应急准备；调集应急救援所需物资、装备、设备和工具，准备应急设施和室内临时避险场所，确保其随时可以投入正常使用；加强事发区域重点单位、重要部位和重要基础设施的安全保卫；确保交通、通信、供水、排水、供电、供气、输油等公共设施的安全运行；转移、疏散或撤离易受事故危害的人员并妥善安置，转移重要财产；关闭或限制使用易受事故危害的场所，控制或限制容易导致危害扩大的公共场所的活动；其它必要的防范性、保护性措施。

（3）橙色等级（Ⅱ级）预警响应：在黄色预警响应的基础上，由省级相关应急机构统一部署，市相关应急机构积极配合。

（4）红色等级（Ⅰ级）预警响应：在橙色预警响应的基础上，由国家相关应急机构统一部署，省、市相关应急机构积极配合。

3.1.3.4 预警信息的调整和解除

预警信息实行动态管理。当事故扩大或可能发生的事故级别预测会升级，预计现场应急救援力量无法有效消除事故险情，事故等级将升级至重大甚至是特别重大级别时，应急指挥部办公室应及时报告应急指挥部，向上级应急指挥机构申请调整预警级别并重新发布。

有事实证明不可能发生危化品泄漏事故或者危险已经解除时，由应急指挥部办公室按程序宣布解除预警信息，终止预警期。

3.2 应急处置与救援

3.2.1 信息报告和共享

3.2.1.1 事故信息报告

（1）获悉危化品泄漏事故信息的公民、法人及其他组织，应立即拨打市安全监管局值班电话（略）报告事故基本情况。

（2）危化品泄漏事故发生后，事发单位现场有关人员要立即向本单位负责人报告；单位负责人接到报告后应向事发地的区政府（新区管委会）、区安全监管部门和负有安全生产监督管理职责的部门报告。相关部门和单位接到报告后，应当立即派人前往现场，初步判定事故等级，同时报上一级主管部门。

3.2.1.2 事故信息报告时限和程序

（1）当一般（Ⅳ级）危化品泄漏事故发生后，事发单位在事故发生后60分钟内向事发地的区政府（新区管委会）、区安全监管部门和负有安全生产监督管理职责的部门电话报告，书面报告时间不超过90分钟。事发地的区政府（新区管委会）应在事发后2个小时内向应急指挥部办公室及市委值班室、市政府总值班室书面报告信息。事故后续处置情况应及时报告。

（2）当较大（Ⅲ级）以上危化品泄漏事故发生后，事发单位在事故发生后立即向事发地的区政府（新区管委会）、区安全监管部门和负有安全生产监督管理职责的部门电话报告。事发地的区政府（新区管委会）、区有关部门力争在事发后30分钟内向应急指挥部办公室及市委值班室、市政府总值班室电话报告事故简要情况，书面报告时间不超过45分钟，同时报告事故可能涉及的其他区政府（新区管委会）、市有关部门（单位）。事故后续处置情况应及时报告。

（3）当重大（Ⅱ级）以上危化品泄漏事故发生后，应急指挥部办公室力争在确认事故级别后15分钟内，向市委值班室、市政府总值班室电话报告事故简要情况，书面报告时间不超过30分钟，接到市委值班室、市政府总值班室要求电话核报的信息，电话反馈时间不超过15分钟，书面报告时间不超过30分钟。

（4）发生在敏感地区、敏感时间或事件本身敏感的危化品泄漏事故信息的报送，不受分级标准限制，要立即上报应急指挥部办公室及市委值班室、市政府总值班室。

（5）涉及港澳台、外籍人员伤亡、失踪、被困的危化品泄漏事故，需要向有关国家、地区和国际机构通报的，应急指挥部办公室及时将情况通报市公安局，由市公安局按照有关规定办理，市外事办、市台办提供必要协助。

（6）应急指挥部按照国家和省紧急信息报送标准及有关要求，及时向国务院、省政府报告事故信息。

3.2.1.3 事故信息报告内容和要求

信息报告要简明扼要、清晰准确。事故报告内容应包括：事故发生单位概况，事故发生的时间、地点、简要经过、信息来源，事故涉及的危险化学品种类及数量，事故可能造成的危害程度、影响范围、伤亡人数、直接经济损失，已采取的应急处置措施，目前事故处置进展情况，下一步拟采取的措施。

3.2.1.4 应急值班

区级以上安全监管部门和负有安全生产监督管理职责的部门应当设立专门的值班室和值班电话，实行24小时值班制度，并向社会公布值班电话，受理事故报告和举报，及时上报事故情况。

3.2.2 先期处置

（1）事发单位发生危化品泄漏事故时，应当第一时间启动应急响应，组织有关力量进行应急处置和救援，并按照规定将事故信息及应急响应启动情况报告安全生产监督管理部门和其他负有安全生产监督管理职责的部门。当事故影响可能超出本单位的范围时，要及时将险情通报给周边单位和人员。

（2）事发地的社区工作站、居委会和其他企事业单位等应当按照当地政府的决定、命令，进行宣传动员，组织群众开展自救和互救，协助维护社会秩序。

（3）事发地的街道（办事处）应组织应急救援力量和工作人员营救遇险人员，搜寻、疏散、撤离、安置受到威胁的人员；隔离危险源，标明危险区域，封锁危险场所，采取其他防止危害扩大的必要措施；向事发地的区政府（新区管委会）及有关部门（单位）报告信息。

（4）事发地的区政府（新区管委会）应组织相关部门和单位开展先期处置工作，以营救遇险人员为重点；采取必要措施，防止发生次生、衍生事故，避免造成更大的人员伤亡、财产损失。

（5）应急指挥部负责重大、特别重大危化品泄漏事故先期处置工作。上一级应急响应启动后，协助上一级应急指挥部开展应急处置工作。

3.2.3　应急响应

发生在本市范围内较大等级危化品泄漏事故，如果不具有扩散性，无需抢救人员，未造成环境危害，可不必全面启动应急响应，直接进入善后处理、事故调查程序。

对于先期处置未能有效控制事态的事故，根据事故的性质、特点、危害程度，应急指挥部办公室和事发地的区政府（新区管委会）按照分级响应的原则，申请启动相应级别的应急响应。应急响应级别按照危化品泄漏事故分级相应分为Ⅰ级（一级）、Ⅱ级（二级）、Ⅲ级（三级）、Ⅳ级（四级）。

3.2.3.1　Ⅳ级应急响应

发生一般危化品泄漏事故时，由事发地的区政府（新区管委会）按照区（新区）与本预案对接的危化品泄漏事故相关应急预案启动应急响应程序，组织和指挥本辖区进行应急救援和事故处置。必要时，应急指挥部和市有关部门派出工作组赶赴事故现场，指导事发地的区政府（新区管委会）开展相关应急处置工作，根据应急救援需求，提供应急资源予以支持。

3.2.3.2　Ⅲ级应急响应

发生较大危化品泄漏事故时，在Ⅳ级应急响应的基础上，采取以下措施：

（1）应急指挥部办公室接到较大以上事故报告后，及时进行研判，经确认为较大以上危化品泄漏事故时，立即报应急指挥部申请启动Ⅲ级应急响应。

（2）应急指挥部批准发布启动Ⅲ级应急响应的命令，并根据需要，成立现场指挥部。

（3）Ⅲ级应急响应启动后，应急指挥部办公室及时通知相关成员单位到达事故现场，成立应急工作组，制订应急救援方案、开展救援抢险、交通管制等应急处置工作。

（4）各成员单位在应急处置过程中做好现场人员防护工作。

（5）其他相应的应急响应措施和行动。

3.2.3.3 **Ⅱ级、Ⅰ级应急响应**

确认发生重大、特别重大危化品泄漏事故时，应急响应工作分别由省级和国家相关应急机构负责组织实施。在Ⅲ级应急响应的基础上，由应急指挥部按照上级应急机构的统一部署，组织、协调本市各方面应急资源，配合省级和国家相关应急机构做好应急处置工作。

3.2.4 **指挥协调**

启动Ⅲ级以上应急响应时，应急指挥部按照“统一指挥，分级负责，属地为主，专业处置”的要求，组织开展应急处置工作。

3.2.4.1 **应急指挥部主要采取以下措施：**

（1）派出有关专家和应急人员参与现场指挥部的应急指挥工作，协调各级、各专业应急力量采取应急救援行动；

（2）协调有关区（新区）、市有关部门（单位）提供人力、物资、装备、技术、通信等应急保障；

（3）制订并组织实施应急救援和事故处置的方案，防止引发次生、衍生事故；

（4）协调建立现场警戒区和交通管制区域，确定重点防护区域；协调开展受威胁的周边地区危险源的监控工作；

（5）及时掌握危化品泄漏事故事态进展情况，向市委、市政府报告；

（6）综合协调、指挥处置危化品泄漏事故，传达并督促有关部门（单位）落实市委、市政府、市应急委有关决定事项和市领导批示、指示；

（7）必要时协调驻深部队和武警支队应急增援；

（8）其他相应的应急响应措施和行动。

3.2.4.2 **市应急办主要采取以下措施：**

（1）及时掌握危化品泄漏事故事态进展情况，向市委、市政府报告，将有关信息通报市委办公厅信息处、市委宣传部（市政府新闻办）；

（2）协调相关应急资源参与危化品泄漏事故处置工作，传达并督促有关部门（单位）落实市委、市政府、市应急委有关决定事项和市领导批示、指示。

3.2.4.3 **事发地的区政府（新区管委会）在应急指挥部的指挥和指导下，采取以下措施：**

（1）根据相关应急预案，采取措施控制事态发展，开展应急救援和事故处置工作，向市委、市政府、应急指挥部报告情况；

（2）组织协调有关单位做好人力、物资、装备、技术等应急保障工作，维持现场治安和交通秩序，维护本辖区内社会稳定；

（3）组织动员、指导和帮助群众开展防灾、减灾和救灾工作；

（4）其他相应的应急响应措施和行动。

3.2.4.4　市有关部门和单位在应急指挥部的指挥和指导下，采取以下措施：

（1）根据相关应急预案，开展应急救援或事故处置工作，向应急指挥部报告情况；

（2）派出或协调有关领域的应急救援专家组参与事件处置工作，提供应急救援、应急处置、减灾救灾等方面的决策和建议；

（3）其他相应的应急响应措施和行动。

3.2.5　处置措施

现场指挥部应根据危化品泄漏事故情况研究分析，采取安全、有效的应急救援行动，各应急工作组应采取以下应急处置措施：

（1）应急疏散及交通管控：现场指挥部根据技术专家组建议，确定警戒隔离区。治安疏导组将警戒隔离区内与事故应急处置无关的人员撤离至安全区，疏散过程中应避免横穿危险区，并注意根据危险化学品的危险特性，指导疏散人员就地取材（如毛巾、湿布、口罩等），采取简易有效的保护措施；在警戒隔离区边界设置警示标志，并设专人负责警戒；对通往事故现场的道路实行交通管制，严禁无关车辆、人员进入；清理主要交通干道，保证道路畅通；根据事故发展、应急处置和动态监测的情况，及时调整警戒隔离区。

（2）现场抢险：抢险救灾组应控制、记录进入现场救援人员的数量，确保应急救援人员配备必要的安全防护装备，携带救生器材进入现场，协助受困人员转移到安全区域；组织开展危险化学品处置、火灾扑救、工程抢险和工程加固等工作。

（3）医疗救护：医疗卫生保障组赶赴事故现场，设立临时医疗点，为受灾群众、抢险救援人员、集中安置点灾民提供医疗保障服务，并将伤者送往医院实施治疗。

（4）现场监测：环境气象监测组加强事故现场的环境监测和气象监测，提供现场动态监测信息。

（5）应急保障：后勤保障组向现场指挥部提供物资、装备、食品、交通、供电、供水、供气和通信等后勤服务和资源保障，以及向受到事故影响的人员提供应急避难场所和生活必需品。

（6）洗消和现场清理：抢险救灾组在危险区与安全区交界处设立洗消站，并根据有害物质的品种使用相应的洗消药剂，对所有受污染人员及工具、装备进行洗消。环境气象监测组负责清除事故现场各处残留的有毒有害气体，统一收集处理泄漏液体、固体及洗消污水。

3.2.6 现场处置要点

3.2.6.1 危险化学品火灾事故现场处置要点

（1）根据火灾爆炸发生位置、危险化学品性质及火势扩大的可能性，综合考虑火灾发生区域的周围环境及火灾可能对周边的影响，确定警戒范围。治安疏导组隔离外围群众、疏散警戒范围内的群众，疏散过程中应注意群众的个体防护，并禁止无关人员进入现场，提前引导无关车辆绕行。

（2）调集相应的公安消防、专家、专业应急救援队伍、企业应急救援队伍等救援力量赶赴现场。

（3）制订灭火方案。现场指挥部组织事发单位、专家及各应急救援小组制订灭火方案。制订灭火方案时应根据化学品的性质选用合适的灭火方法。

（4）实施灭火。注意配备必要的个体防护装备（防热辐射、防烟等）。出现意外情况时，立即撤离。

（5）现场监测。注意风向变化对火势的影响。

（6）现场指挥部根据现场事态的发展及时调整救援方案，并及时将现场情况报应急指挥部。

3.2.6.2 危险化学品爆炸事故现场处置要点

（1）确定爆炸发生位置、引起爆炸的物质类别及爆炸类型（物理爆炸、化学爆炸），初步判断是否存在二次爆炸的可能性。物理爆炸则重点关注爆炸装置的工作温度、压力及相邻装置的运行情况，谨防相邻装置二次爆炸；化学爆炸，则须关注现场点火源的情况。

（2）治安疏导组确定警戒范围，隔离外围群众、疏散警戒范围内的群众，禁止无关人员进入现场，提前引导无关车辆绕行。

（3）如有易燃物质则应注意消除火源。在警戒区内停电、停火，消除可能引发火灾和爆炸的火源。

（4）危险化学品抢险救灾组在进入危险区前宜用水枪将地面喷湿，防止摩擦、撞击产生火花，要特别注意避免泄漏的易燃液体随水流扩散。

（5）调集相应的公安消防、专家、专业应急救援队伍、企业应急救援队伍等救援力量赶赴现场。

（6）如是化学爆炸，环境气象监测组加强监测事故现场的易燃易爆气体浓度及气象条件。

（7）技术专家组根据现场气体浓度及爆炸源的情况确定是否有二次爆炸的危险，确定应采取的处置措施。

（8）制订救援方案并组织实施。

（9）现场指挥部根据现场事态的发展及时调整救援方案，并及时将现场情况报应急指挥部。

3.2.6.3 危险化学品易燃、易爆物质泄漏事故现场处置要点

（1）确定泄漏的危险化学品种类及性质（主要是沸点、闪点、爆炸极限等）、泄漏源的位置及泄漏现场点火源情况。

（2）确定警戒范围。治安疏导组负责隔离外围群众、疏散警戒范围内的群众，疏散过程中应注意群众的个体防护，设立警戒标志，禁止无关人员进入现场，交通部门注意提前引导无关车辆绕行。

（3）调集相应的公安消防、专家、专业应急救援队伍、驻深部队等救援力量赶赴现场。

（4）现场指挥部确定泄漏源的周围环境（环境功能区、人口密度等），明确周围区域存在的重大危险源分布情况。

（5）环境气象监测组检测泄漏物质是否进入大气、附近水源、下水道等场所；加强现场大气、土壤、气象信息等监测，明确泄漏危及周围环境的可能性。

（6）技术专家组根据事故现场实际或估算的泄漏量确定泄漏时间或预计持续时间，预测泄漏扩散趋势。确定主要的控制措施（如堵漏、工程抢险、人员疏散、医疗救护等）。

（7）制订应急救援方案并组织实施。

（8）各应急工作组实施救援方案，危险化学品抢险救灾组进入现场控制泄漏源，抢救泄漏设备。出现意外情况，立即撤离。

（9）现场指挥部根据现场事态的发展及时调整救援方案，并及时将现场情况报应急指挥部。

3.2.6.4 危险化学品有毒物质泄漏事故现场处置要点

（1）立刻进行疏散。现场指挥部应根据泄漏的危险化学品种类及泄漏源的位置，并考虑风速风向、泄漏量、周围环境等确定警戒范围，警戒范围宜大不宜小。治安疏导组尽快疏散警戒范围内的群众，疏散过程中应注意群众的个体防护。

（2）需要发布预警信息的事故按照《A 市突发事件预警信息发布管理暂行办法》等有关规定执行。

（3）调集医疗急救力量赶赴现场。

（4）调集所需的公安消防、专家、专业应急救援队伍、企业应急救援队伍、驻深部队等救援力量赶赴现场。

（5）检测泄漏物质是否进入大气、附近水源、下水道等场所；加强现场大气、土壤、气象信息等监测，明确泄漏危及周围环境的可能性。

（6）技术专家组根据企业提供的情况及现场监测的实际或估算的泄漏量，确定泄漏时间或预计持续时间。

（7）确定应急救援方案，实施救援。

（8）根据现场事态的发展及时调整救援方案，并及时将现场情况报应急指挥部。

3.2.7 响应升级

因危化品泄漏事故次生或衍生出其他突发事件，已经采取的应急措施不足以控制事态发展，需由其他专项应急指挥部、多个部门（单位）增援参与应急处置的，应急指挥部应及时报告市应急委。

如果预计危化品泄漏事故将要波及周边城市或地区的，应以市政府的名义，协调周边城市启动应急联动机制。

当危化品泄漏事故造成的危害程度超出本市自身控制能力，需要上级相关应急力量提供援助和支持的，由市委、市政府报请省委、省政府或党中央、国务院协调相关资源和力量参与事故处置。

3.2.8 社会动员

根据危化品泄漏事故的危害程度、影响范围、人员伤亡等情况和应对工作需要，市、区政府（新区管委会）可发布社会动员令，动员有专业知识和技能的公民、具备应急救援资源的企事业单位、社会团体、基层群众自治组织和其他力量，协助政府及有关部门做好事故预防、自救互救、紧急救援、秩序维护、后勤保障、恢复重建等处置工作。

3.2.9 信息发布

一般危化品泄漏事故应急处置信息的发布，由事发地的区政府（新区管委会）具体负责。

发生较大以上危化品泄漏事故后，或发生在重点地区、特殊时期比较敏感的危化品泄漏事故，应急指挥部最迟要在事故发生后 5 小时内发布危化品泄漏事故权威信息，在 24 小时内举行新闻发布会，发布初步核实情况、政府处置措施和公众防范措施等，并根据事故处置进展情况持续发布权威信息。市委宣传部（市政府新闻办）负责新闻媒体的组织协调，正确引导新闻舆论。

危化品泄漏事故信息发布形式包括授权发布、提供新闻通稿、接受记者采访、举办新闻发布会等。较大以上危化品泄漏事故应急处置信息应及时通过政府网站、政务微博等快捷方式予以发布。依照法律、法规和国家有关规定应由国家和省的行政机关授权发布的，从其规定。

对发生在敏感地点、容易引发社会恐慌的危化品泄漏事故以及涉及隐瞒事故、事故口径表述前后不一等敏感问题，应急指挥部要主动介入，及早回应，稳妥发布权威信息。对有可能引起国际社会、港澳台地区关注的危化品泄漏事故，由市委宣传部（市政府新闻办）、市外事办（港澳办）、市台办协助应急指挥部发布信息。

3.2.10 应急结束

当事故现场得以控制，遇险人员得到解救，事故伤亡情况已核实清楚，环境监测符合有关标准，导致次生、衍生事故隐患消除后，现场应急处置工作即告结束。现场指挥部根据事故现场处置情况及专家组评估建议，报告应急指挥部批准后，由现场指挥部宣布应急结束，应急救援队伍撤离现场。

应急结束后，应急指挥部应将情况及时通知参与事故处置的各相关单位，必要时还应通过广播电台、电视台等新闻媒体向社会发布应急结束信息。

3.3 后期处置

3.3.1 善后处置

事发地的区政府（新区管委会）牵头负责事故善后处置工作，应当根据遭受损失的情况，制订和实施救助、补偿、抚慰、抚恤、安置等善后工作方案。对危化品泄漏事故中的伤亡人员、应急处置工作人员应按照规定给予抚恤、抚慰、补助。对紧急调集、征用有关单位和个人的物资、设备、设施、工具，应按照规定给予补助和补偿。根据工作需要，提供心理咨询辅导和司法援助，预防和妥善解决因处置危化品泄漏事故引发的矛盾和纠纷。

事发地的区政府（新区管委会）组织做好现场污染物清理、环境污染消除、疫病防治、灾后重建等工作，尽快恢复正常秩序，消除事故后果和影响，确保社会稳定。

3.3.2 社会救助

民政部门负责统筹社会救助工作，按照政府救济和社会救助相结合的原则，做好受灾群众的安置工作，会同市有关部门（单位）组织救灾物资和生活必需品的调拨和发放，保障群众基本生活。

红十字会、慈善会等人民团体、社会公益型团体和组织，依据有关法律法规和相关规定，开展互助互济和救灾捐赠活动。

3.3.3 保险

应急指挥部、各有关部门（单位）和各区政府（新区管委会）应当为专业应急救援人员购买人身意外伤害保险。危险化学品生产、经营、储存企业及涉及使用环节重点企业应按照省、市有关规定投保安全生产责任保险。

鼓励保险公司开展产品和服务创新，针对不同群体和人员的需求，开发保额适度、保障层次多样、服务便捷的险种，扩大灾害保险的覆盖面和服务范围，增强企事业单位和公民抵御事故的能力，形成全社会共担风险机制。

鼓励从事高风险活动的企业购买财产保险，并为其员工购买人身意外保险；鼓励保险行业开展事故风险管理研究，建立事故信息数据库，形成有效的信息共享机制。

3.3.4 调查评估

发生重大、特别重大危化品泄漏事故，分别由省政府、国务院组织事故调查，市政府各有关部门密切配合，积极落实上级调查组提出的改进意见，认真汲取事故教训。

发生较大危化品泄漏事故，由市政府直接组成调查组或者授权有关部门组成调查组。

发生一般危化品泄漏事故，由事发地的区政府（新区管委会）组织调查组进行调查。

危化品泄漏事故善后处置工作结束后，现场指挥部分析总结应急救援经验教训，提出改进应急救援工作的建议，完成应急救援评估报告报送市政府。根据现场指挥部提交的应急救援评估报告，应急指挥部办公室组织分析、研究，提出改进应急工作的意见，并抄送有关部门。

3.3.5 恢复与重建

危化品泄漏事故处置工作结束后，受到影响的区政府（新区管委会）应结合调查评估情况，立即组织制订恢复与重建计划，及时恢复社会秩序，修复被破坏的城市运行、生产经营等基础设施。

4 应急保障

4.1 人力资源保障

（1）综合应急救援队伍。本市依托现役消防队伍，建立市、区、街道三级综合应急救援队伍，承担危化品泄漏事故应急救援任务。

（2）专业应急救援队伍。市安全监管局牵头组建危险化学品专业应急救援队伍，其他各专项应急指挥部、有关部门（单位）负责组建和管理本领域专业应急救援队伍，会同综合应急救援队伍承担危化品泄漏事故应急救援任务。

（3）军队和武警部队应急救援力量。驻深部队、武警部队和民兵、预备役部队是本市处置危化品泄漏事故的骨干和突击力量，依法参与危化品泄漏事故应急救援和处置任务。

（4）社会应急救援力量。发挥共青团、义工联、红十字会的作用，鼓励社会团体、企事业单位、基层群众自治组织以及志愿者等参与危化品泄漏事故应急救援工作。组织有相关知识、经验和资质的志愿者成立应急志愿者队伍，参与防灾避险、疏散安置、急救技能等应急救援知识的宣传、教育和普及工作，参与危化品泄漏事故的信息报告、抢险救援、卫生防疫、群众安置、设施抢修和心理疏导等工作。

4.2 经费保障

（1）市政府、区政府（新区管委会）预防和处置危化品泄漏事故所需财政负担的经费，由市、区两级政府和新区管委会按照事权、财权划分原则，分级负担。

（2）鼓励公民、法人和其他组织为应对事故提供资金捐赠和各种形式的支持。

4.3 物资保障

（1）根据本市不同区域危化品泄漏事故的种类、频率和特点，按照实物储备与商业储备相结合、生产能力与技术储备相结合、政府采购与政府补贴相结合的方式，由市、区（新区）有关部门（单位）及各级应急指挥部分区域、分部门合理储备应急物资。

（2）应急指挥部、各有关部门（单位）和各区政府（新区管委会）按照“专业管理、专物专用”的原则，自行调拨使用本部门（单位）的应急物资。跨部门（单位）调用应急物资时，申请使用的有关部门（单位）、相关区政府（新区管委会）应向市应急办提出申请，按有关规定办理。

4.4 医疗卫生保障

市卫生计生委建立和完善全市卫生应急预案体系、卫生应急指挥体系和医疗卫生救援体系，针对危化品泄漏事故可能造成的健康危害，组建医疗专家队伍和应急医疗救援队伍，储备医疗救治应急物资，开展医疗救援演练和公众自救、互救医疗常识宣传教育。

危险化学品生产经营单位针对本单位可能发生事故的类别，加强员工自救、互救知识和技能培训，最大限度降低事故造成的人员伤害和健康危害。

4.5 交通运输保障

（1）市交通运输委牵头负责建立健全交通运输应急联动机制，保障紧急情况下的综合运输能力。必要时，组织紧急动员和协调征用社会交通运输工具。

（2）市交通运输委负责建立健全应急通行机制，保障紧急情况下应急交通工具的优先安排、优先调度、优先放行。

（3）市公安交警支队确保应急运输安全畅通，根据应急处置需要，开设应急救援“绿色通道”，对危化品泄漏事故现场及有关道路实行交通管制，应急车辆凭发放的应急标志优先通行。

（4）道路及交通设施被破坏或毁坏时，市交通运输委、市住房建设局、市城管局等部门应迅速组织专业应急救援队伍，尽快组织抢修，保障交通线路顺畅。

4.6 治安保障

市公安局应制订应急状态下维持治安秩序的各项方案，包括警力集结、布控、执勤方式和行动措施等，维护危化品泄漏事故现场秩序及所在区域社会公共秩序，为危化品泄漏事故应急救援处置及抢险提供保障。

市公安局负责组织事故现场治安警戒和治安管理，加强对重点地区、重点场所、重点人群、重要物资设备的防范保护，控制事故肇事人员，维持现场秩序，及时疏散群众。

4.7 人员防护保障

各区政府（新区管委会）和各街道办事处、社区工作站应完善紧急疏散管理办法和程序，明确各级责任人，确保在紧急情况下公众安全、有序地转移或疏散到应急避难场所及其他安全地带。

在处置危化品泄漏事故过程中，相关单位应充分考虑对人员造成危害的可能性和所有危害种类，制订科学合理、切实可行的应急救援方案，配备先进适用、安全可靠的安全防护设备，采取必要的防范措施，确保救援人员安全。

4.8 通信和信息保障

市经贸信息委协调市通信管理局和各通信运营企业，建立有线和无线相结合、基础电信网络与应急通信设施相配套的应急通信系统，确保应急处置通信畅通。

4.9 现场救援和工程抢险装备保障

应急指挥部、有关部门（单位）根据自身应急管理业务的需求，按照“平战结合”的原则，配备现场救援和工程抢险装备和器材，建立维护、保养和调用等制度。

4.10 应急避难场所保障

市规划国土委负责制定全市应急避难场所专项规划。各区（新区）、市有关部门（单位）负责本辖区、本行业、本领域的应急避难场所建设、管理和维护工作。市民政局、市应急办分别负责指导和检查室内、室外应急避难场所的建设、管理工作；发生事故后由市民政局统一协调使用和管理应急避难场所。

应急避难场所的归属单位应按照要求配置各种设施设备，划定各类功能区，设置规范的标志牌，储备必要的物资，建立健全应急避难场所维护、管理制度和应急预案。

4.11 科技支撑保障

由市安全监管局牵头负责，市经贸信息委、市科技创新委、市城市公共安全技术研究院有限公司配合，采取扶持政策和优惠措施，鼓励和支持高等院校、科研院所和有关机构等开展研究用于危化品泄漏事故预防、监测、预警、应急处置与救援的新技术、新工艺、新设备和新材料。

4.12 气象服务保障

市气象局负责气象服务保障工作，提供天气预报并加强对极端天气的监测和预警。根据预防和应对危化品泄漏事故的需要，提供局部地区气象监测预警服务。

4.13 法制保障

在危化品泄漏事故发生和延续期间，市政府根据需要依法制定和发布紧急决定和命令。市法制办按照市政府的要求对危化品泄漏事故应对工作提供法律意见。

4.14 其他应急保障

危化品泄漏事故应急救援所需的其他保障由市有关部门按照《A 市突发事件总体应急预案》确定的职责，依据各部门的预案进行保障。

5 监督管理

5.1 应急演练

略。

5.2 宣传教育

略。

5.3 培训

略。

5.4 责任与奖惩

略。

5.5 预案实施

略。

6 附则

6.1 预案管理

6.1.1 预案修订

略。

6.1.2 预案评审、发布和备案

略。

6.2 制定与解释

略。

7 附件

略。

附件 2

企业 B 危险化学品泄漏事故应急预案

1 事故类型和危害程度分析

1.1 事故类型

危险化学品泄漏事故：指易燃、易爆或有毒有害等危险性液体化学品，在使用或储存过程中液体化学品发生大量释放，包装桶发生损坏而导致大量液体流散或引发其它类型事件，造成严重的人员伤亡、财产损失、环境污染等后果的事故。

1.2 危害程度分析

危险化学品泄漏存在如火灾、爆炸、中毒和窒息等危险性。泄漏事故主要是因违章操作造成化学品飞溅、设备带病运行、包装物（储槽）腐蚀、机械性损坏、设备老化等因素产生，储槽及管道具备的泄漏危险因素包括：储槽、配套管线密封件老化、储槽与管路腐蚀、外力作用致使管道、阀门损坏和操作不当等造成。

公司生产所使用的原料中盐酸、硫酸、液碱、硝酸、酒精、等都属于危险化学品；因此，使用、储存中具有易燃、易爆、有毒、有害、腐蚀性等特点。

以上危险因素一旦在特定的条件下形成泄漏事故，特别是仓储区域发生大泄漏的后果非常严重，如果处置不当，将会造成人员伤亡、财产损失或环境污染事故。

2 应急处置基本原则

以人为本、减少损失；准备充分、反应迅速；统一领导、分级负责；平战结合、预防为主。

3 应急组织机构及职责

3.1 应急组织体系

公司针对可能发生的生产安全事故，成立应急指挥部。应急指挥部设总指挥1人，由总经理担任，负责对生产安全事故应急处置的统一领导和指挥工作；设副总指挥1人，由生产部副总担任，协助总指挥负责应急处置指挥工作；应急指挥部成员包括各部门主要负责人。应急指挥部下设应急救援组、医疗救护组、员工工作组、信息综合组和保卫后勤组5个专业组组成，其应急救援组织机构图如下。

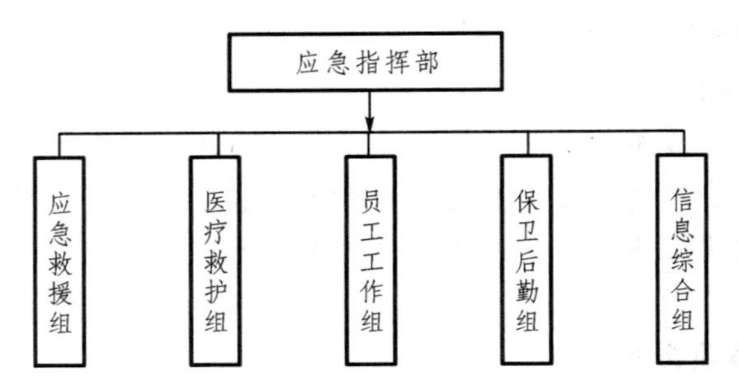

3.2 应急指挥机构及职责

1. 应急指挥部职责

（1）负责发布启动和解除应急救援预案的命令；

（2）全面协调和指挥事故应急救援工作，指导制定紧急救援管理办法或特别管制措施；

（3）组织指挥各方面力量处理事故，统一指挥对事故现场的应急救援，控制事故的蔓延和扩大；

（4）检查督促有关部门做好抢险救灾、事故调查、后勤保障、信息上报、善后处理以及恢复生活生产秩序的工作；

（5）检查督促各部门做好各项突发事故的防范措施和应急处理准备工作，组织领导应急演练；

（6）必要时，向政府部门请示启动上级政府安全生产事故应急预案；

（7）负责对事故应急工作进行督察和指导，紧急调用各类物资、设备、人员和占用场地。

2. 总指挥职责

（1）组织制订事故应急救援预案；

（2）负责人员、资源配置、应急队伍的调动；

（3）确定现场指挥人员；

（4）协调事故现场有关工作；

（5）批准本预案的启动与终止；

（6）授权在事故状态下各级人员的职责；

（7）事故信息的上报工作；

（8）接受政府的指令和调动；

（9）组织实施应急预案的演练

（10）批准相关信息的发布；

（11）必要时向属地政府部门请示启动区级安全生产事故应急预案。

3. 副总指挥职责

（1）协助总指挥开展应急救援工作；

（2）指挥协调现场的抢险救灾工作；

（3）核实现场人员伤亡和损失情况，及时向总指挥汇报抢险救援工作及事故应急处理的进展情况；

（4）总指挥不在时代替总指挥负责指挥救援工作；

（5）及时落实总指挥关于应急处理的指示。

4. 应急救援组职责

负责在紧急状态下的现场应急救援作业，及时控制危险源，并根据发生事故的性质立即组织专用的防护用品、用具及灭火器材进行应急救援工作，负责设备设施现场安全处置以及应急调度。

5. 医疗救护组职责

将事故现场的受伤、中毒、窒息人员进行简单的现场救护工作和送医院治疗。

6. 员工工作组职责

负责事故现场、事故影响区的人员疏散工作；负责事故时员工的安置、沟通工作，包括情绪的安抚以及生活需要方面的工作。

7. 保卫后勤组职责

主要任务是做好抢险救援现场的应急物质后勤保障以及抢险人员生活需要方面的工作，保证水电供应，做好抢险救援现场及周边区域的警戒、治安、保卫及周边的交通管制。

8. 信息综合组职责

做好灾害事故抢险救援现场的通讯保障工作和做好上传下达工作，并详细记录有关情况。

3.3 各级应急机构主要负责人替补原则

应急指挥部、各专业组主要负责人因各种原因缺位时，由各部门按公司行政领导职务顺序予以替补。

4 预防与预警

4.1 危险源监控

建立健全危险源信息监控方法与程序，完善危险源辨识工作，对危险源进行识别和评估。在技术和管理措施上加强危险源的监控，防止重特大泄漏事故发生。对危险设备和危险区域予以明显标识，实现规范化、标准化管理。

（1）公司各危险区域的危险源全部投入了自动化监控装置，各厂房、仓库全部安装闭路摄像系统，覆盖了各场所及公司边界，24小时实时视频录像监控；实现了自动化管理。

（2）安全管理采取了几种方式方法：现场监督、班组周查、专项检查，部门、公司级检查。

4.2 预警行动

本公司专项应急预案的预警行动同综合预案中的“4.2 预警行动”。

5 信息报告程序

（1）24小时有效的报警电话

公司应急办公室值班电话：××××××××

（2）事故信息通报程序

第一发现人发现事故情况后，立即向公司现场负责人报告，现场负责人接到报警后，根据事故发生地点、种类、强度和事故可能的危害方向以及事故发展趋势等情况通知应急指挥部，应急指挥部立即用电话、广播等通讯工具通知应急指挥部成员、各组长，各应急救援组按应急处理程序进行现场应急反应。

事故信息通报流程图如下：

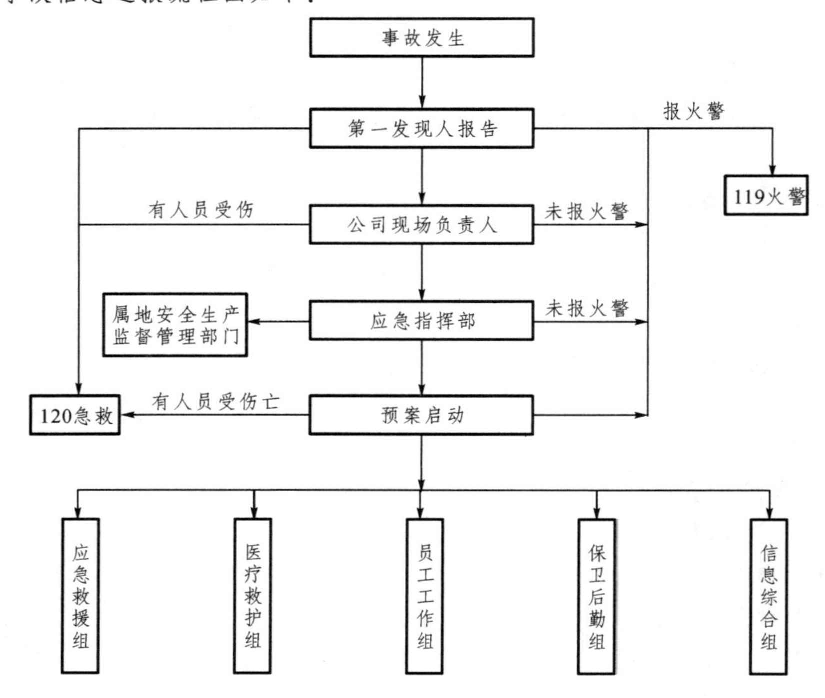

（3）事故信息上报

当事故发生时，根据事故应急类型和严重程度，应急指挥部必须按照《安全生产法》及《生产安全事故调查和处理条例》中规定的要求，将事故有关情况在1小时内尽快以电话方式向属地政府安全生产监督管理等相关部门报告。

信息上报的内容：

1）事故发生单位的名称、地址、性质、产能等基本情况；

2）事故发生的时间、地点以及事故现场情况；

3）事故的简要经过（包括应急救援情况）；

4）事故已经造成或者可能造成的伤亡人数（包括下落不明、涉险的人数）和初步估计的直接经济损失；

5）事故现场已经采取的措施；

6）事故报告后出现新情况的，还应当及时补报、续报；

7）事故报告单位、报告人和联系电话，以及其他应当报告的情况。

6　应急处置

6.1　响应分级

根据发生事故的危害、严重程度、影响范围和控制事态的能力，本公司对事故应急响应级别由低到高实行三级应急响应：Ⅲ级（一般事故）、Ⅱ级（较大事故）、Ⅰ级（重大事故），响应条件及分级如下表：

应急响应条件及分级表

响应级别	判断标准	事故紧急和危害程度
Ⅲ级	事故发生的初期，造成人员轻伤或装置、设施、设备受到轻微损坏，事故还是处于事故现场可控状态，能被本公司某个部门（组）正常可利用的资源处理的紧急情况。正常可利用的资源指在某个部门（组）权力范围内通常可以利用的应急资源，包括人力和物资等。 1、危险化学品小量泄漏事故，事故发生部门区域能够容易控制和处理。	一般
Ⅱ级	必须利用本公司的全部有关单位（部门或组）及一切企业可利用资源处理，但尚处于本公司内部可控状态，未波及本公司厂区周边单位社区时的紧急情况。 1、危险化学品泄漏事故，事故发生在本公司区域能够容易控制和处理，构成较大火灾隐患； 2、除一级响应以外的危险化学品事故。	较大

续表

响应级别	判断标准	事故紧急和危害程度
Ⅰ级	事态发展可能或已经超出本公司的控制能力;已经影响到周边单位与社区时；需要向上级政府应急救援部门求救。 1、危险化学品泄漏事故，事故发生在本公司区域不能够控制和处理	重大

6.2 响应程序

根据事故的大小和发展态势，明确应急指挥、应急行动、资源调配、应急避险、扩大应急的响应。

（1）Ⅲ级响应

发生区域局部能够容易控制的着火、少量泄漏事故，或者其他小事故，对厂内各个区域的安全不构成影响，由现场负责人指挥现场人员迅速控制局面，消除事故影响后上报。

（2）Ⅱ级响应

由总指挥做出启动二级响应的决定，调集所需的应急专业组到现场进行救援，专业组在总指挥的指挥下投入救援工作。指挥者协调好应急救援队伍和成员之间的工作。

（3）Ⅰ级响应

由总指挥做出启动一级响应的决定，利用全公司一切可利用资源投入抢险，各应急专业组具体负责现场事故的应急救援工作，其他无关人员应快速撤离事故现场。

（4）扩大应急

启动本事故应急救援预案后，当事故不能有效处置，或者有扩大、发展影响到附近单位和社区时，由总指挥向当地公安消防、安监等部门请求支援，建议启动上级（政府）安全生产事故应急救援预案。

6.3 处置措施

6.3.1 危险化学品泄漏现场应急处置措施

对危险化学品泄漏事故应及时、分清泄漏物品，正确处理，防止事故扩大。泄漏处理包括泄漏源控制及泄漏物处理两大部分。

（1）泄漏源控制

1）停止一切操作，关闭相关阀门；

2）铁桶发生泄漏后，将泄漏口朝上，将桶内液体转移到其他空桶内，并上盖。

（2）泄漏物处理

现场泄漏物要及时进行引流、覆盖、吸收、处理，使泄漏物得到安全可靠的处置，防止二次事故的发生。泄漏物处置主要有三种方法：

1）引流

对于四处蔓延扩散的液体，一时难以收集处理，采用引流的方法，将泄漏的液体引流到安全地点。

2）覆盖、吸收

对于泄漏量不大的液体，可采用消防沙覆盖吸收泄漏的液体。

（3）废弃物处理

在应急救援过后，所产生的液体废弃物，转由专业公司处理或经过无害处理后方可废弃。

（4）注意事项

1）进入现场人员必须配备必要的个人防护器具；

2）设置现场警戒线，严禁非相关人员进入现场；

3）切断火源，严禁火种，使用不产生火花工具处理，防止火灾和爆炸事故的发生；

4）救护人员应处于泄漏源的上风侧，不要直接接触泄漏物；

5）应急处理时严禁单独行动，要有监护人；

6）危险化学品泄漏时，除受过特别应急训练的人员外，其他任何人均不得尝试处理泄漏物，在确保安全情况下堵漏；

7）防止泄漏物进入水体、下水道、地下室或密闭空间。

6.3.2　应急救援结束后的注意事项

（1）应急救援结束后，应派专人全面彻底检查，确认危险已经彻底消除，防止其他危险隐患存在或死灰复燃；

（2）要设置警戒区，派专人值守，保护事故现场，为事故调查做好现场保护；

（3）事故抢险中产生的废物、废水严禁随意排放，危险废物要交由具有原环境保护部门认可资质的单位接收处理。废水须经废水处理设施处理合格后方可排放。

7 应急物资与装备保障

7.1 应急药品

略。

7.2 安全消防设施器材、个体防护设备具体分布

略。